踏遍青山人未老

——邓起东六十年科研生涯印迹

邓起东　编著

地震出版社

图书在版编目（CIP）数据

踏遍青山人未老：邓起东六十年科研生涯印迹 / 邓起东编著 .
-- 北京：地震出版社，2018.5

ISBN 978-7-5028-4925-2

Ⅰ. ①踏… Ⅱ. ①邓… Ⅲ. ①地质学—文集 ②邓起东
—生平事迹 Ⅳ. ① P5-53 ② K825.89

中国版本图书馆 CIP 数据核字（2018）第 087171 号

地震版 XM4099

踏遍青山人未老——邓起东六十年科研生涯印迹

邓起东 编著

责任编辑：赵月华

责任校对：凌 樱

出版发行：地 震 出 版 社

北京市海淀区民族大学南路 9 号　　邮编：100081
发行部：68423031　68467993　　传真：88421706
门市部：68467991　　传真：68467991
总编室：68462709　68423029　　传真：68455221
http://www.dzpress.com.cn

经销：全国各地新华书店

印刷：北京地大彩印有限公司

版（印）次：2018 年 5 月第一版　2018 年 5 月第一次印刷

开本：889 × 1194　1/16

字数：380 千字

印张：16

书号：ISBN 978-7-5028-4925-2/P (5628)

定价：88.00 元

邓起东院士

邓起东 DENG QIDONG 院士简介

邓起东院士是我国著名的构造地质学家和地震地质学家。1938 年生于湖南省双峰县。1951 — 1956 年求学于长沙市五中和七中，1961 年毕业于中南矿冶学院。曾任中国地震局地质研究所副所长，学位委员会主任、荣誉主任，中国地震学会地震地质专业委员会主任，中国地震局科学技术委员会副主任，中南大学荣誉教授、南京大学和浙江大学兼职教授，2003 年当选中国科学院院士。

邓起东院士对我国活动构造和地震地质有深入研究，对走滑、挤压和拉张等不同类型构造的几何学、运动学和形成机制有创新发展，建立和发展了活动构造大比例尺填图技术，发展了古地震学，推进了定量活动构造研究及其应用工作，对活动构造与地震的关系及地震预测和防震减灾建树颇多，是我国地震地质学和活动构造学的主要学科带头人和领导者之一。

邓起东院士在国内外发表论文 285 篇，专著 14 部，有 32 篇被 SCI 收录。SCI：有 159 篇被引用 3410 次，其中他人引用 3257 次。有 20 项科研成果先后 24 次获国家级和省部级奖励，其中包括国家科技进步奖二等奖 2 项、三等奖 1 项，省部级科技进步奖一等奖和二等奖各 5 项。1991 年获我国地质科学最高奖李四光地质科学奖（第二届）。

自序

自20世纪50年代进入中南矿冶学院地质系学习起，至今已过去了60多年。1961年毕业来到了中国科学院地质研究所工作，开始了构造地质学领域的科学研究。1966年河北邢台大地震发生后，中国华北和西南发生的多次大地震组成的地震季突然降临，对人民的生命财产造成了很大威胁。为了响应党和国家的号召，我把自己的研究方向转移到了最新构造活动与地震研究上，组织队伍形成团队，开始了长达几十年的地震地质和活动构造研究。所谓活动构造是指晚第四纪（10万—12万年）以来有过活动的断层、褶皱、盆地和地块，现今仍在活动，未来一定时期内还会活动，是大地震孕育和发生的地方，也是目前定量活动构造学要着力加以解决的重点科学问题。

本书汇集几十年来我和团队共同获得的多个方面的研究成果，包括活动构造理论基础和构造模型，活动构造的特征及其形成机制，震源破裂和机制，古地震及其复发规律，地震破裂带的形成和机制，等等。

本书集结了约170篇论文，全面反映我和团队几十年来所做的各方面工作，每篇论文都列出了全部作者。除了在《邓起东论文选集（上卷、中卷、下卷）》中给出绝大多数论文外，还用光盘形式给出了《海原活动断裂带》《鄂尔多斯周缘活动断裂系》和《天山活动构造》等三本专著的全文。因为这三部著作分别反映了我和团队在走滑、拉张和挤压构造三个方面所进行工作的全貌。著作目录中还列出了10余本专著的书名，虽然也反映多方面的资料，但由于本书篇幅所限，只能在著作目录中列出其书名。美国麻省理工学院（MIT）P.Molnar, B.C.Burchfiel和L.Royden教授在海原断裂带中段和天山部分地段分别参与了部分工作，在合作论文中也同样列出了他们的名字。

除了在论文选集列出了有关论文以外，我们还出版了包括有不同内容的纪念册《踏遍青山人未老——邓起东六十年科研生涯印迹》，主要目的是与普通画册不同，想用纪念册中的300余幅图片来反映我们几十年的工作。每一幅图片都给出了简单的说明，每一篇都反映了主要的工作内容，并有索引。从图片中可以看到同事们和学生们在不同时期工作中所做出的努力，但有些相关同志我们未能找到照片，这是十分遗憾的。

在纪念册中，还总结了我和团队的主要工作和特色，如关于剪切破裂带，山西断裂带，海城地震研究，华北活动构造，第一份烈度区划图，古地震研究，鄂尔多斯活动构造，海原活动断裂带，天山活动逆断裂，青藏高原运动学，莱州湾—山东半岛海域探测，全国活动构造图，城市和工程活动构造，青藏高原地震活动等，在理论认识上总结了构造系统论，板块构造和断块构造，耦合作用动力学模式，变形局部化与地震孕育，定量活动构造学的建立，等等。

纪念册的其他部分列出了全部著作目录，也列出了我和团队所获得的不同等级的奖励，包括十分珍贵的国家科技进步奖二等奖和三等奖，奖状和奖章，还有前辈专家的评价。此外，还列出了部分记者采访和有关文章，也有科学家和年轻人面对面的长篇对话，这种不同年龄的面对面对话自有其本身的特点。

是为序。

邓起东

2018 年 5 月 6 日

目 录

第一章

科学丰碑 学术楷模

立地震科学丰碑，树学术人生楷模

—— 邓起东院士的科研历程与科学贡献

张培震[1,2]，徐锡伟[3]，张宏卫[4]，晁洪太[5]，冉勇康[1]，杨晓平[3]，闵伟[1]，江娃利[6]

摘要：

我国著名地质学家和活动构造学家邓起东先生是中国地震局地质研究所研究员，博士生导师，中国科学院院士，是我国地震地质学和活动构造学的主要学科带头人和领导者。他曾任国家地震局地质研究所副所长，学位评定委员会主任、荣誉主任，中国地震局科学技术委员会副主任，现任中国地震预报评定委员会委员，国家地震安全性评定委员会委员，南京大学、浙江大学兼职教授，中南大学荣誉教授，《地震地质》主编。曾任中国地质学会理事，中国地震学会理事，地震地质专业委员会主任，《地震地质》副主编，《活动构造研究》主编。邓起东先生长期从事构造地质学、活动构造学、地震地质学、地球动力学、地震区划和工程地震研究。对我国活动构造和地震构造有深入的研究。对走滑、挤压和拉张等不同类型构造的几何学、运动学和形成机制有创造性发展。建立和发展了活动构造大比例尺填图技术。发展了古地震学研究，领导了全国活动构造地质填图和研究工作，推进和发展了定量活动构造学研究，系统编制了我国活动构造图。总结了我国活动构造和应力场特征，提出了新的运动学和动力学模式。主编完成了我国第一份经国家批准使用的地震烈度区划图，成为全国抗震设防标准。完成了大量城市和大中型工程活动构造及地震安全性评价工作，为国民经济可持续发展做出了重要贡献。至2017年止，先后在国内外发表学术论文285篇，专著14部，经检索有32篇被SCI收录，SCI引用3410次，其中他引3257次；研究报告130份，学术会议论文摘要96篇；20项科研成果先后24次获国家级和省部级科学技术奖励，其中国家级科技进步奖二等奖2项，三等奖1项，省部级一、二等奖各5项，1991年获中国地质科学最高奖——第二届李四光地质科学奖。邓起东院士在地震科学研

1. 中国地震局地质研究所、地震动力学国家重点实验室
2. 中山大学地球科学与工程学院
3. 中国地震局地质研究所、活动构造与火山中国地震局重点实验室
4. 中国地震局搜救中心
5. 山东省地震局
6. 中国地震局地壳应力研究所

究的道路上毫不停息地艰苦奋斗，在多个领域开拓创新，不断取得丰硕成果，用自己的辛勤努力、心血智慧和卓越成就在中国的地震科学界树立起了一座坚实的丰碑。他那矢志不渝的理想追求，锲而不舍的工作态度，精益求精的科研作风，孜孜不倦的探索精神，坚忍不拔的奋斗意志，为我们树立了人生楷模。

一、孜孜不倦探索人生

邓起东先生1938年出生于湖南省双峰县滩头湾世祜堂，幼时曾在家乡私塾读书，1949年插班长沙市豫章小学五年级，初中就读于长沙市雅礼中学，高中毕业于长沙市第七中学。1956年，怀着对大自然的迷恋和为祖国寻找宝藏的少年壮志，报考了中南矿冶学院地质系。大学期间有幸得到陈国达院士等名师教导，学业优异，1960年被学校选调到地质系任助教，在研究室进行科研工作。

1961年完成大学学业后，他跨进了久已向往的中国科学院这一科学研究的殿堂，到了中国科学院地质研究所，一直在张文佑院士领导的研究室工作，一方面学习断块构造理论，另一方面开始在构造破裂理论方面进行探索。1963年，他参加了中国地质科学院地质力学研究所由地质力学创始人李四光院士亲自主持的第一届地质力学培训班学习，直接聆听院士和专家们的讲授和指导。20世纪60年代，正是地球科学板块构造理论创建和大发展时期，又及时学习到国际上正在发展的新理论。虽然由于“文化大革命”的开始，他去国外进行研究生学习的语言准备不得不终止，失去了一次进一步学习提高的机会，但回首往事，他在青年时期有幸从大师们的教导中吸收新知识，学习不同的理论，在多方面经受锻炼，为一生在科学道路上探索打下了最重要的基础。60年代初期，他开始进行褶皱和断裂形成机制研究，并开始发表关于剪切破裂带形成机制的论文。

1966年3月，河北邢台7.2级地震发生后，他响应国家号召，把自己的研究方向转移到最新构造活动与地震的研究上，从此开始了几十年的地震地质和活动构造研究。河北邢台和河间地震后，他参加了第一份华北平原地震构造图的编制，并在北京和山西地区开展地震地质调查和地震基本烈度评定工作。1967年，他开始领导山西地震带的地震地质调查工作，逐一研究带内每个盆地、每一条断裂的活动和每一个大地震的发震构造，直到1970年工作结束。当时，我国对地震地质和活动构造的认识还处于初期阶段，山西地震带的工作既为全国范围内活动构造早期调查提供了一个良好的范例，也为70—80年代他们在华北和鄂尔多斯地区开展张性构造研究打下了基础。

1975年，辽宁海城发生7.3级强震，邓起东先生负责地震灾害宏观调查工作，包括地震灾害、地震前兆和地震地质调查工作。他发现海城地震的发震构造是一条走向北西西向的新破裂，与地表的北东方向断裂不一致，提出了该区最新构造“北东向成条，北西向分块”的活动样式，指出了海城地震发生于一个北东向和北西向断裂汇而不交的构造部位，并提出了一个水平力和垂直力联合作用模式来解释海城地震的动力学成因。

70年代初期，为满足国家建设规划和抗震设防的需求，国家要求编制全国地震区划图。当时，年仅32岁的邓起东先生担任了全国编图组的组长，主持这一工作。他们总结我国地震活动和地震地质的特点，提出了反映地震活动时空不均匀性的区划新思想，1977年完成了我国地震区划图。此图成为我国第一份得到国家批准作为全国建设规划和抗震设防标准使用的地震区划图，结束了我国没有地震区划图使用的历史。

从1973至1979年，邓起东先生即开始总结我国活动构造和地震地质特征，先后主持完成了《中国活动性构造和强震震中分布图》(1∶300万，1976年)、《中国地震构造图》(1∶400万，1979年)和《中国新生代构造应力场图》(1∶600万，1978年)等全国性图件，出版了相关论文。这是我国最早出版的有关活动构造和地震构造的图件和著作。2007年，在我国活动构造定量研究获得了大量成果后，他又主持编制了新的中国活动构造图（1∶400万），汇集了数千个活动构造定量参数，进一步总结了我国活动构造特征，这是防震减灾的一份重要基础图件。

从1980年开始，邓起东先生将自己的研究方向集中在活动构造的定量研究上，并将研究方向由张性构造转向了走滑断裂。他选择了青藏高原东北缘，并将1920年发生海原8.6级大地震的海原断裂带作为走滑断裂研究的突破口，与此同时还参加了新疆阿尔泰1931年富蕴8级地震剪切型地震破裂带及其他一些走滑断裂的研究工作。他率先把区域地质填图方法应用到活动构造研究中，建立了活动构造定量研究所特有的技术，出版了活动构造大比例尺地质图和专著，在走滑断裂几何学、运动学和形成机制方面有许多新的认识，在理论和技术上都有新的发展和创造，促进了地震危险性评价工作，1992年荣获了国家科技进步二等奖。海原活动断裂带的研究带动了全国活动构造定量研究工作，以此为基础，我国制定了活动构造填图规范，邓起东先生作为专家组组长领导了全国活动构造带大比例尺地质填图和定量研究工作。

80年代末期，当海原活动断裂带研究工作结束，继完成对张性和剪切活动构造的研究工作后，他又把研究目标转向挤压型活动构造与地震问题研究，开始了天山活动构造研究工作。

他积极把地震科学研究服务于国民经济建设，几十年来，先后主持完成了几十项城市和大中型工程活动构造及地震安全性评价工作，为工程建设和经济发展的地震安全做出了重要贡献。

二、硕果累累的科学成就

邓起东先生是一个在科学研究道路上不断探索的人。他认为：科学工作者的生命是有限的，但科学探索的道路是无穷无尽的。科学家要“设计人生，努力奋斗”。尤其是地球科学家，在自然界这一复杂的系统中，只有不断地发现问题，调整自己的研究方向，才能有所前进。即使是微小的成功，也需要“多思，勤奋，求实，创新”才能取得。紧紧跟随国家和社会的需要，不断自觉地调整自己的研究方向和研究重点，使他在构造地质学和地震地质学的多个方面取得了新的进展和成就。

（一）剪切破裂带理论研究

60 年代初期，邓起东开始了褶皱和断裂形成机制研究。他和同事们奔走于三峡水电枢纽、四川油田、北京西山等不同地区，开展深入的野外观察，在实验室开展模拟实验，对不同性质断裂的几何学和运动学特征进行对比、分析，甚至即使在北京的公园和现代化建筑物里，面对岩石台阶和墙面上的裂缝也要仔细揣摩。辛勤的工作使他们在剪切破裂带方面形成了新的思想，提出了剪切破裂带羽列的新概念，对剪切破裂带形成机制进行了新的论述。他们先后发表了有关论文，并在“文化大革命”开始前的最后一期《地质科学》期刊上发表了《剪切破裂带的特征及其形成条件》，对剪切破裂带的结构和构造组合进行了新的研究，对剪切破裂带内不同结构面的力学机制和形成机理进行了理论分析，其相关内容被选编到构造地质学大学教材里面，也为以后研究走滑断裂打下了良好的基础，成为国际期刊相关专集的约稿论文。

（二）山西断陷带研究——剪切拉张成因、断裂分段活动

控制中国华北地区强震的地质构造是具有拉张和剪切共同作用的活动断裂，这类断裂的地震构造特征是什么？其活动的动力机制是什么？是当时急需解决的关键问题。邓起东先生在对华北平原地震构造研究的基础上，1966 年底开始了对地表出露好、历史地震活跃的山西地震带开展研究，并于 1967 年开始领导这一工作，直到 1970 年工作结束。此时，正值“文化大革命”最混乱的时期，邓起东先生与他的同事们在社会情况十分复杂的条件下，甚至是在“武斗”动荡的环境中研究了山西断陷盆地带这一活动构造带和强震活动带。在 4 年的野外工作中，他们北起大同盆地，南至运城和灵宝盆地，对每一个断陷盆地，对每一条控制盆地的活动断裂，对发生在断陷盆地带中每一个大地震进行了详细的实地考察和深入的理论分析，终于使一条鲜活的活动断裂带和地震带呈现在人们的眼前。他们纠正了当时山西断陷盆地带被认为是挤压性构造盆地的说法，提出是正断层控制的张性盆地的新认识，发现了后期正断层与前期逆断层的构造反转，研究了大地震与活动断陷盆地的关系，确定了带内大地震的发震构造，对断陷盆地带内地震活动的时空不均匀活动图像和地震活动趋势做出了分析和判断。这一研究工作奠定了这一地区地震地质工作的基础，又推动了我国的活动构造和地震地质工作。论文在 1973 年复刊后的第一期《地质科学》杂志上发表后，美国地震学会主席 C.R.Allen 认为这是一篇最好的地震地质学论文，并在美国被全文翻译。此后，他们又不断对山西断陷盆地带深入开展研究，有了一系列新发现，确认了这是一条右旋剪切拉张带，中段为北北东向以右旋剪切为主的活动断裂控制的断陷盆地带，南北两端为北东东向正断层控制的盆地 — 山岭构造组成的尾端拉张构造区，剪切段走滑断层的地震活动水平和最大潜在地震震级要大于尾端拉张区的正断层及断陷盆地。这种活动构造带分段活动特征和地震活动强度差异是活动断裂分段性最早期的研究成果。在山西活动构造带得到的断裂滑动速率和古地震及其复发间隔等参数也是我国活动构造最早得到的活动构造定量研究成果。

（三）海城地震及其发震构造模型

1975年2月4日晚，辽宁海城发生了7.3级地震，邓起东先生作为工作队成员，当晚即登上了专机，2月5日凌晨即赶到海城。作为宏观调查队的负责人，他主要负责地震前兆、地震灾害评估和发震构造调查。由于海城地震实现了成功预报，人员伤亡大大减少，但建筑物破坏依然严重。时值严寒的冬季，东北地区滴水成冰、寒冷异常，加之有余震威胁，震后开始几天物资供应困难，每晚只能露宿广场。天寒地冻，调查工作十分不易。然而，在考察队员的努力下，科学调查工作不断取得进展，地震破坏状况不断得到统计，等震线图逐渐完整，宏观地震前兆不断被研究，北西西向地震地表破裂带被发现，震区构造逐渐得到认识。宏观调查结束后，他们又对海城震区地震构造进行了进一步研究，广泛汇集了区域活动构造、深部构造、现代地壳形变、地震活动序列和各种宏观、微观前兆的时空分布资料。1976年提出了海城地震的发震构造模型：区域构造背景为北东构造成条，北西构造分块，地震发生于北东向和北西向断裂汇而不交的构造部位，发震断层为一条北西向新生破裂，破裂由东向西扩展，终止于一条北东向断裂——牛居－油燕沟断裂。深部构造条件是震区位于深部莫霍面和上地幔高导层隆起之上；区域应力场作用的水平力和深部物质运动产生的垂直力的联合作用孕育了海城地震。此外，他们还根据各类地震前兆的时空分布分析了地震孕育和发生过程。

（四）华北活动构造和动力学研究

在华北平原、山西断陷盆地带、邢台和海城地震等大地震研究的基础上，邓起东先生把眼光瞄准了华北区域活动构造及其动力学问题研究。

早在20世纪70年代，邓起东先生从新构造和活动构造角度研究了中国新构造应力场特征及其与板块运动的关系，对我国大陆板块内部不同构造区的应力场进行了总结，对它们与我国周缘板块运动的关系进行了分析。其中，华北断块区区域构造应力场的主压应力方位为北东东向，主张应力方位为北北西向。在这一应力场的控制下，区内北北东向断裂具有右旋走滑特征，北西向断裂则表现为左旋走滑断裂，但同时这些断裂均具有正断裂倾滑分量，控制张性断陷盆地。从深部构造特征来看，华北平原区和山西等断陷盆地带的莫霍面和上地幔高导层顶面均发生上隆，显示深部物质的上涌流动。从整个华北断块区来看，断裂水平运动分量仍然大于垂直运动分量，单一的动力作用不能解释活动构造的这种复合运动性质。1984年，在大陆地震与地震预报国际会议上，邓起东先生提出了区域应力场的水平力与上地幔深部物质运动产生的垂直力的联合作用模式。这一动力学模式为更好地认识华北新构造和活动构造打下了理论基础。

（五）经国家批准使用的我国第一份地震区划图

国家建设工程需要按照一定标准来进行抗震设防，这可通过地震区划来实现。我国虽然在20世纪50年代曾对地震区划进行过探索，但始终没有国家批准的地震区划图。70年代初，全国地震区划图任务下达了，国家地震局组织全系统的研究所和各省地震局来共同完成这一任务，还成立了全国地震烈度区划编图组来领导这一工作，邓起东担任组长，主持这一工作。一方面，经过对我国地震活动的总结，发现我国地震活动在空间上是不均匀的，不同地震区和地震带地震活动水平不同，不同地区和不同地点的地震危险性不同，发震构造的尺度和性质与地震震级、地震类型和发震地点等密切相关，因而发震构造是确定地震危险区的重要标志；另一方面，地震活动的时间分布也是不平稳的，时起时伏，同一条地震带在地震活动活跃期和平静期地震活动的频度和强度不同，在一个地震活动周期的不同阶段的地震危险性也不相同。针对中国地震活动在时间和空间上不均匀的特性，他和同事们提出了在地震区划中要根据地震活动时空不均匀性来划分地震区（带），估计不同地震区（带）的未来地震活动水平，要根据地震发生的发震构造条件来划分地震危险区，估计未来地震活动强度。在这种新的地震区划思想和原则的指导下，他们在 1977 年完成了《中国地震烈度区划图》，并经国家批准成为第一份作为全国建设规划和抗震设防标准使用的地震区划图，结束了我国没有地震区划图使用的历史，为国家改革开放以来大规模的经济建设提供了地震安全方面的服务。

（六）大陆内部古地震研究

古地震研究是通过保存在晚第四纪沉积物中的位错及其他与地震有关的地质和地貌证据来识别发生在有历史记载之前的史前地震及其年代、频率与强度，是认识断裂长期活动习性和在更长时间范围内研究强震活动规律的重要内容，被认为是 20 世纪 80 — 90 年代活动构造研究和地震危险预测中最有成就的前缘领域。邓起东先生与同事们从 70 年代末期、80 年代初期就开始注意和引进有关古地震研究的理论和方法，并根据大陆内部不同性质活动断裂的特点研究古地震识别标志和古地震活动历史。1981 年在研究新疆 1931 年富蕴地震破裂带时，发现走向滑动断裂水平错动对水系堵塞所形成的古断塞塘及其伴随的沉积物和断裂古沟槽沉积物，提出了古断塞塘沉积形成的楔状堆积及古地震沟槽堆积可作为古地震的识别标志。1982 年在研究宁夏 1739 年平罗地震破裂带时，他敏锐地认识到探槽中近断层处的粗颗粒堆积就是美国科学家刚刚开始讨论的代表古地震事件的崩积楔，利用该标志对古地震事件进行了划分。与此同时，他根据正断裂和走滑断裂的运动特征，提出了“充填楔”“构造楔”等新的古地震识别标志。90 年代初，他又对新疆北天山山前逆断裂的古地震开展了研究，提出利用断裂多次活动形成的不协调褶皱及逆断裂崩积楔等识别古地震事件的新标志。他还提出要用多探槽对比来研究古地震及其活动历史，他应用这些标志和方法对宁夏海原走滑断裂和新疆北天山逆断裂的古地震开展了系统研究，发现北天山的古地震具有 4000 年左右的复发间隔，西段最晚一次古地震事件的年龄至今已经超过 4000 年的复发间隔，具有很强的地震危险性；海原断裂带上的古地震具有丛集特征，古地震事件主要发生在距今 1000 — 3000 年和 5000 — 7000 年的两个时段内，丛集期外很少发生；而且在丛集期开始和结束的时候，往往是整个断裂带都发生破裂，丛集期内则只是某一两个段落破裂。因此，提出多重破裂概念、断层破裂和错动的历史是一幅多重破裂的历史。这些研究推动了我国古地震学研究，对认识强震复发规律、评价活动构造的地震危险性具有重要意义。

（七）鄂尔多斯断块区的活动构造

鄂尔多斯断块四周被活动断裂带和断陷盆地带所围限，断块本身隆起上升，周围断陷盆地拉张断陷。有历史记载以来，一系列强烈地震在周边断陷盆地内发生。邓起东先生在20世纪80年代初即倡议对华北西部鄂尔多斯地区的活动构造及其动力学进行综合研究，并得到国家地震局的批准。从1984年起，国家地震局所属的8个单位、70余位科学家在邓起东先生的主持下，联合组成鄂尔多斯周缘活动断裂系课题组，开始了三年有计划的协同研究，又专门针对正断裂、拉张型断陷盆地与大地震关系进行了专题研究，尤其加强了对带内7 ~ 8级大地震开展专门工作，加强了地质地貌和深部构造活动的综合研究。对鄂尔多斯断块的运动特性和青藏高原对鄂尔多斯断块的动力作用，对在这一作用下鄂尔多斯块体周围的破裂过程及由近端向远端的扩展机制，对不对称张性盆地的形成过程和断陷主断裂的发展及其与大地震的关系等都获得了系统的新认识。

1986年，鄂尔多斯活动断裂系研究工作完成，1988年《鄂尔多斯周缘活动断裂系》专著出版。虽然邓起东先生由于患病曾短暂脱离工作，但随后他很快就在自己的岗位上坚持工作，继续与同行们开展各构造带的实际研究。在研究工作总结和专著撰写过程中，他还作为负责人之一，继续参与组织工作和实际工作，直到专著完成。在专著中，他完成了全书的总结，写出了《断陷带第四纪活动的基本特征》和《动力学模式》等章节。1985年，他还发表论文，总结鄂尔多斯地区的活动构造，提出了在青藏高原的推挤作用下，鄂尔多斯地区活动构造的共轭剪切及水平力和垂直力联合作用模式。1991年，鄂尔多斯周缘活动断裂系荣获国家科技进步二等奖。

（八）海原活动断裂带、拉分盆地、构造转换及平衡

海原活动断裂带是青藏高原东北缘的一条主干断裂，1920年沿该断裂带发生了8.6级强烈地震，造成20多万人死亡。作为走滑断裂研究最重要的实例，邓起东先生从1981年开始组织对海原断裂带的系统研究工作，通过大比例尺地质填图，对断裂带几何学、运动学和拉分盆地进行了研究，对断裂带分段和各断层段全新世1万年以来的滑动速率进行了测定，对古地震开展了研究，对海原地震地表破裂带及同震位移分布进行了测量等。研究工作历时7年，在上述各方面取得了系统的定量研究结果，为中国活动构造定量研究提供了范例。他们最早完成了1∶5万比例尺活动断裂带地质图，发现海原断裂带早期以向北北东方向逆冲为主，上盘形成背驮式褶皱和向南逆冲的反向断层系统，在早第四纪晚期转变为走向北西西的左旋走滑断裂，实现了断裂带演化过程中的反转。在海原走滑断裂带东南端形成近南北向逆断裂和挤压褶皱组成的尾端挤压构造区，它们本身又被左旋扭曲，其变形幅度和变形时代与走滑断裂的演化密切相关，他们定量地研究和对比了走滑断裂带走滑量与断裂带尾端挤压区缩短量的平衡关系，这是对构造转换平衡问题的最早也是最好的研究实例。他们研究了海原走滑断裂带的结构和几何学特征，确定了海原走滑断裂带由多条次级剪切断层组成，这些次级剪切断层与整个断裂

带走向有极小的交角，羽列排列是其基本特征。他们发现在不连续次级剪切断层之间的拉分阶区形成拉分盆地，在挤压阶区形成推挤构造，他们通过填图，详细研究了带内多个拉分盆地，在拉分盆地内发现了盆地内部张剪切断层。这是随着沿断裂带走滑位移不断积累，拉分盆地被贯穿消亡时产生的一种新的类型的构造。据此，他们提出了拉分盆地形成新模式，这是我国第一次研究拉分盆地，也是研究得最好的一批拉分盆地。他们研究了海原活动断裂带及带内各次级剪切断层的运动学定量参数，即断裂全新世滑动速率，得到海原活动断裂带全新世左旋走滑速率小于 10 mm/a，而且，断裂带各段的滑动速率不同，具有分段活动特点，这是国际上最早给出青藏高原主要走滑断裂的低走滑速率数据之一，不仅与以后查明的青藏高原主要走滑断裂全新世活动水平一致，也与 20 年后利用 GPS 获得的断裂现今滑动速率一致。通过多探槽对比和三维组合探槽研究，他们研究了海原活动断裂带的全新世古地震及其活动历史，不但发现了断裂带古地震的丛集活动特征，分析了丛内和丛间古地震活动间隔不同，前者小，后者大，还提出了海原活动断裂带的古地震具有多重破裂的特征，根据古地震重复间隔的不同，海原活动断裂带可分为 3 个破裂段，有时在一次古地震事件中只是其中的一个断层段或两个断层段发生破裂，有时是全带 3 个断层段同时破裂，前两种破裂事件的震级要小于后者，后者是活动断裂带上震级最高的大破裂，在海原活动断裂带内发生在地震活动丛的最后阶段，这是我国最早利用多探槽对比和三维组合探槽研究古地震，最早发现古地震丛集和断裂多重破裂特征的研究实例。海原活动断裂带研究，不仅给出了一个走滑断裂带最典型的实例，是对构造地质学和活动构造学研究的重要贡献，引起了国内外的重视，被国际杂志走滑断裂专集约稿发表论文，其相关专著被专家称为“范本”和“经典”（毕庆昌语），而且荣获 1992 年国家科技进步二等奖。

（九）青藏高原运动学特征与块体低速率有限滑动模型

海原活动断裂带大比例尺地质填图及所取得的成果推动了我国活动构造定量研究工作，相继在全国近 20 条主要活动构造带上开展了大比例尺填图和定量研究。邓起东先生领导了这一工作，并在海原活动断裂带定量研究的基础上，进一步研究了青藏高原范围内多条北西西向活动走滑断裂带的活动特征及其间的北西西向条状块体的运动特征。指出：高原断块区被多条活动断裂带划分为多个次级断块，断块区和次级断块边界的活动构造带既是主要的应变释放带，也是强震活动带；这些边界活动断裂的滑动速率是一种低速率的滑动，从海原断裂带向南，直至青藏高原中部的鲜水河断裂，北西西向断块边界断裂均作左旋滑动，其滑动速率由北向南逐渐加大，由每年几毫米加大到每年十几毫米，说明高原内部次级块体的东向滑动速率由北向南加大，至鲜水河－玛尼断裂以南的羌塘－川滇块体滑动速率最大；正是由于青藏高原中部羌塘－川滇块体向东南运动最快，该块体南侧的红河断裂带和班公错－嘉黎断裂带转变为右旋走滑断裂，其滑动速率与鲜水河断裂的速率相当；高原和高原内部次级块体的这种块体运动主要来源于印度板块的向北碰撞和推挤，其中这种挤压作用在东西喜马拉雅构造结的阿萨姆和兴都库什地区形成强烈楔入，引起楔体周围地区强烈的变形，高原和高原内部次级块体则以不同的速度向东南滑动，其中以中部羌塘－川滇块体滑动速度最大。这些关于青藏高原晚第四纪活动断裂和块体运动学的认识在1984年喜马拉雅地质学国际讨论会上发表后，受到欢迎，也为邓起东先生提出青藏高原和高原内部块体的运动学模型——低速率有限滑动模型打下了基础。该模型指出：作为板块构造的一个组成部分，大陆内部板块是由多级别、多层次的块体组成的，即断块区和断块；断块区和断块的边界由不同规模的活动构造带组成，成为主要应变释放带和构造活动带，断块内部可能有一定水平的构造活动，但其强度小于块体边界构造带；陆内块体的运动是一种有限制的滑动，即小运动量、低速率的块体运动；下地壳、上地幔的流变与上地壳的脆性变形有着紧密的关系，板块驱动的水平作用力与陆内深部物质运动产生的垂直力的联合作用共同控制着板块内部的变形和构造活动。多级别、多层次块体变形和块体低速率有限滑动模型可以更好地理解青藏高原的前述构造活动和运动学特征。

（十）天山活动逆断裂和活动褶皱、板内新生代再生造山带研究

横跨中亚大陆腹地的天山是地球上最典型的大陆内部新生代复活再生造山带，目前仍在持续隆起并向两侧扩展，不断形成新的活动逆断裂和褶皱带，并伴随着强烈地震的发生。天山不仅是研究大陆内部地球动力过程和内陆强震的“天然实验室”，也是研究活动逆断裂和褶皱带的理想场所。邓起东先生等在完成了海原走滑断裂带研究后，把新的研究转向了这一条再生造山带，对天山挤压型活动构造进行了研究。他们发现，天山的新生代构造变形以山前向南北两侧盆地的扩展为特征，使得两侧新生代地层逐渐褶皱成山，形成多排逆断裂－褶皱带，北天山山前逆断裂－褶皱带的形成年龄由南向北越来越新，南天山则由北向南迁移，天山的新生代构造活动是一种扇形的双向逆冲增生过程。他们还发现，天山山前逆断裂－褶皱带由前展式断裂扩展褶皱所组成，并对断裂扩展褶皱的二维和三维几何学、形成机制及其与滑脱面－断坡系统的关系进行了研究。这些褶皱的发育受深部活动着的滑脱断裂和前缘逆断层断坡控制，随着深部逆断裂的演变和空间扩展，它们中的一些出露地表，另一些则仍然隐伏于地下呈“盲逆断裂”状态。1906年玛纳斯7.6级地震即是沿北天山山前逆断裂－褶皱带产生的一次盲断裂型“褶皱地震”，由于震源发生在深部盲断坡上，盲断坡向上的滑动通过近水平滑脱面向北传递，以致震中区只发生地表破坏而不产生地表构造变形，而在其北远离震中区的活动逆断裂－背斜带形成褶皱隆起和破裂出露地表形成断层陡坎。这是中国大陆首次发现和研究的“褶皱地震”事件。他们还研究了天山晚更新世和全新世阶地的年龄及其变形，包括最新断裂活动和最新褶皱作用，计算了晚更新世和全新世活动逆断裂－褶皱带的变形速率，计算了天山不同构造段最新缩短速率及其分段变化。有关天山新生代构造变形的研究不仅对于阐明这一条板内再生造山带的地球动力学有重要意义，还对天山两侧沉积盆地的油气资源勘探起着指导作用。

（十一）莱州湾—渤中海域和山东半岛两侧海域活动断裂探测

海域活动断裂的探测和研究是我国地震地质领域的空白，2003—2006年，邓起东先生与山东省地震局合作，对莱州湾—渤中海域活动断裂进行了探测研究，获得典型断裂点和褶皱变形点10个，其

中郯庐断裂带西支 KL3 断裂错断晚更新世晚期地层至全新世早期地层，下部垂向断距约 1.5 m。龙口断裂为郯庐断裂带东支断裂，以正断层为主，上更新统上部错动量 2 m 左右，其最新活动时代为晚更新世晚期至全新世早期。BZ29 断裂为北西向断裂，错断晚更新统上部层位，达到全新统底部，为晚更新世晚期 — 全新世活动断裂。山东半岛北部沿海完成测线 12 条，长度约 316 km，主要探测蓬莱 − 威海断裂带，发现断点 18 个，其北西段长岛 — 烟台段为晚更新世活动段，垂直位移量达 4 m 左右，东南段烟台 — 威海段为中更新世活动段。东南黄海完成 6 条测线，千里岩断层段为正断层，错断晚更新世地层，垂直断距 4 — 5 m。南黄海北部拗陷北西边界断裂也有明显表现，其上断点达到晚更新统下部，垂直断距达 4 m。邓起东先生领衔的这一工作填补了我国海域活动断裂研究的空白，开创了我国地震地质学的新领域。

（十二）系统编制全国活动构造图

活动构造是确定未来强震可能发生地点的重要依据，也是地震灾害防御、区域建设规划制定和建筑抗震设计不可缺少的基础资料。早在 1976 年邓起东先生就在当时全国活动构造初步调查和研究的基础上，主编完成了我国第一张中国活动构造图（1∶300 万），1978 年完成了中国新生代构造应力场图（1∶600 万），1979 年完成了中国地震构造图（1∶400 万），发表了有关论文。这些图件和论文不断深入地揭示了中国大陆活动构造、构造应力场和地震构造活动图像和特征，在促进我国地震灾害防御和科学研究上发挥了很大作用。近 20 多年来，中国的活动构造进入了定量研究阶段，并取得了很大进展。2007 年邓起东先生又及时总结这些定量研究结果，重新编制和出版了新的 1∶400 万中国活动构造图，详尽地表示了活动断裂、活动褶皱、活动盆地、活动块体、活动火山和强烈地震及地震地表破裂带等不同类型的活动构造及其运动学参数，总结了中国活动构造的基本特征。他们指出，喜马拉雅和台湾现代板块活动边界构造带变形强烈，断裂滑动速率大于 20 mm/a；大陆板块内部地区的构造活动以块体运动为特征，可以划分出不同级别的地壳和岩石圈块体，其中以青藏、新疆和华北断块区的现代构造活动最为强烈；不同区域内 200 多条活动构造带的 2000 余个运动学参数表明，大陆板内构造活动是一种有限制的低速率块体运动，块体边界构造带的水平滑动速率一般小于 10 mm/a，我国活动构造的实际资料不支持高速率、大滑动量的刚性块体逃逸理论。

（十三）城市和工程的活动构造和地震安全性评价

邓起东先生几十年来不仅活跃在构造地质学理论研究战线，还根据国家建设的需要，积极把理论研究成果应用于城市和工程抗震工作。他与同事们先后完成几十个大城市和几十项大中型工程的活动构造和地震安全性评价工作。既有核电等电力建设工程，又有长线状输油、输气管道工程；既有大城市活动断裂探测与地震危险性评价工作，又有大中型工程的地震安全性评价工作。他在这些活动构造应用研究中，结合工程建设的要求和城市构造环境特点，把活动构造理论研究成果与建设工程的实际需要结合起来，提出新方法，解决新问题。1991 年，他在最早从事我国长线状输油管道活动断裂安全性评价工作中，根据工程需要对活动断裂未来错动量做出预测的要求，应用定量活动构造学理论研究成果，提出多种活动断裂未来错动量评价方法，为工程特别是长线状工程抗震和抗断设计提供了必需的参数，为活动断裂安全性评价开辟了新的途径。在大城市隐伏活动断裂探测与地震危险性评价工作中，他不但明确地提出了这一项工作的核心科学问题和技术路线，成为完成这一工作的指导思想，而且针对不同阶段工作中遇到的实际问题提出解决的关键技术和方法，先后发表了多篇有关城市活动断裂探测技术和方法的论文，用以指导对城市直下型活动断裂和直下型地震的探测和评价工作。

（十四）青藏高原地震活动特征及当前地震活动形势

青藏高原是我国现代构造活动和地震活动最强烈的地区，但青藏高原的地震活动细节一直未得到仔细的研究。2001 年在高原内部巴颜喀喇断块北边界发生了 8.1 级地震，2008 年 8.0 级汶川地震在巴颜喀喇断块东端发生，这是青藏高原两个重要的地震事件，引起我们极大的注意，为此，我们注意研究了巴颜喇断块的运动，研究了高原和高原内部断块的分区和运动特征；研究了高原区内 7 级和 7 级以上地震的时间和空间分布，尤其是它们在 1900 年以来的活动时序；研究了 1900 年以来青藏高原三个地震系列的分布及其核心的存在；研究了巴颜喀喇断块及其边界断裂的运动学特征和震源机制；同时研究了全球地震活动的几次高潮丛集，看到昆仑 - 汶川地震系列与全球地震活动背景的关系。这样，我们终于看到了青藏高原当前的地震形势，指出了目前全球 8 级以上大地震和青藏高原以巴颜喀喇断块为核心的 7 级以上地震活动趋势。以后，在巴颜喀喇断块区不同性质的边界上，汶川地震后又相继发生了玉树走滑型 7.1 级地震、芦山 7.0 级挤压型地震、于田拉张边界两次 7.3 级拉张型地震。围绕巴颜喀喇断块最近几年 7 级地震连发告诉我们，这一断块及其周围地区 7 级乃至更大一些地震发生的危险性依然存在，我们对此仍应特别加以注意。由此，我们在 2014 年 4 月末向《地球物理学报》提交了《青藏高原地震活动特征及当前地震活动形势》一文，提出当前大地震形势和我们建议的对策。我们的意见引起了注意，论文及时得到发表，英文版发行后一年内获点击 12373 次。经过分析遴选和同行评议推荐，本文被评议为“2016 年度领跑者 F5000 中国精品期刊顶尖学术论文”，2017 年又获“陈宗器地球物理优秀论文奖”。

（十五）严于律己，积极培养科研人才

邓起东先生既是一个为人热情、平易近人的人，又是一位严于律己、踏实肯干的人。他既善于组织和协调各方面的力量开展重大科学项目的综合研究，又总是亲历亲为，亲身参与实际工作，并在实践中形成新的思想，提出新的认识；他能敏锐地发现线索，并积极思索，根据发现的问题，调整自己的研究方向和研究重点，不断探索，通过多年辛勤的工作，使认识达到一个新的高度；他积极参与国内外科学交流，开展深入的合作研究，所以，他能使他的科研工作站在活动构造学发展的前列；他著述丰富，却并不漂浮，他要求其著作要能代表新水平、新高度。这种积极努力和严格要求正是他能走上成功之路的原因。

邓起东先生总是热情帮助与他共同工作的同事和年轻学子。他不仅与他们共同开展野外调查，也与他们开展深入的讨论。他可以放弃自己去国外工作的机会和缩短在国外考察的时间，使年轻同事和研究生得到出国锻炼的机会。他努力创造条件送学生们出国深造，并鼓励他们学成回国为祖国贡献力量。他至今已先后培养了20多名博士和硕士，其中有的毕业论文获得全国百篇优秀博士论文。他的学生们绝大多数已成为科研和生产工作中的骨干或组织者，有的成为973项目和国家级科学工程的首席科学家，有的当选为中国科学院院士，有的走上了研究所所长、副所长、省地震局长等领导岗位，更多的作为研究员、副研究员成为科研的骨干力量和博士、硕士研究生导师，不断创造出新的科研成果，培育出更多的科研人才。

三、闪闪发光的学术思想

作为一位构造地质学家和活动构造专家，邓起东先生通过多年科研工作，逐渐形成了其独特的学术思想，主要表现在以下诸多方面：

（一）构造系统论

构造变形可以有连续变形和非连续变形，虽然本身非常复杂，但每一个个体都不是孤立存在的，它们是在一定力学环境下形成彼此有机联系的一个整体。在进行构造变形分析时，必须从系统论的角度对它们进行评价，而不能孤立地去分析各个个体。邓起东先生在走滑断裂带研究中，从剪切作用条件下去认识整个走滑断裂带的变形，包括次级剪切断层的形成，拉分和推挤阶区的变形，不连续阶区的发展，变形的集中和断裂的贯通，走滑断裂的枢纽作用及其引起的断裂两侧的变形，破裂的发生和发展，尾端破裂的扩展等不同方面对整个走滑断裂系统进行全面的分析，对该系统在空间上的变形关系及时间上发展演化进行整体分析。在活动断裂与活动褶皱关系研究中，他抓住断裂和褶皱活动引起最新河流和冲洪积扇的变形，通过变形实测和年龄测定，既获得逆断裂的最新活动参数，也获得了活动褶皱变形的运动学信息，对二者的相互关系做出了深入的研究。把这种思想应用于大陆构造和区域构造研究，从不同类型构造及其相互关系分析和运动学研究出发，认识板块构造和板内断块构造的关系，认识中国大陆活动构造的断块构造特征，并特别研究了构造活动的反转及转换。

任何构造活动过程都不会是一成不变的，会随着时间的发展而变化，在一个阶段表现为挤压型逆断裂作用，在另一个阶段，由于应力状态的变化，力学性质可能发生变化，既可以转变为张性正断裂，也可转变为走滑断裂，变化是常态，总是存在的，不变是相对的，继承性总是有限制的。他在研究复杂的构造活动过程时，特别注意构造的反转。在20世纪60年代，当他们在研究山西断陷盆地带时就发现该构造带早期的挤压构造在后期反转为张性构造，后期正断裂切断早期逆断裂、逆掩断裂和推覆构造，并于70年代初期发表了构造反转的著名剖面，从而对山西断陷盆地带带来了全新的认识。后来的进一步研究说明，这种构造反转存在于鄂尔多斯乃至整个华北构造区，从而引起人们的更加重视。

80年代，他们在海原活动断裂带研究工作中，再次发现了构造反转，这次是海原活动断裂带在早更新世早中期是一条逆冲断裂及其控制的背驮式背斜，但在早更新世晚期，断裂带性质发生了变化，反转为一条左旋走滑断裂，开始了新的活动阶段。这种反转后来在青藏高原多条活动断裂带的研究中被发现，只是不同地区构造反转的具体情况可能有所不同。

构造转换及其相互平衡关系是构造地质学中另一个重要问题。在空间上一幅繁复的构造活动图像中，不同构造带或不同构造段之间的转换是常见的。而且，相互间应该是平衡的，不平衡是不合理的。20世纪80年代，他们在青藏高原东北边缘地区北西西向海原左旋走滑断裂带的东端发现了近南北向的六盘山和马东山等以逆断裂和褶皱为特征的挤压构造带，通过活动构造地质填图，他们计算了走滑断裂的走滑量和逆断裂－褶皱带的地壳缩短量，二者是平衡的。以后，人们在阿尔金走滑断裂带东北端和鲜水河断裂东南端都发现了这种转换和平衡关系。即使是在区域构造研究中，人们也经常碰到同样的问题，如龙门山构造带的缩短与其西一系列左旋走滑断裂的活动及巴颜喀喇断块的向东南运动之间的关系，等等。

由此可见，构造变形总是由不同种类和不同级别的个体组成一个有机联系的系统，构造活动在时间过程中的反转和在空间关系上的转换平衡是整个构造系统中的重要一环，是一个构造地质学家和活动构造学家必须面对的重要问题。

（二）板块构造和板内断块构造

板块构造是全球大地构造新的理论，但大陆地区经历复杂的活动历史和构造作用，具有更加不均匀的物质成分，其构造活动图像和运动性质也更加复杂，因此，板块构造常被指为不适合理解大陆内部繁复的板内构造活动。其实，中国科学家早年提出的断块构造就是解释大陆板块内部构造活动的很好的理论。邓起东等根据张文佑院士提出的断块构造理论，对中国大陆地区不同级别、不同层次的活动断块区和断块及其构造和地震活动特征，不断深入地进行总结，多次出版了中国活动构造和地震构造图件及相关论文、专著。他们还根据全国活动构造带的运动学定量参数提出了板内断块区和断块的运动状况和模式。这些活动构造研究结果不仅为理解我国大陆内部构造活动和地震活动提供了理论基础，也为进一步提出板内低速率有限制的块体运动模型提供了构造框架。2008年汶川地震发生后，他根据断块构造控制地震发生的理论，提出了巴颜喀喇活动断块是当前强震主体活动地区的新认识，被后续发生的强震所证实。

（三）联合作用的动力学模式

构造运动和构造活动的动力学问题是构造地质学和活动构造学中的一个核心问题。人们常常根据各自掌握的资料和对资料的理解，提出对动力学的回答，有的人从板块运动，从区域应力场作用等出发，提出一个地区构造活动的动力学模式，印度板块对欧亚板块、对中国大陆的碰撞和推挤作用成为中国构造活动的主要动力来源；有的人强调太平洋板块和菲律宾海板块在中国大陆东部的俯冲成为中国大陆，尤其是东部地区构造活动的动力因素；有的人认为裂谷来源于区域水平应力场作用和破裂的产生，深部物质的均衡调整即所谓的被动裂谷型；有的人强调深部物质垂直作用引发地壳的破裂和断陷作用的发生，即所谓的主动裂谷作用。邓起东先生等研究了中国的盆地和大地震形成的地震构造特征及深部构造背景，在研究 1975 年海城 7.3 级地震发震模型时率先提出了区域构造应力场水平作用力和深部构造向上隆起，深部物质向上运动产生的垂直力的联合作用控制了海城地震的发生。他还把这一联合作用动力学模式推广到鄂尔多斯盆地带和华北平原盆地区，提出这些新构造时期形成的盆地区是在这种联合作用动力学模式控制下发展形成的，从而认识到这一模型构成了张性构造区盆地的形成，大地震孕育和发生的动力学条件。

（四）变形局部化与地震孕育、发生和发震构造

板块构造和板内断块构造控制着地震活动和地震带的分布。地震带发生于不同性质的现代板块和现代板内断块的边界活动构造带。这些边界活动构造带可以由活动断裂带、活动盆地带和活动褶皱带组成，它们是现代活动板块和现代活动断块在运动过程中应变积累和集中释放的地带。我国大陆地区绝大多数 7 级以上地震及大多数 6 级地震都发生于Ⅰ级断块区和Ⅱ级断块活动边界构造带，它们是地震的发生带。在边界活动构造带上还可以发现地震常孕育、发生于其中某些特殊的构造部位，这就是人们总结的各种大地震的发震构造条件和发震构造模型。邓起东先生等根据不同性质边界活动构造带的具体条件，提出在不同条件下应变在活动构造带上集中和释放，变形在不同性质断裂带上局部化，从而为块体活动边界构造带上认识发震构造和强震危险区创造了条件。如对海城地震区的共轭剪切破裂，由于深部物质上隆减低地壳上部破裂面上的正应力而发震；在活动走滑断裂带上，由于走滑断裂带或走滑断裂带内次级剪切断层的枢纽作用，在枢纽轴部挤压作用持续增强，应变不断集中而形成一种所谓“运动闭锁”，当走滑作用进一步发展，枢纽轴部被突破，即沿走滑断裂发生大位移，爆发大地震；对于一条复杂的走滑断裂系统，次级剪切断层的枢纽作用控制着大地震的发生，是主要的发震构造和发震构造段，拉分阶区常常发生中等强度地震，其发震构造性质和规模与次级剪切断层不同；对活动逆断裂－褶皱带等挤压构造而言，深部盲逆冲断坡是控制大地震的发震构造，而近地表的浅部前锋断坡和活动褶皱的震级会小于深部盲断坡。

（五）定量活动构造学的建立和发展

20 世纪 70 年代及其以前的活动构造学是一种定性研究，以鉴定活动构造是否存在为主要工作，即处在一种普查阶段。然而，科学研究的发展过程总是从定性研究走向定量研究的过程。早在 20 世纪 70 年代初期，我国地震地质学家就提出地震地质和活动构造研究要贯彻“由老到新，由浅入深，由静到动，由定性到定量”的原则。70 年代后半期和 80 年代初，国际和国内的活动构造学都真正走上了定量发展的道路。当邓起东先生及其同事们开始进行海原活动断裂带研究时，就在思考应该如何开展活动构造定量研究，如何获得广泛的、可靠的反映构造最新活动的定量资料。他们决定把区域地质填图

方法应用到活动构造研究中，建立活动构造定量研究所特有的技术。他们用了7年左右的时间完成了海原活动断裂带大比例尺地质填图，实测了基础地质地貌、活动断裂几何学、不同时期的位移分布和1920年海原地震的同震破裂、同震位移及其分布，研究了这一条活动断裂带的演化过程和转换平衡关系，得到了1万年以来这一条活动断裂带及其各次级断层段的滑动速率，发现了多次古地震事件，计算了其复发间隔，研究了这一条活动断裂带分段破裂过程等，根据这些定量数据，可以更好地评价这一条活动断裂带未来的地震危险性。这是对活动断裂带第一次完成比例尺为1∶5万的地质图，取得了活动断裂的各种定量数据，促进了地震危险性评价工作，推动了我国活动构造定量研究工作。作为我国活动构造定量研究的开拓者，他以后还进一步领导了全国活动构造带大比例尺地质填图和定量研究工作，奠定了我国现代定量活动构造学的基础，其成果在地震预测和防震减灾中长期发挥着重要作用。

（六）科学研究为社会服务，为工程建设服务

科技创新与国家建设相结合，为国民经济建设服务。邓起东先生从20世纪60—70年代起就在基础研究的同时注意将研究成果不断应用于经济建设，进行为国家大中型工程抗震服务的地震基本烈度评定工作。70年代，我国现代活动构造研究刚刚起步时，他们发现中国大陆地震活动具有时空不均匀性特征，就开始将这一特点用于与经济建设直接相关的地震区划中，并提出发震构造的尺度和性质与地震震级、地震类型和发震地点等均密切相关，因而发震构造是确定地震危险区的重要标志。这正是现代地震区划理论的核心问题。20世纪90年代初期，国家重大工程石油和天然气长输管线需要对数千千米线路所跨过的活动断裂进行鉴定，并且评价未来一定时间内可能发生的位移量。面对这一个重大难题，邓起东先生充分发挥了他在活动构造前沿领域从事科学研究的优势，把活动断裂定量研究理论和方法应用于断裂活动未来位移量评价，提出了多种方法，求取了活动断裂未来的位错量，满足了工程设计的需要，同时也将活动构造定量研究推进到了一个新的高度。这种理论与实践相结合、基础与应用相结合的研究，为活动构造研究本身开拓了更广阔的发展空间。

结束语

科学探索的道路是艰辛的，一个优秀科学家走过的路总是不平坦的。它既要求敏捷的思维，又要求脚踏实地努力，更要求一种忘我的、长期坚忍不拔的精神。邓起东院士的大半生是在一条不断探索的长期艰苦奋斗的道路上走过的，每一小步的进展都付出了艰苦的努力，他用自己的辛勤奋斗、心血智慧和卓越成就在中国的地震科学界树立起了一座坚实的丰碑。他本人，他的科研团队，他的家庭都在这一艰苦的努力中付出了代价。由于工作的劳累，他47岁患脑血栓，尚未痊愈就继续工作，一边打点滴，一边完成专著《海原活动断裂带》；他58岁患冠心病，不得不做动脉支架手术，还因心脏动脉造影时发生造影剂过敏，以致得了肾病并引发癌变，在59岁时不得不切除了左肾，但他仍以残弱之躯，继续开展野外工作，进行科学研究。他年逾70之后，仍在努力学习和工作，要求自己不断进取，在新

的领域里做出新的努力。近年来，他在城市活动断裂探测与地震危险性评价工作中贡献着力量，他大声疾呼，倡议并参与开展我国海域活动断裂探测，直到最近十年他仍然大力呼吁，要重视对巴颜喀喇活动地块地震危险性的研究。他说，他不敢有过高的要求，只希望这棵老树还能以 5 年为一期站立着，继续做一些力所能及的事情。2015 年，他 77 岁出任《地震地质》期刊主编，并在学术上亲自审稿把关，对每一篇论文的图、文都认真审阅，反复推敲，一丝不苟，继续为地震科学事业奉献着余热。

作为学生辈，我们多年深受邓起东老师的教诲。从他的身上，我们不仅学到了科学知识和从事科学研究的本领，更重要的是学到了他矢志不渝的理想追求，锲而不舍的工作态度，精益求精的科研作风，孜孜不倦的探索精神和坚忍不拔的奋斗意志。所有这些都为我们树立了人生楷模，使我们受用终身。2018 年，敬爱的邓起东老师即将迎来他的 80 寿辰，我们期望他健康长寿，生活美满，期望他能在更长的道路上引领后学，共同前进。

简历和主要社会兼职

1938 年 1 月 23 日	出生于湖南省双峰县滩头湾的世祜堂
1949 春 — 1950 冬	湖南省长沙市豫章小学（5 年级 — 6 年级）
1951 春 — 1953 夏	湖南省长沙市雅礼中学（解放中学，第五中学，初中）
1953.9 — 1956.7	湖南省长沙市第七中学（高中）
1956.9 — 1961.10	中南矿冶学院地质系地质测量与找矿（普查）专业五年制本科毕业，其中 1960.3 — 1961.3 为地质系助教
1961.10 — 1978.2	中国科学院地质研究所构造研究室科研工作，其中 1972 — 1978 为构造研究室负责人、副主任
1962.10 — 1963.12	中国地质科学院地质力学研究所地质力学进修班（第一期）进修
1978.2 — 1984.3	国家地震局地质研究所活动构造研究室副主任
1984.3 — 1985.3	国家地震局地质研究所科研计划处处长
1985.3 — 1988.4	国家地震局地质研究所副所长
1961.10 — 1979. 2	中国科学院地质研究所研究实习员（初级）
1979.3 — 1985.7	1979 年 3 月晋升副研究员（副高）
1985.7 至今	晋升研究员（高级）
1990.11.20	国务院学位委员会批准博士生导师
1994.3.15 —	国家秘密技术审查专家组专家，中华人民共和国国家科学技术委员会，证书编号为 413
1995 — 1998.7	中国地震局地质研究所学位评定委员会主任（1995.9 — 1998.7，第 3 届）、名誉主任（1998.7 — 2000.7，第 4 届）
2003.11.7	当选中国科学院院士
2004.7 — 2017.8	中国地震局科学技术委员会副主任
2017.8.24 —	中国地震局第八届科学技术委员会委员
2011.12.29 — 2016.12.31	中国地震局活动构造与火山重点实验室学术委员会主任（中震科函〔2001〕112 号）

1986.10 — 2016.6	《地震地质》副主编
2016.6 — 2019.6	《地震地质》主编
1991 — 1996	《活动断裂研究》主编
2003.12 至今	中国地震预报评定委员会委员（中震发测〔2003〕215 号文）
2006.2 — 2015	国家地震安全性评定委员会委员
2005.7.18 — 2010	国防科工委（局）高放废物地质处置专家组成员（委办函〔2005〕134 号文）
1972 — 1977	国家地震局全国地震烈度区划编图组组长
1989 — 1995	国家地震局全国活动断裂地质填图工作专家组组长
1995 年至今	中南大学兼职教授(1995.6.26—2000.6.26，聘书号 95-01-02)，荣誉教授(2006 至今，聘书号 2006-055)，博士生导师（2008 至今）
2004 年 3 月至今	浙江大学兼职教授(2004 至今，聘书号 2004004)，博士生导师(2008-2012)
2004.5.24 — 2007.4	南京大学兼职教授（南聘字〔2004〕024 号）
2008.9 — 2014.12	教育部有色金属成矿预测重点实验室学术委员会主任
1979.11 — 2006.10	中国地震学会理事（1979.11 — 2006.10），荣誉理事（2006.10.22 至今）
1997.3 — 2005.12	中国地质学会理事（第 36、37 届，1997.3 — 2005.12）
1979.11 — 2007	中国地震学会地震地质专业委员会副主任（1979 — 1991）、主任（1991 — 2007）
2007.5.22 —	李四光地质科学奖理事会理事（第一届），李四光地质科学奖基金会，李聘字〔2007〕012 号；
2005.3 — 2011	李四光地质科学奖委员会委员（第 5、6 届）
2013 年 8 月至今	环境保护部（国家核安全局)第二届核安全与环境专家委员会委员，兼核燃料循环、废物与厂址分委会副主任
2014 年 12 月至今	“北京学者计划”专家委员会委员，北京市人力资源和社会保障局

第二章

追求卓越 创新不息

工作历史纪念册

邓起东，1938年出生于湖南省双峰县茶冲乡滩头湾世祐堂，幼年曾在家乡读私塾一年余，大约在1948年移居父亲所在的长沙，1949年插班考上豫章小学五年级，小学毕业后于1951年考入长沙雅礼初中，然后入长沙七中，1956年考入中南矿冶学院地质系。从1951至1961年是邓起东从初中至大学三个重要的求学发展阶段。当1961年邓起东以优异成绩从中南矿冶学院毕业分配到中国科学院地质研究所工作时，他的全家、他的同学和兄弟姊妹都为之万分高兴，专门拍摄了“送起东上北京”的照片欢送他。这是一个重要的转折。1966年底他与王树岚女士结婚，定居北京。

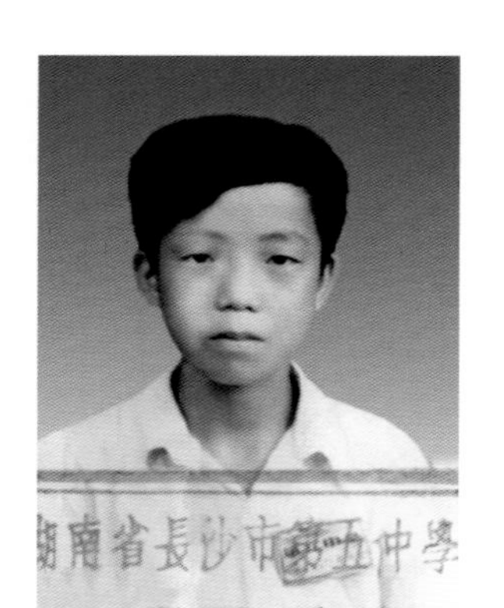

1001. 长沙五中
（雅礼初中，1951—1953）

1002. 长沙七中
（高中，1953—1956）

1003. 中南矿冶学院
（1956—1961）

1004. 1966年，中国科学院地质研究所

1005. 2003年，中国地震局地质研究所

1006. 1972年，全家福：欢聚长沙，后排左三为邓起东

1007. 1955年，长沙七中高一班的老同学，前排左二为邓起东，后排右三为贺益恩校长

1008. 1961年，“送起东上北京”，后排右一为邓起东

1009. 2000年，夫妻（邓起东、王树岚）合影

新的事业开始了，邓起东在新的岗位上跟着张文佑和马宗晋等老专家、老同志努力工作和学习。在他们的指导下，在北京西山做小构造研究，在四川做油气构造研究，尤其是在1962.10.31—1963.12.26被派遣至中国地质科学院地质力学研究所地质力学第1期进修班学习，直接接受李四光院士等多位专家的指导和教育，参加多种科研活动，大大地增加了知识，开阔了眼界。在这一阶段他对剪切和张性破裂变形及其形成机制有创造性发展，发表了有关论文。

2001. 1962年，初到北京的野外工作（北京西山）

2002. 1962年，北京西山野外工作，向老同志学习，右为马宗晋院士，左为吴学益，中为邓起东

2003. 1963年，在李四光部长（右一）举办的第一届地质力学进修班学习，邓起东立于中部桌旁

2004. 1963年，在李四光部长生日当天，部长与进修班学生们会餐，邓起东立于李部长右侧

2005. 1964年，澳大利亚希尔茨（E.S.Hills）教授来中国访问，前为希尔茨，中为张文佑院士，后为邓起东

2006. 1964年9月，于八达岭长城，右二为希尔茨，右三为张文佑院士

自 1967 年起，邓起东开始主持山西断陷盆地带活动构造研究和带内多个工程的地震基本烈度工作，北起延庆、大同盆地，南至灵宝、渭河盆地，他们无不一一加以调查。辛勤的野外工作使他们认识到控制山西断陷盆地带的是正断层而不是逆断层，逆断层是中生代的变形，从而提出两个变形阶段的转换。进一步工作发现山西断陷盆地带是一条右旋剪切拉张破裂带，中段被不连续右旋正走滑断裂所控制，两端存在两个尾端张性构造区，形成局部盆岭构造。山西断陷带中段的北北东向断裂为走滑断裂和正走滑断裂，南北两端的北东向断裂则为正断裂控制的地堑和半地堑，从而认识到这一构造带的剪切拉张性质和分段性新概念，奠定了山西断陷带地震地质的基础。

3001. 1968年，在山西五台山野外工作，右一为邓起东、右二为汪一鹏，左一为黄亦斌研究员，左二为王克鲁研究员

3002. 山西断陷带中段NNE向霍山走滑断裂

3003. 1970年，华山远眺

3004. 1970年，在华山山顶

3005. 华山天池旁小歇，左一为邓起东，后为李炳元

山西隆起区断陷地震带
地震地质略图

3006. 1970年，山西隆起区断陷地震带地震地质略图

1972—1977年邓起东等奉命组织全国地震烈度区划工作，参加这一工作的人员来自全国地震系统的各个单位，涉及各单位的人员也没很好地统计过，仅参加总结报告文图编写者即达30余人。为了做好这一工作，经国家地震局批准，于1972年6月成立了全国地震烈度区划编图组，组长邓起东，副组长为张裕明、环文林和张鸿生，成员有许桂林、李群、刘一鸣、范福田、邓瑞生、刘行松和杨天锡。此外，向光中（副组长）、候学英、李洪吉、应绍奋、宋松岩和卢荣俭等同志也曾一度参加编图组的工作。至1977年完成了全国1∶300万地震烈度区划图，经国家组织审查，批准该图在国家建设规划和中小型工程抗震中参考使用。1977年该图和说明书由国家地震局出版，填补了我国地震区划的空白。在这一阶段，邓起东等还主编出版了我国多份地震构造图图件《中国活动性构造和强震震中分布图》,《中国现代构造应力场图》和《中华人民共和国地震构造图》等）。

4001. 1973年，开展中国地震烈度区划图工作（右起邓起东、张鸿生、范福田）

4002. 1973年，区划编图组部分成员（左起李群、张鸿生、许桂林和邓起东）

4003. 1973年，区划组部分成员（左起范福田、许桂林、张鸿生、邓起东和李群）

4004. 1973年，区划组部分成员（右起刘一鸣、范福田、李群、张鸿生和许桂林）

4005. 1976年，《中国活动性构造和强震震中分布图》

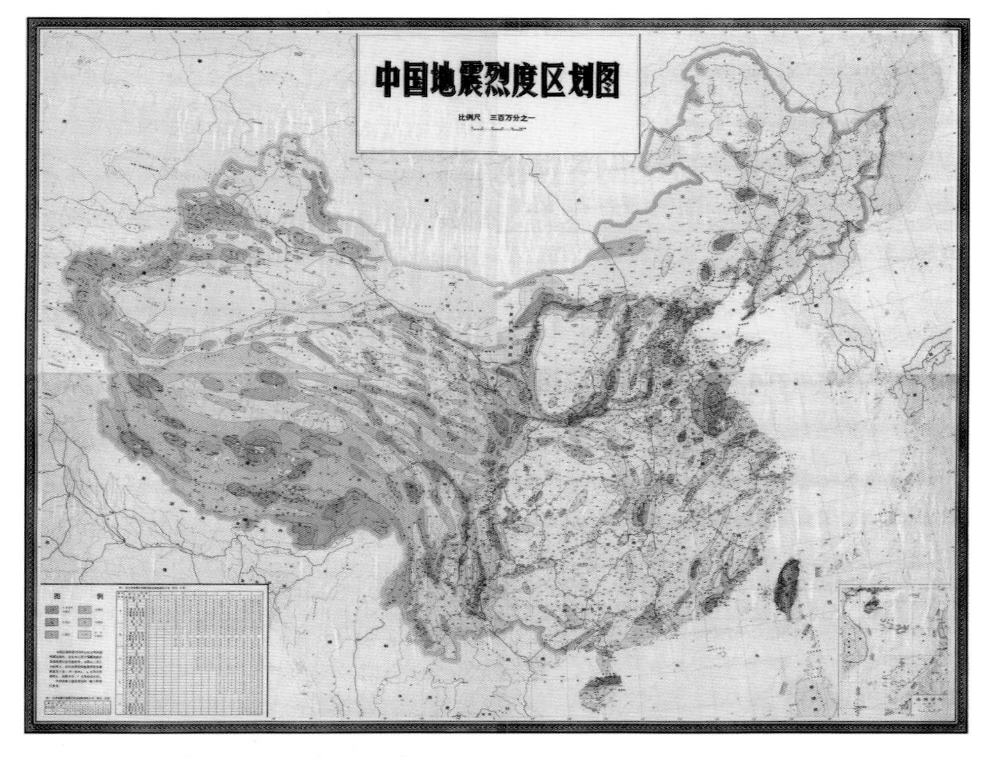

4006. 1977年，《中国地震烈度区划图》

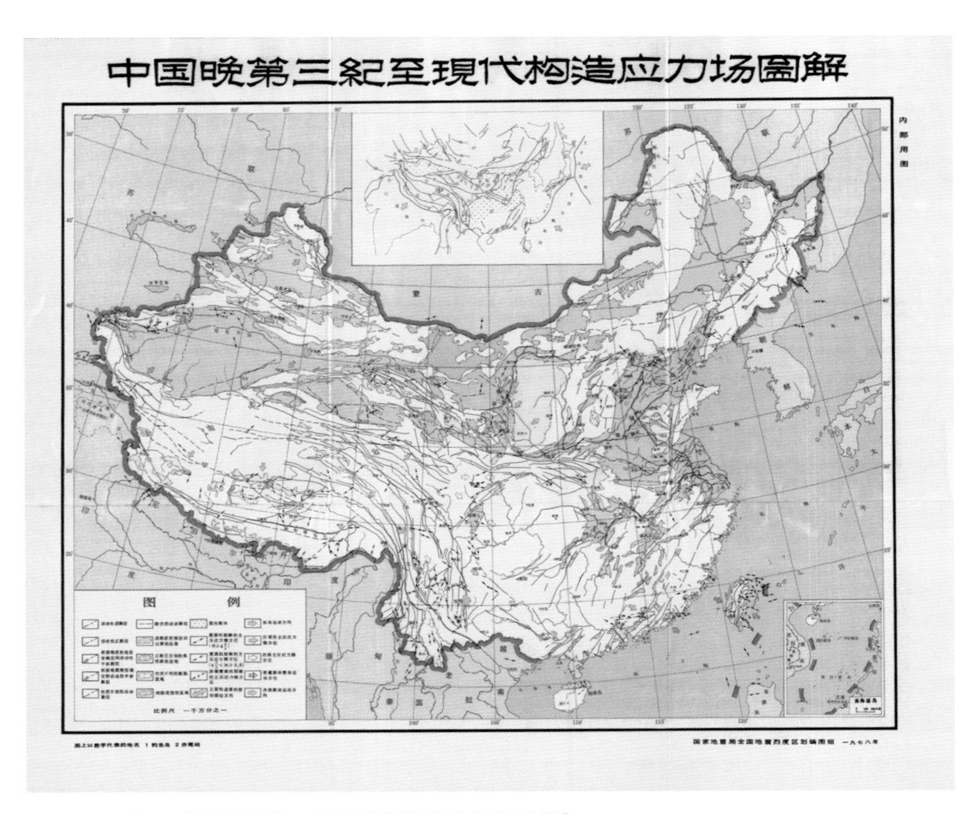

4007. 1978年，《中国晚第三纪至现代构造应力场图解》

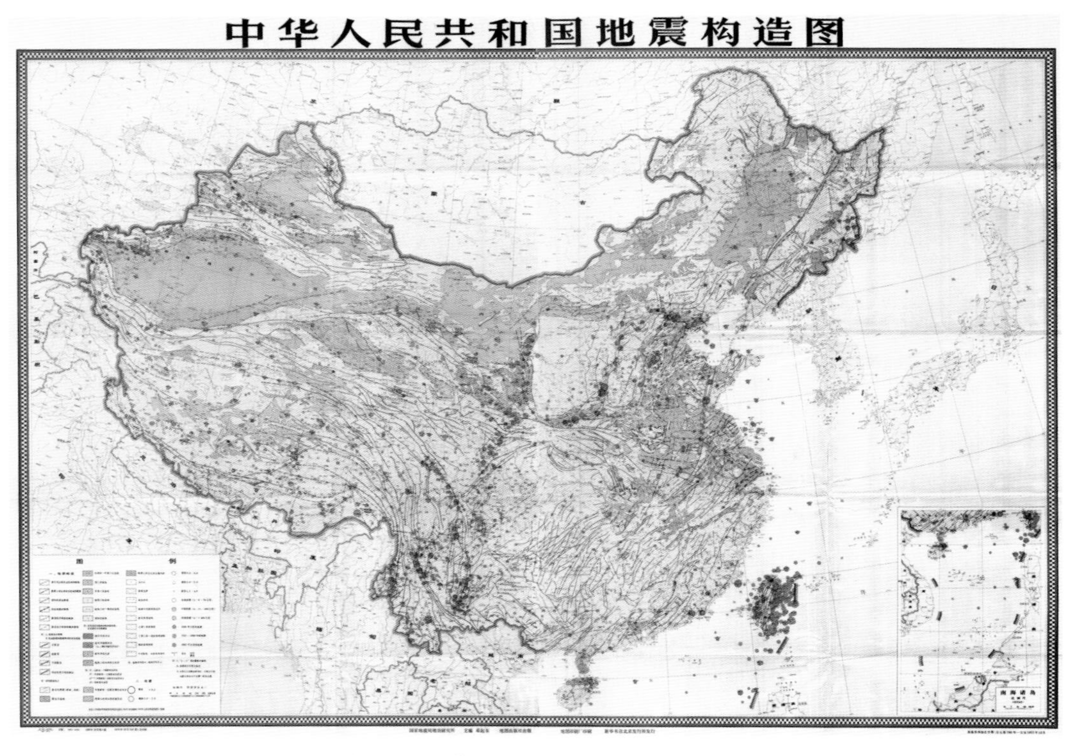

4008. 1979年，《中华人民共和国地震构造图》

1974年4月19日至5月20日，以顾功叙院士和丁国瑜院士为首的中国地震代表团去美国和加拿大考查地震工作，邓起东参加了美国部分的考查。考查期间，参观访问了华盛顿、波士顿、纽约、博尔德、旧金山和洛杉矶等六个城市及附近地区的地震研究单位、地震观测台站和一些大学的有关部门计十九个单位，较广泛地接触了美国地震学界的科技人员。此外，还对美国的主要地震活动区加里福尼亚洲的圣安德列斯断层带进行了野外考察。通过这次考察，我们对美国的地震工作，特别是地震预报方面研究工作的现状、特点及其存在的问题与缺点作了较深入的了解，取得了不少资料。回国后，邓起东负责完成了考查报告第五章《岩石力学》的编写（69—90），获得好评（马瑾院士评价）。

5001. 1974年，中国地震代表团在美国（前排中为顾功叙院士，右二为丁国瑜院士，左二为邓起东）

5002. 1974年，中国地震代表团访美，左二为邓起东

5003. 1974年，访问美国，左二为邓起东

5004. 1974年，访美时，邓起东双脚站在圣安德列斯断层上，一边是太平洋板块，另一边是北美板块

5005. 1974年，访问美国

1975 年 2 月 4 日 19 时 36 分，在我国辽宁省海城县境内，北纬 40 度 40 分，东经 122 度 50 分发生了一次 7.3 级地震，震源深度 16 km，极震区烈度为Ⅸ度。由于这次地震预测、预报和预防工作的成功，极大地减少了人民生命财产的伤亡和损失。早在 1970 年首届全国地震工作会议上，辽宁南部就被列为“重点监视地区”，1973 年金县水准有变化，1974 年 12 月开始出现大量动物、水井、水氡、地倾斜和地应力等异常，1975 年 1 月开始震区大面积宏观异常出现，金县水准处于紧张状态，小地震活动加剧，台站前兆观测异常趋势发展，近震源区大量出现各种突跳式异常。针对临震前的多种变化，政府采取各种临震前的处置措施，组织人民外出，避免伤亡。在 2 月 4 日 7.3 级地震发生后，地震系统在当晚即组织队伍到达震区，一方面监视地震活动发展，对前震活动特征、主震和余震特点和危险性进行研究；另一方面在震区开展宏观调查，除对震区破坏程度进行调查外，还对小孤山地震地表破裂带和地光等异常活动情况开展了专门调查工作。最后完成了辽宁海城 7.3 级地震初步总结三册，即：1. 总论；2. 地震地质及烈度；3. 地震前兆。邓起东和钟以章是这次 7.3 级地震宏观考察队的负责人，应该说他们很好地完成了这一任务。

6001. 1975年，海城地震时的宏观考察队，左起为邓起东、王挺梅、方仲景、向宏发和易善锋

6002. 1975年，冰天雪地中的海城地震考察

6003. 1975年，海城地震中海城县招待所配楼倒塌

6004. 1975年，邓起东在观察海城地震中的地裂缝

6005. 1975年，海城地震中树干被劈开

6006. 1975年，海城地震考察中的队友，左一为邓起东

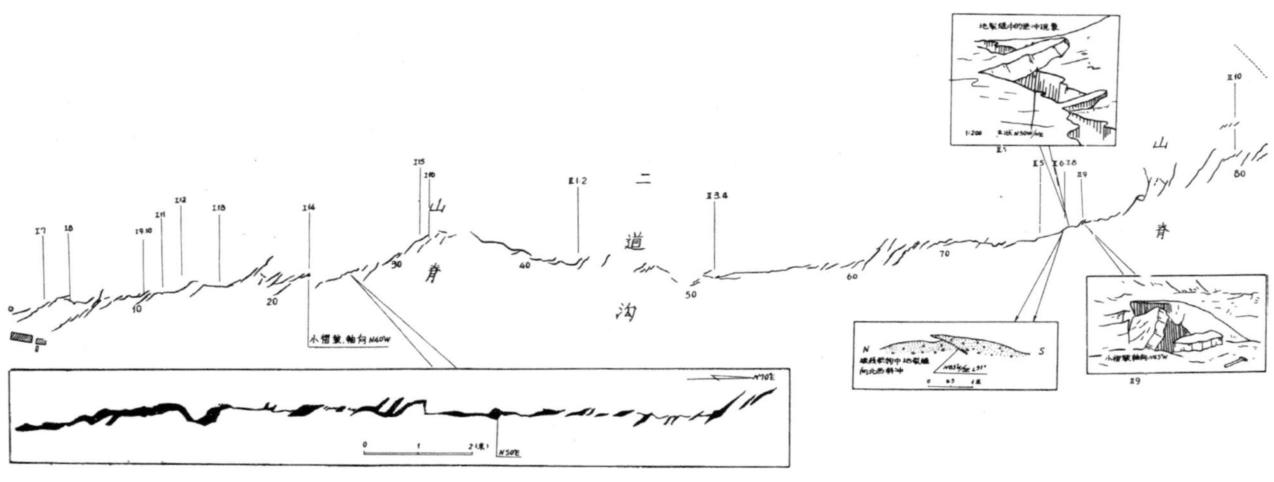

6007. 1975年，海城地震地表破裂带

6008. 1975年，海城地震地表破裂带

6009. 1975年，海城地震地表破裂带中的挤压脊

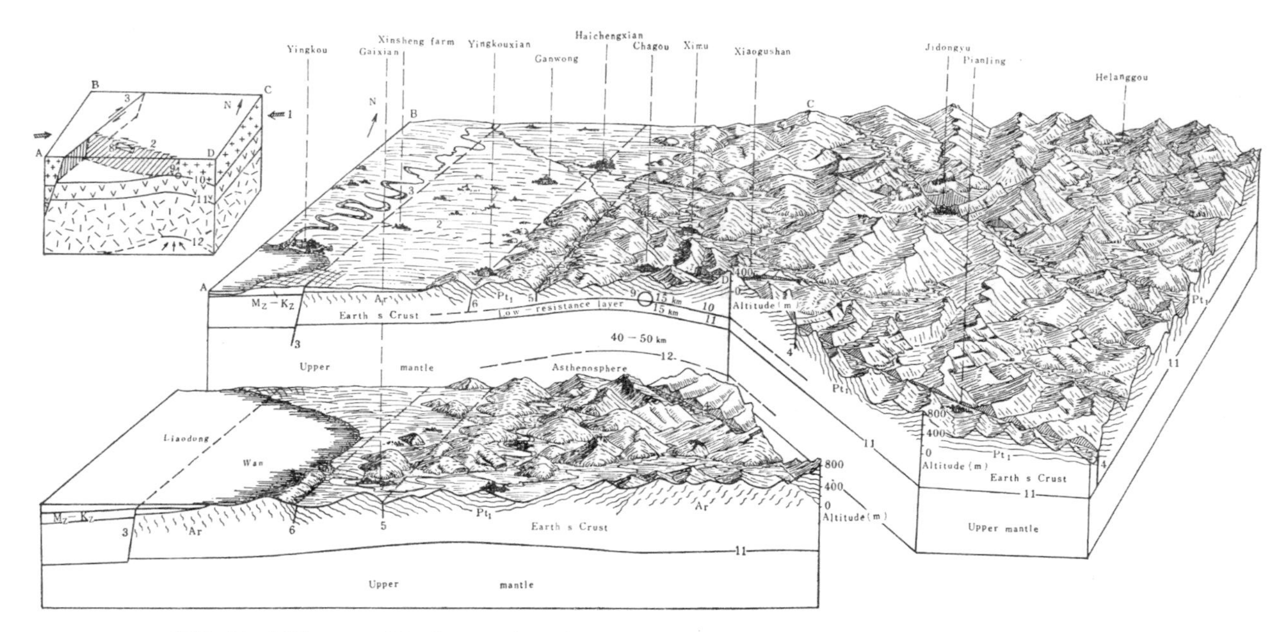

6010. Block Diagram of the Structural Model of the Pregnancy and Genesis of the Haicheng Earthquake
1. The principal compressive stress axis; 2. The seismogenetic fault; 3. The Nuiju-Youyangou deep fault; 4. The Dayanghe fault; 5. The Shuangtaizi-Zahojiabaozi fault; 6. The Yingkou fault; 7. The Yangjiabaozi fault; 8. The motion vector of the southwestern part of the seismogenetic fault; 9. The focus ofthe main shock; 10. The top ofthe low resistivity layer of the crust; 11. Moho. Discontinuity; 12. The top of the asthenosphere of the Upper Mantle (The block at the left- upper corner is of a further explanation of relationship between the structures and mechanics in the field of A, B, C, D. The deep boundaries showing only the relief and relative thickness of the layers, but not exactly in vertical scale)

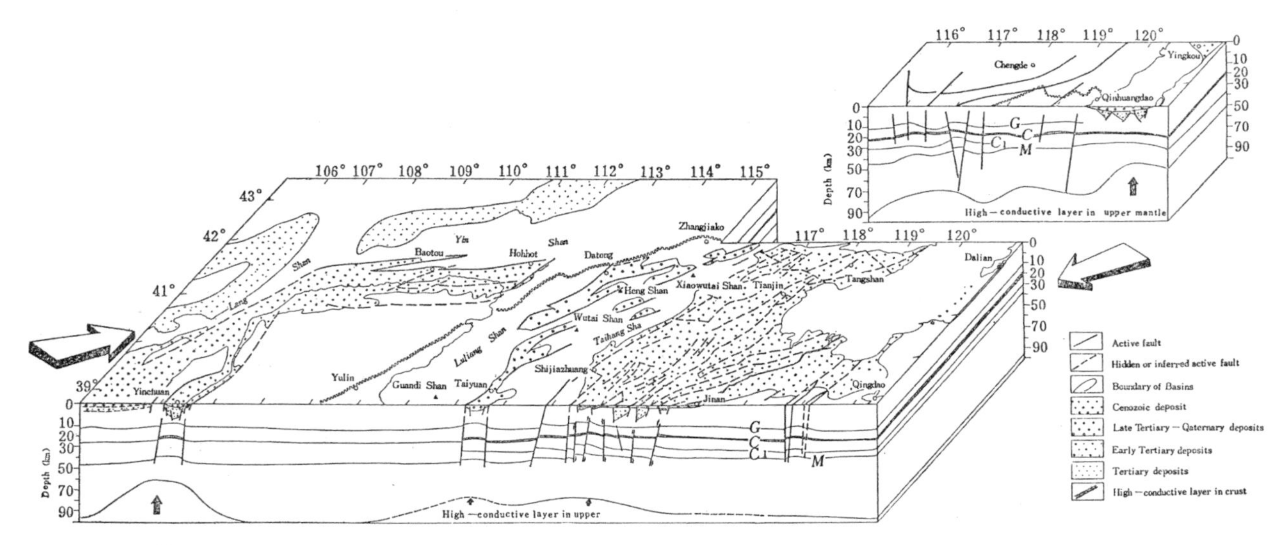

6011. Stereoscopic schema of geological structures and mechanical state in the North China fault block region

由于海城地震预测和预报的成功，美国麻省理工学院（MIT）派出该校博士研究生L.Jones来我所进修学习（1978—1979），包括至辽宁和陕西的部分野外工作。我们还共同在国内和国外发表了有关文章：1. Deng Qidong, Jiang Pu, Lucile M. Jones and Peter Molnar. A preliminary analysis of reported changes in Ground Water and Anomalous Animal Behavior before the 4 February 1975 Haicheng Earthquake. Earthquake Prediction-An International Review. Maurice Ewing Series, 1981, 4, AGU, 543-565. 2. 章光月 (Lucile M Jones)，邓起东，蒋溥．在地震孕育和发生过程中共轭断层活动的作用．地震地质，1980. 2(1)；19-26. 大致在同一时期，阿尔巴尼亚也派来进修生来我所进修地震区划。日本大阪大学藤田和夫教授也来我国中西部考察。在同一时期我在新疆作了学术报告。

7001. 1978年，美国麻省理工学院（MIT）研究生L.Jones（前排左二）来所学习和工作（第二排左二为邓起东）

7002. 1979年，邓起东陪同L. Jones（前排右二）去西安考察

7003. 1979年，学习、讨论和工作，右起邓起东、蒋溥，美国麻省理工学院P.Molnar和L.Jones

7004. 1979年，海城地震考察，照片中部为邓起东和L.Jones，后排为钟以章

7005. 1977年，阿尔巴尼亚留学生（左二），右一为邓起东

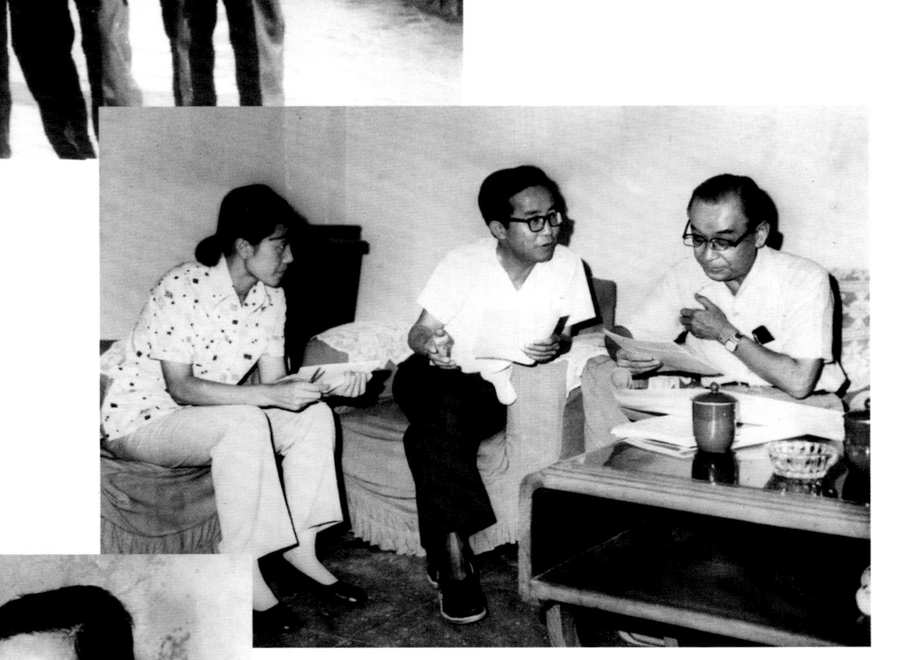

7006. 1981年，日本大阪大学藤田和夫教授（右一）与邓起东（中）

7007. 1981年，在乌鲁木齐报告会上

1981 年初，丁国瑜院士组织队伍对新疆富蕴地震断裂进行考察。由于当时我们正在组织海原地震和海原活动断裂工作，为了做好走滑断裂的对比研究，我们提出希望能参加富蕴断裂的工作。这一请求得到丁国瑜院士和新疆地震局的同意。于是，我们团队有部分人员转入富蕴断裂的研究和考查工作，分别参加了富蕴断裂带不同工作组，对富蕴断裂带的结构组成，几何学和运动学特征，古地震和大地震重复间隔等问题开展了相关工作。尤其是对这一脆性剪切破裂的形成机制、富蕴地震孕育与发生模型、富蕴枢纽断裂的运动学特征等创新性问题做出了新的工作，提出了枢纽型走滑断层的两种模型，即主滑型和横断型，完成了《富蕴地震断裂带》第五章《富蕴地震断裂带的破裂机制》。8001 所列出的照片给出了全长 176 km 的富蕴地震断裂带枢纽断层的北段和中段。断裂带北段可可托海段，自北而南为倾向北东的正断层和正走滑断层，中段玉勒肯哈腊苏 — 新山口北是倾向北东的缓倾斜的低角度逆断层和逆掩断层，新山口南为走向北北西、倾向北东的南段高角度逆断层。

8001. 1981年，富蕴断裂带此段和中段地貌图

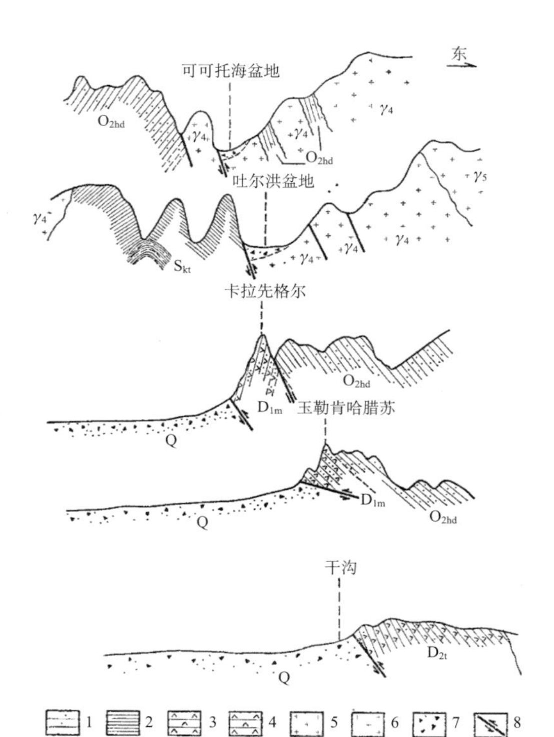

1. O_{2bd}砂砾岩；2. S_{kt}绿色页岩；3. D_{1m}安山玢岩；4. D_{2t}安山凝灰岩；5. r_4海西期花岗岩；6. r_5燕山期花岗岩；7. Q洪积物；8. 断层及其运动方式

8002. 1981年，富蕴断裂带枢纽运动剖面，富蕴断裂倾向北东，图示各段断层运动性质的变化，北段为正断层和正走滑断层，中段为低角度逆断层和逆掩断层，南段为高角度逆断层

8003. 1981年，富蕴断裂卡拉先格尔地表破裂带全景，长1500 m，坎高63 m，镜向NW（据姚颂明）

8004. 卡拉先格尔富蕴断裂地表破裂带，邓起东立于坎前

8005. 富蕴断层山脊右旋错动

8006. 富蕴断裂带北段山脊右旋错动

8007. 富蕴地震断裂带北段山脊右旋错动及断塞塘

8008. 富蕴断裂带中段枢纽轴部的低角逆掩断层，断层倾角仅10余度，镜向东

8009. 富蕴地震断裂带南段倾向东北的高角度逆走滑断层

8010. 富蕴断裂带地震沟槽中残留的古地震沟槽沉积物

在经历了上世纪 60 — 70 年代对我国广阔范围内多个地区和多条断层的普查工作以后，我国地震地质和活动构造研究在寻找新的发展道路，那就是如何更好地执行和贯彻“由老到新，由浅入深，由静到动，由定性到定量”原则，如何把活动构造研究从定性走向定量。可以说，1980 年是一个转折之年，自那时起，我们开始把研究对象依次安排在走滑、引张和挤压这多种条件下。正是在 1980 年我们开始了对海原活动断裂带的考察研究，并不断走向深入，确定对海原活动断裂带进行全带大比例尺（1∶50000）填图，填图长度达 280 km，宽 2 ~ 10 km，在断裂带东段马东山地区更进行面积性填图；重点研究了海原活动断裂带的结构特征、走滑位移量及其分布，对构成海原活动断裂带的 11 条次级剪切断裂、拉分盆地和推挤隆起及其形成机制进行了研究；对海原活动断裂带北西西向左旋走滑主体和东南端近南北向挤压变形的定量关系进行了研究；对沿断裂带产生的长达 237 km 地震地表破裂带及其位移分布，对海原活动断裂带古地震及其重复间隔与地震危险性等均进行了详细的研究。在上述工作中，得到中国国家地震局和美国国家科学基金会支持，1982 — 1985 年在断裂带中段进行了中美地震科技合作，合作对象有美国麻省理工学院 P.Molnar 教授和 B.C.Burchfiel 教授等。在合作工作中，中美两国科学家留下了美好的记忆，我们愉快地听到中国国家地震局和美国基金会都认为本项合作是中美地震科技合作中最富有成果的项目。由于本项目获得的巨大成绩，海原活动断裂带先后于 1991 年获得中国地震局科学技术进步奖一等奖和 1992 年国家科学技术进步奖二等奖。台湾毕庆昌教授来函对本书的评价为:“全书中有不少处为我当年所未见，所不知，这使我数十年来始终感到疑难之处都得到解答，受益不浅，快慰非常。”“您这本巨著在今后数十年内一定会被公认为范本，并被奉为经典”。

9001. 宁夏地震局的领导和部分工作人员，前排左起为汪一鹏、王铁林、张思源、邓起东和张维岐

9002. 1982年，海原活动断裂带部分工作队员，前排右一为张维岐，右二为邓起东，后排左一为学生陈社发

9003. 1982年，邓起东与学生徐锡伟（右一）在海原断裂带野外工作

9004. 1982年，邓起东在海原活动断裂带野外工作

9005. 1982年，邓起东在海原断裂带野外工作

9006. 1984年，邓起东与学生张培震（前一）在海原断裂带上开挖探槽

9007. 1985年，海原活动断裂带野外工作，中为马宗晋院士，左为邓起东，右为高维明研究员

9008. 1982年，P.Molnar和B.C.Burchfiel 在兰州，前排右一为邓起东，左一为郭增建研究员

9009. 1982年，美国地质调查局R.Wallace教授与邓起东在美国工作

9010. 海原活动断裂使石卡关沟冲沟发生左旋错动，水平错距达10 ~ 11 m

9011. 海原活动断裂劈开哨马饮一大树，左旋水平错距近1 m

9012. 海原断裂断层面和崩积楔

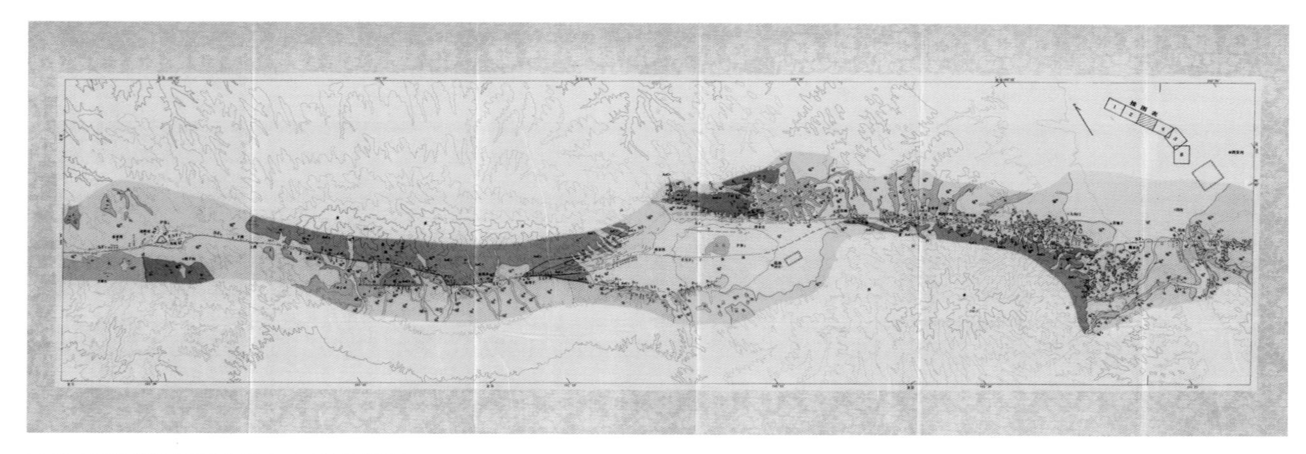

9013. 海原活动断裂中段1:50000地质图

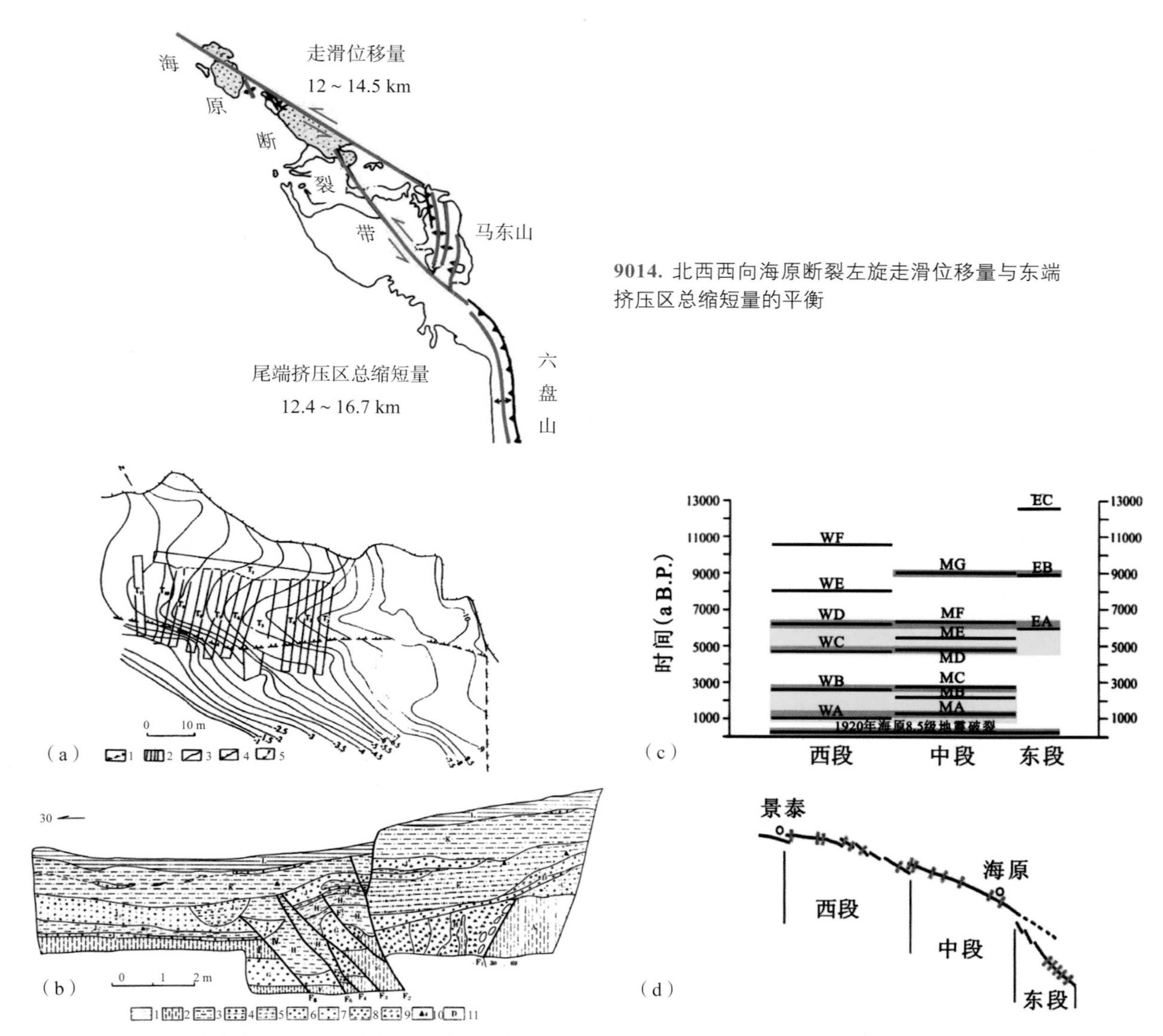

9014. 北西西向海原断裂左旋走滑位移量与东端挤压区总缩短量的平衡

9015. 海原断裂中段探槽分布（a）、探槽剖面（b）、古地震分布（c）和各段探槽位置（d）

这一时期有几个年青人来到了我们这个集体，也有毕业生将走向他们的工作岗位。这是1982年国家地震局地质研究所硕士研究生毕业典礼（10001），照片中的马杏垣所长（前排右4）现在已经作古，但刘若新所长（二排右3）和罗焕然研究员（前排左4）虽均已90有余的高龄，但他们依然身体健康。照片（10007）是1986年的一次研究生答辩，我们在照片上已无从面见答辩人，但专家们聚精会神的神态告诉我们他们是何等认真。10003、10005、10008和10009等几位是邓起东和他的学生们。10002是1984年邓起东与同行们在鲜水河断裂讨论炉霍地震，那是该断裂带上一次7.3级大地震，发育有清楚的地震地表破裂带。10006则是1986年邓与同事们在海南岛东寨港考察1605年一次7.5级大地震，那次大地震使东寨港陆陷成海（陈恩民语），退潮时港内即出露废弃堆积物。本文还谈及有关低角度断层问题和San Andreas断裂南端的走滑断层，这是指我们上世纪80年代在美国所发现的两个重要事件。其一是我们在Death Valley发现了低角度断裂。所发现的低角度断裂发育于Death Valley东侧第四纪地层洪积砾石层与前寒武纪花岗岩之间，破裂面向盆地倾斜，倾角小于10°—15°，断面光滑，滑动带破碎平整，沿滑动带有平行岩带分布。低角度断层上盘有多条透入性高角度张性破裂分布，它们向下终止于低角度正断层，这似乎反应了一种水平拉伸的张性环境。Death Valley东侧山脚沿线断层陡坎随处可见，沿线不同时期的冲洪积扇皆为该断层所错断，可见该盆地最新活动甚为强烈（10011—10012）。10013—10015反映的是San Andreas南端Elsinore断层段Ocotillo-Agua Caliente地区断层活动，10013可见断层直穿山脊，右旋错动极为明显，10014显示二人之间断层错动山脊十分清楚，10015可见公路新补痕迹明显。

10001. 1982年，硕士毕业典礼，前排右四为马杏垣院士，右五为刘全中副所长，左四为罗焕炎研究员，二排右三为刘若新所长，二排左三为邓起东

10002. 1984年，邓起东（左三）在与同事们讨论炉霍地震

10003. 1984年，邓起东与张培震（左一）在美国波士顿

10004. 1985年，学生吴大宁夫妇和孩子

10005. 1985年，邓起东与学生尤惠川（右一）、于贵华（左一）

10006. 1986年，1605年地震，海口东寨港陆陷成海，左立者为邓起东

10007. 1986年，研究生答辩，右侧为李玶院士，左侧为刘国栋研究员和邓起东院士

10008. 1986年，邓起东与学生吴章明（左一）

10009. 邓起东与学生张宏卫（右一）

10010. B .C.Burchfil和邓起东在美国加州野外工作

10011. 在Death Valley第四纪地层中发现的低角度正断层

10012. 在Death Valley第四纪地层中发现的低角度正断层

10013. San Andreas断层使山脊发生右旋错动

10014. San Andreas断层右旋错断山脊

10015. San Andreas断层右旋错断公路

从1980年起，我们的主要力量一直忙于海原活动断裂带的研究和填图，但也没有忘记中国东部的张性构造与它们控制的张性地震。1983年，邓起东又开始谋划和组织华北西部鄂尔多斯活动断裂系的研究工作。鄂尔多斯高原四面被活动断裂带和断陷盆地带所围限，高原核部在上升隆起，周围断陷带在拉张断陷，大地震在断陷带发生，6级以上大地震都发生在活动的断陷带内，隆起块体周缘每一条断陷带的边界断裂上都发生过8级以上大地震。我们的责任是要认识它，查明这些大地震发生的条件和机制，预防大地震发生时造成严重的灾难。我们的努力获得了成功，计划得到国家地震局的支持和批准。国家地震局所属的8个单位70余位科学工作者联合组成鄂尔多斯周缘活动断裂系课题组，开始了三年有计划的协同研究，专门针对正断裂、拉张性地堑盆地与大地震关系进行专题研究，尤其是对带内7～8级大地震开展专门工作，加强了地质地貌与深部构造活动的综合研究，加强了从大地测量、地震活动分析、大地电磁测深、人工地震探测等工作。由此，我们对这一张性断裂和张性盆地控制的活动构造带和大地震活动带的活动特性有了更进一步的了解，对古地震和未来大地震危险性有了新的认识，对鄂尔多斯断块的运动特性和青藏高原对鄂尔多斯断块的动力作用、对在这一动力作用下鄂尔多斯块体周围的破裂过程及由近端向远端的扩展机制、对不对称张性盆地的形成过程和断陷主断裂的发展及其与大地震的关系等都获得了系统的新认识。1986年，鄂尔多斯活动断裂系研究工作完成，1988年《鄂尔多斯周缘活动断裂系》一书出版。虽然邓起东由于患病曾短期脱离工作，后期工作由他的同事领导，但他很快就在自己的岗位上坚持工作，除了继续与同行们开展各构造带的实际研究，还在专著中完成全书的总结，写出了《断陷带第四纪活动的基本特征》和《动力学模式》等章节。1985年，他还进一步总结鄂尔多斯地区的活动构造，提出了在青藏高原的推挤作用下，鄂尔多斯地区活动构造的共轭剪切及水平力和垂直力联合作用模式。本项目1990年获国家地震局科技进步奖二等奖，1991年获国家科技进步奖二等奖。

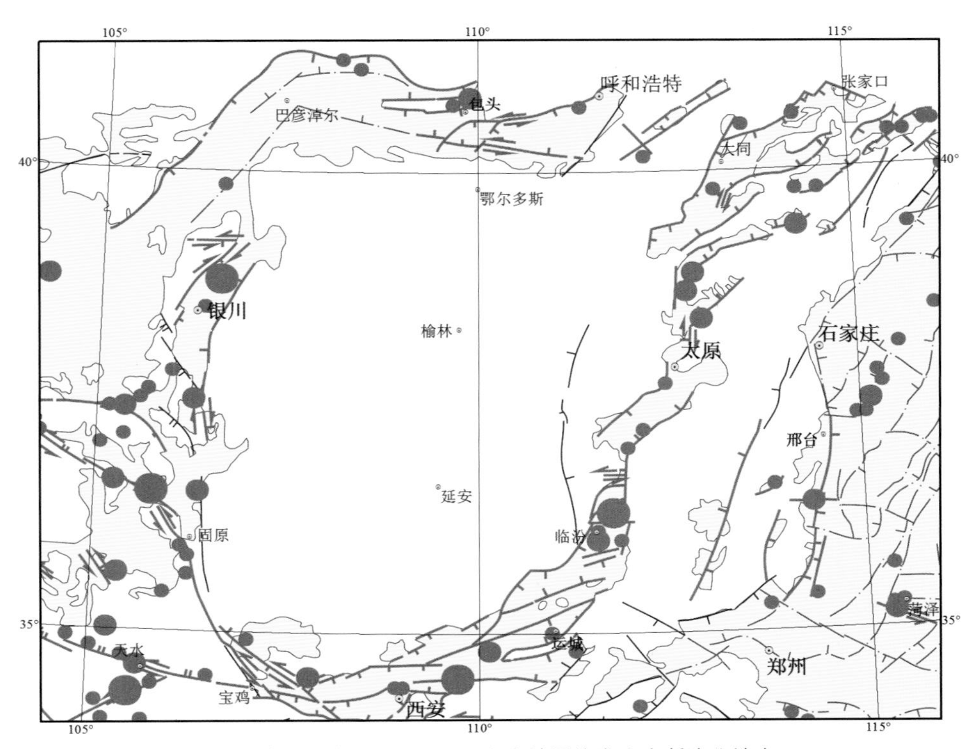

11001. 鄂尔多斯断块与地震活动：6级及7级以上大地震均发生在断陷盆地中

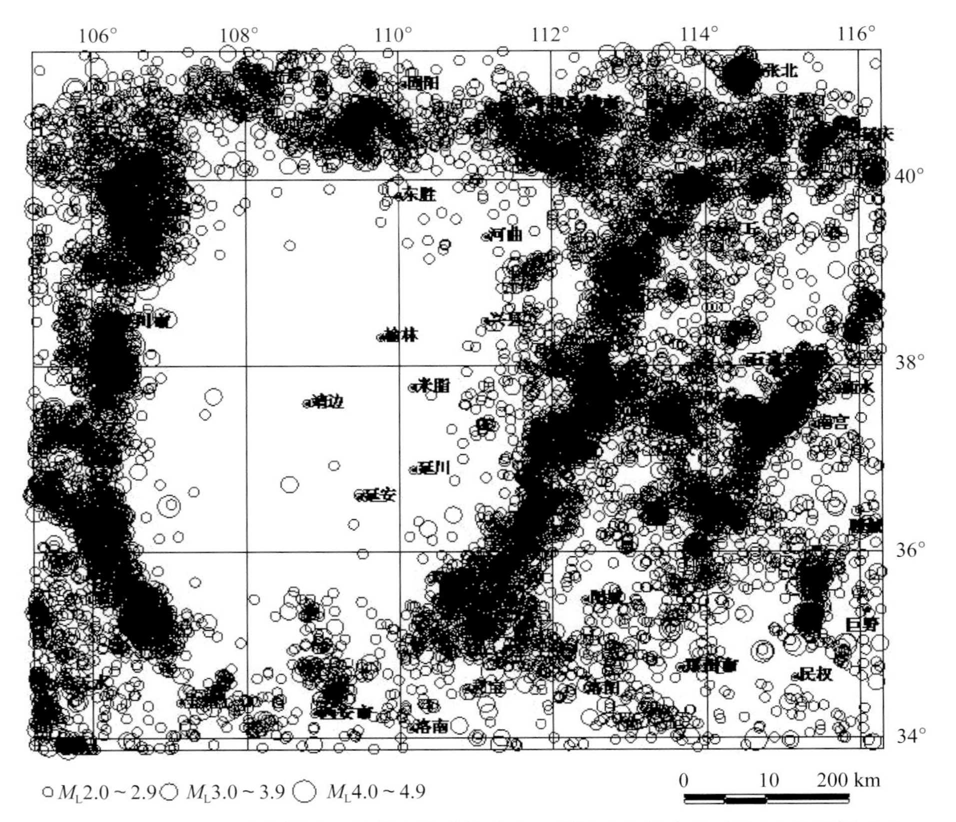

○ M_L2.0～2.9 ○ M_L3.0～3.9 ○ M_L4.0～4.9

11002. 鄂尔多斯断块的小震活动在断陷盆地带密集成带分布，断块内部极少有2级以上地震活动（M_L2.0～4.9）

11003. 大青山莎木佳陡立的正断层

11004. 大青山探槽：活动断层和崩积楔

11005. 1986年，在包头河套开展鄂尔多斯研究工作

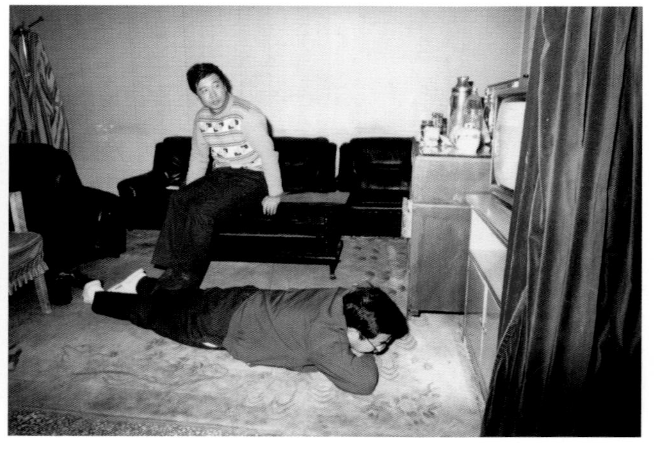

11006. 1985年6月，邓起东患脑血栓，至第二年初即工作。这是同事李克（坐）在河套工作会期间为邓起东按摩的情景

11007. 长城正断层

11008. 长城被断层右旋走滑错断

11009. 古长城遗迹

11010. 渭南塬前断层崖

11011. 渭南塬前正断层

11012. 黄河–山西活动断裂系计划会议代表合影，前排右四为邓起东

11013. 1986年，冰雪中的大寨

我们从 1966 年投入地震战线至今已有 50 余年。但若从核心工作来看，“海原活动断裂带”“鄂尔多斯周缘活动断裂系”和“天山活动构造”是我们最核心的工作。可以说，它们是我们从事地震地质的“核心三部曲”，它们反映了我们在地震地质工作方面对“走滑、引张和挤压”三种力学状态下地震孕育和发展机制的全部认识过程。宏伟的天山山系绵延耸立于中亚腹地，它夹持于准噶尔和塔里木两大盆地之间，是一个还未经很好研究的处女地。我们在 1989 年就开始了对天山挤压活动构造及其与大地震关系的研究。然后，在 1991 年加入国家地震局“八五”重点地震科学研究计划，邓起东又担任了国家地震局活动断裂填图工作专家组组长。工作重点是对北天山山前前陆盆地多排活动逆断裂 - 背斜带和吐鲁番盆地中央隆起带进行 1∶50000 活动构造地质填图，研究活动逆断裂和活动褶皱的变形特征及其形成机制。整个工作历时 6 年，于 1994 年完成野外工作，1996 年完成专著，2013 年完成地质图出版。

本书是我国首部关于挤压活动构造专著，对天山地区活动构造的几何学和运动学、天山再生造山带的构造恢复和地壳缩短、天山最新造山带的形成机制和动力学进行了讨论，尤其是提出了再生造山带的新概念；论证了天山活动逆断裂 – 褶皱带符合断裂扩展褶皱理论；首次将古气候系列引入活动构造研究；全面研究了天山地区阶地和冲积扇分期和年龄，发现了最新阶地和冲积扇变形反映的全新世褶皱变形，并定量实测了这种最新变形；利用平衡地质剖面方法计算了天山不同构造段的地壳缩短量和缩短速率，揭示了天山构造变形由西向东减弱的特征；首次研究了“盲断裂 – 褶皱地震”，提出了这类地震所特有的“盲断坡 — 水平滑脱 — 前端断坡”的发震模式。虽然我们在 2002 年只获得中国地震局防震减灾优秀成果奖二等奖，但天山工作中所获得的多项创新概念和创新成果是有目共睹的。

在野外工作期间，美国麻省理工学院地球、大气和行星科学系 B.C.Burchfiel、P.Molnar 及法国巴黎地球物理研究所 E.T.Brown 等参加了部分工作。

12001. 1989年，茂密的天山森林

12002. 1989年，李军（左一）与邓起东在新疆伊宁野外工作

12003. 1989年，新疆火焰山

12004. 1989年，新疆火焰山之秋

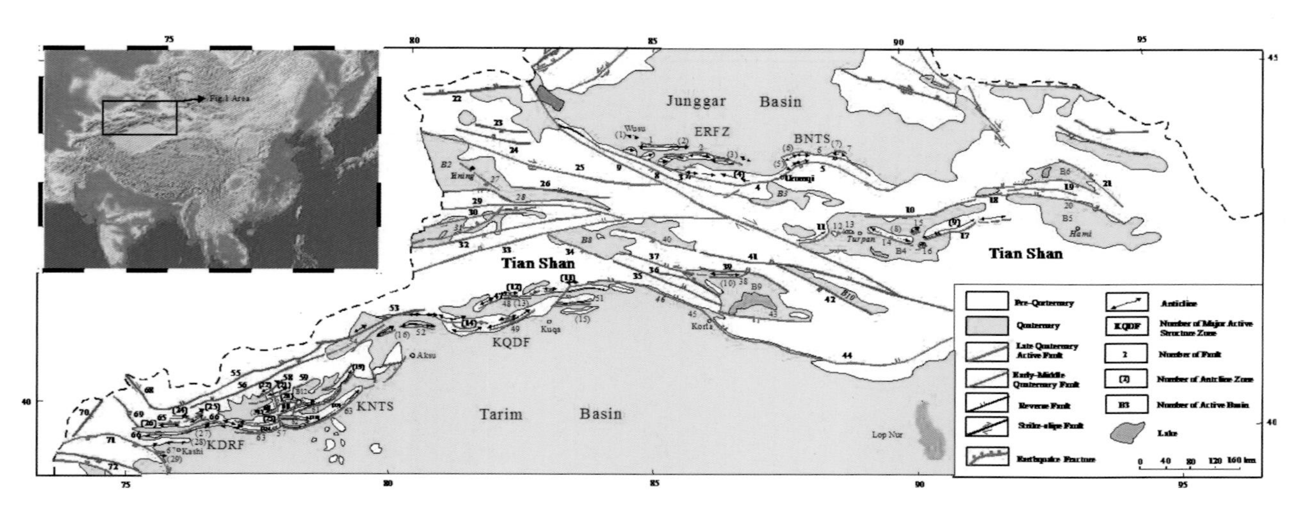

12005. 天山活动构造图，南北天山，塔里木和准噶尔盆地

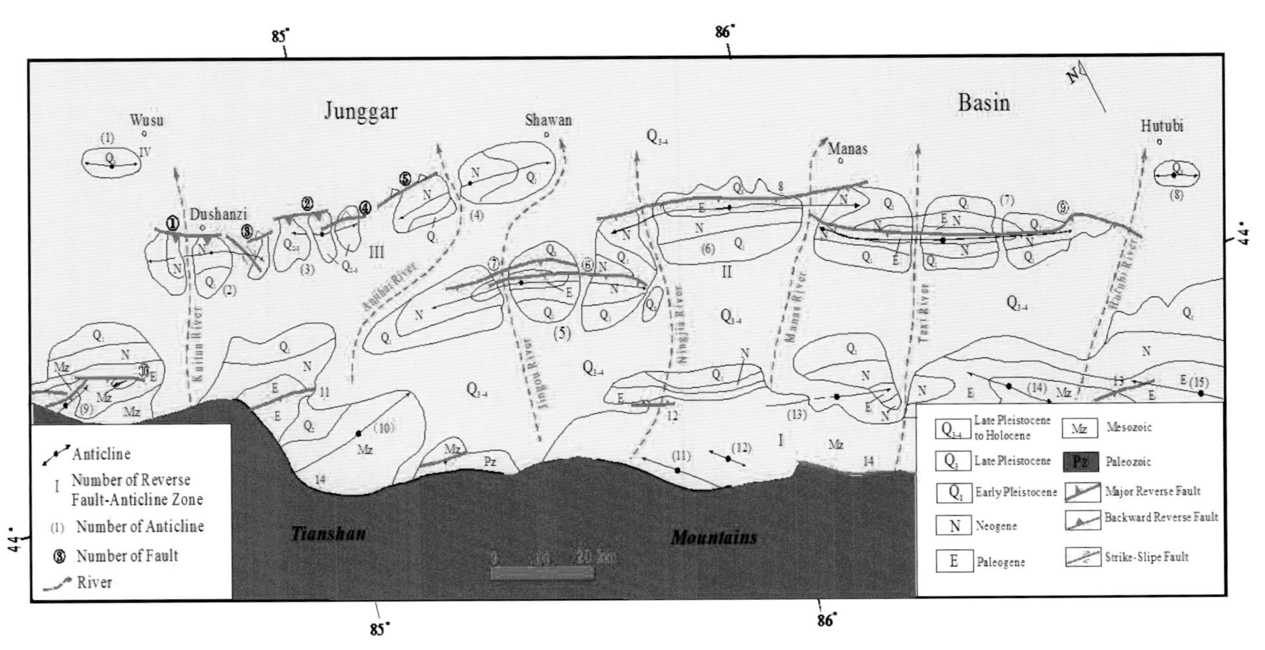

12006. 北天山活动断裂和活动褶皱，三排活动断裂和活动褶皱，最新的乌苏和呼图壁背斜

12007. 独山子背斜全景

12008. 呼图壁河T1阶地被逆断层切断

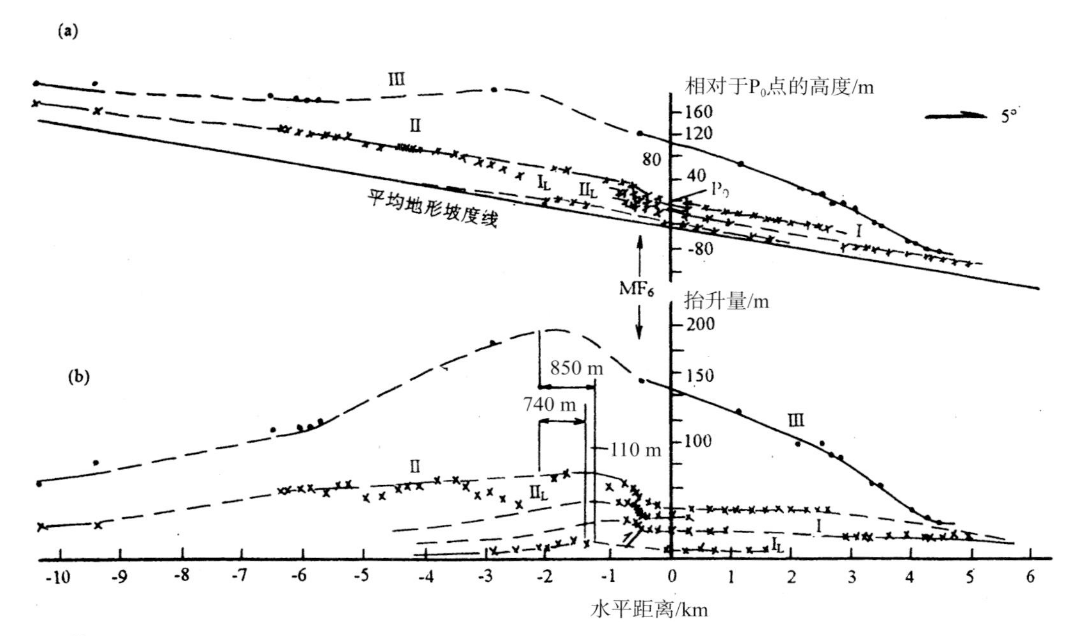

12009. 塔西河Ⅰ、Ⅱ、Ⅲ级阶地的隆起

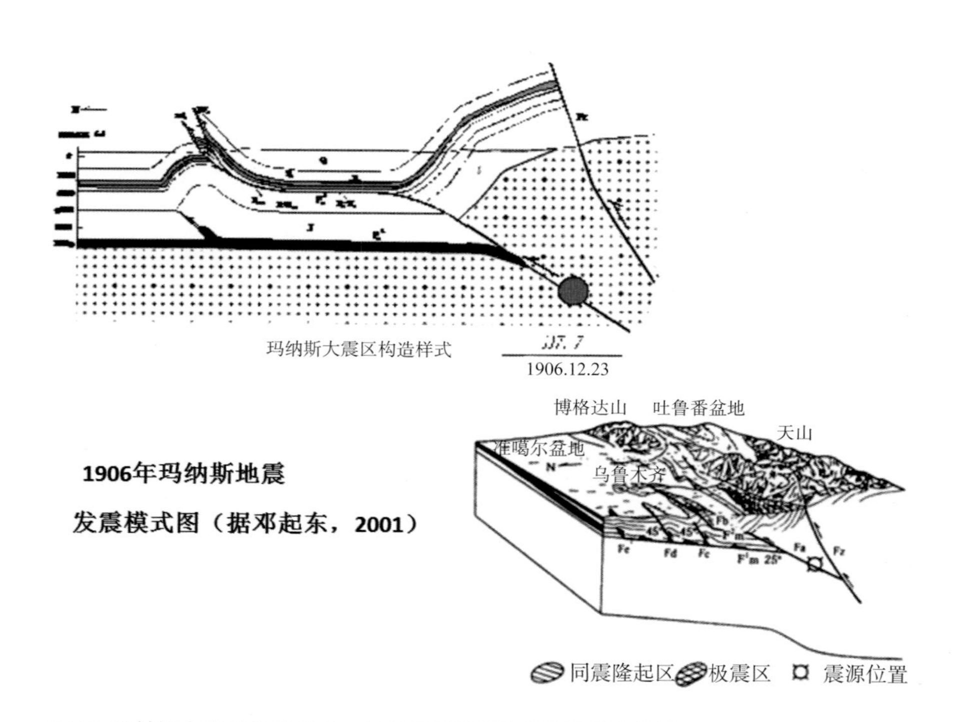

12010. 玛纳斯大震区构造样式，1906年玛纳斯地震发震构造模型

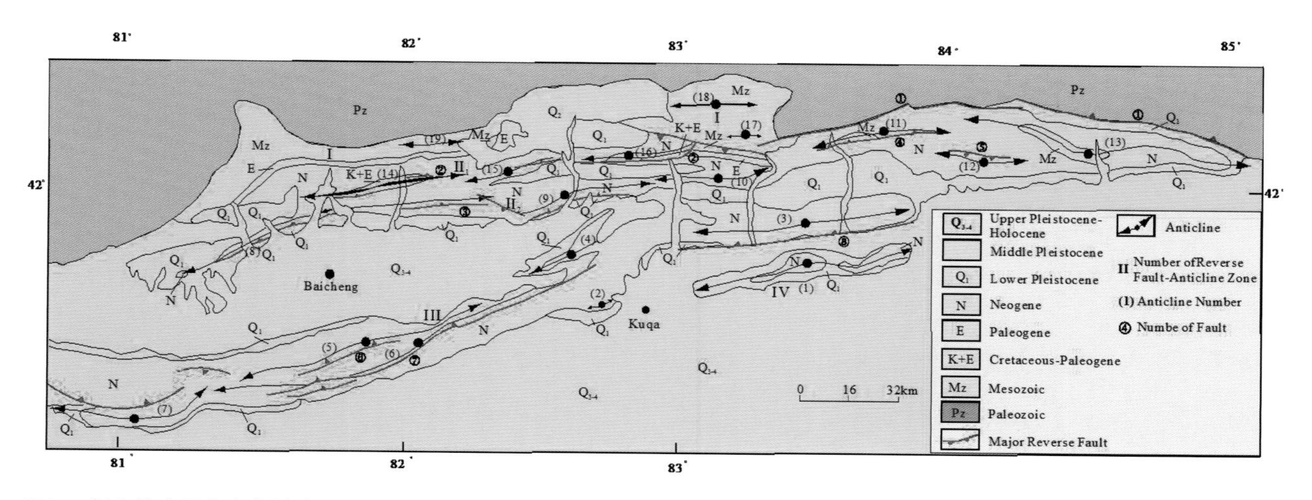

12011. 复杂的南天山库车坳陷活动逆断裂–褶皱带

12012. 南天山哈桑托开背斜南翼逆断裂，上新统逆掩于第四系之上

12013. 南天山秋里塔格背斜南翼逆断裂，上新统逆掩于第四系之上

1992—1995年，真是忙碌的岁月。1992年，应衣笠善博博士邀请访日，并参加第29届国际地质大会，同时受日本活动断层研究会和东京大学邀请访问东京大学。在东京大学作《中国活动构造研究现状和活动构造主要特征》报告，参加者讨论热烈。其后考察了"千屋断层"，考察后参加了29届国际地质大会，我作为专题会议主席之一主持了会议，并作了《中国海原活动断裂带与1920年海原地震》和《中国山西霍山活动断裂与1303年洪洞8级地震》两个报告。1993年，应日本东京大学地理系主任米仓伸之教授邀请再次访问日本，主要考察日本中央构造线和九州地区的活动正断层，在伊豆半岛主要考察丹那断层和丹那盆地。通过讨论，我们对日本地震地质研究新动向有了新认识，感觉他们可能将开始新的工作，如：(1)从小比例尺图件转向我国的新方向制作大例尺地质图；(2)将加强近海海底活断层探测；(3)将要进行岛弧-海沟系深海活动构造考察，希望引起注意。

1994年，邓起东、杨晓平等应邀对美国加州南部横断山脉和科林加地震区的活动逆断裂进行考察，以便与我国挤压型逆断层变形进行比较，尤其是文图拉背斜和河流阶地与我国天山阶地褶皱的比较对我们具有启发意义。

上述考察结束后，邓起东参加了国际岩石圈委员会古地震任务组举办的古地震会议，共有20余个国家80余人参加，收到92篇论文，可以说"内容丰富，讨论热烈"。在会上，还专门对1996年将在中国举行的30届地质大会的有关问题进行了深入的讨论。邓起东在会上受聘为国际岩石圈委员会古地震任务组成员。

本组其他图片有：时隔多年，回母校拜见老师何绍勲教授；在四川西昌一带开展野外工作；最后，1995去广岛大学会见中田高教授，讨论海域活动构造探测问题。

13001. 1990年，拜见老师中南大学何绍勲教授（左一）

13002. 1990年，邓起东与学生孙昭民（右一）

13003. 1992年，日本东京大学米仓伸之访华

13004. 1992年，湖南江娅水库地震考察，前排左为胡毓良研究员，二排右一为于贵华，右二为邓起东，后排右二为王挺梅研究员

13005. 1992年，参加日本京都第29届地质大会，左一为邓起东

13006. 1992年，与Robert S.Yeats在日本京都相见

13007. 1992年，在日本地质调查所地质标本馆

13008. 1993年，在日本丹那

13009. 1993年，与米仓伸之（中）在日本

13010. 1993年，在四川西昌大箐山野外工作

13011. 1993年，在则木河做野外工作，左一为邓起东

13012. 1993年，邓起东行进在美丽的则木河和美丽的巧家盆地

13013. 1993年在巧家盆地

13014. 1994年，在美国好莱坞

13015. 1994年，邓起东与学生杨晓平（左一）在波士顿

13016. 1994年，美国加州横断山脉野外考察，右一为杨晓平，右二为邓起东，左一为石坚邦局长，后排左一为MIT 的B.C.Burchfiel 教授

13017. 1995年，去广岛大学会见中田高（Nakata）

13018. 1995年，踱步在广岛大学，左前为邓起东

13019. 1995年，邓起东与学生闵伟（左一）在日本别府湾海上探测

1995年研究生毕业典礼（14001），1996年研究生导师会议（14005），1997年作为学位委员会主任为研究生授予学位（14006），邓起东与学生冉勇康、晁洪太、彭斯震和杨忠东等在一起，邓在红河断裂开展野外工作检查（14004），在意大利西西里岛参加会议并在会议上报告中国活动构造（14003）。邓在中国地震学会第12次大会上（14008），在山东海阳核电站考察和检查工作（14011），在全国构造地质学会议作学术报告（14012），在2003年纪念1303年临汾8级地震700周年纪念会上演讲（14013），同年在浙江天台山一带与杨晓平、周本刚等开展野外工作（14015—14018）。

14001. 1995年，研究生毕业典礼，右五为马瑾院士，左五为邓起东院士

14002. 1995年，邓起东与学生彭斯震（右一）

14003. 1995年，邓起东在意大利西西里岛

14004. 1996年，邓起东考察在红河断裂

14005. 1996年，研究生导师会议，前排右起依次为李玶院士、曹树民副所长、罗焕炎研究员、马杏垣院士、王志新书记、邓起东院士

14006. 1997年，邓起东作为中国地震局地质研究所学位委员会主任为研究生授予学位

14007. 1997年，邓起东（中）与学生冉勇康（左）和徐锡伟（右）畅谈

14008. 1997年，北京，邓起东在中国地震学会第12次大会上

14009. 1997年，邓起东与学生晁洪太（右一）

14010. 1997年，邓起东（左二）与学生杨忠东夫妇

14011. 1998年，在山东海阳核电站考察

14012. 2000年，邓起东在全国构造地质学会议上作学术报告

14013. 2003年，邓起东在1303年临汾8级地震700周年纪念会上发言

14014. 2003年，邓起东在长岛拾贝

14015. 2003年，邓起东在浙江天台山考察

14016. 2003年，邓起东（右），杨晓平（中）和闵伟（左）在浙江野外工作

14017. 2003年，邓起东在浙江野外与李起彤研究员（左一）讨论

14018. 2003年，老少配——邓起东与周本刚（左一）

14019. 2003年，四个同龄人在浙江，右起张裕民、李起彤、汪一鹏和邓起东

我们于2003年起与山东地震局合作开始对山东半岛两侧海域开展活动断裂探测，参加人员有邓起东、晁洪太和王志才等12人，至2006年出版论文，结束工作。在莱州湾获得典型断裂点和褶皱变形点10个。郯庐断裂带西支KL3断裂错断晚更新世晚期地层至全新世早期地层，下部垂向断距约1.5 m。龙口断裂为郯庐带东支东侧断裂，以正断层为主，上更新统上部错动量2 m左右，其最新活动时代为晚更新晚期至全新世早期。BZ29断裂为北西向断裂，错断晚更新统上部层位，达到全新统底部，为晚更新晚期—全新世活动断裂。山东半岛北部沿海完成测线12条，长度约316 km，主要探测蓬莱-威海断裂带，发现断点18个。其北西段长岛—烟台为晚更新世活动段，垂直位移量达4 m左右；东南段烟台—威海为中更新世活动段。东南黄海完成6条测线，千里岩断层北段为正断层，错断晚更新世地层，垂直断距4 ~ 5 m；南黄海北部坳陷北西边界断裂也有明显表现，其上断点达到晚更新统下部，垂直断距达4 m。

15001. 2003年，邓起东与学生凌宏（左一）在渤海做海上活断层探测

15002. 2003年，探测渤海活动构造

15003. 2003年，晁洪太、王志才、杜宪宋等人研究声纳探测剖面

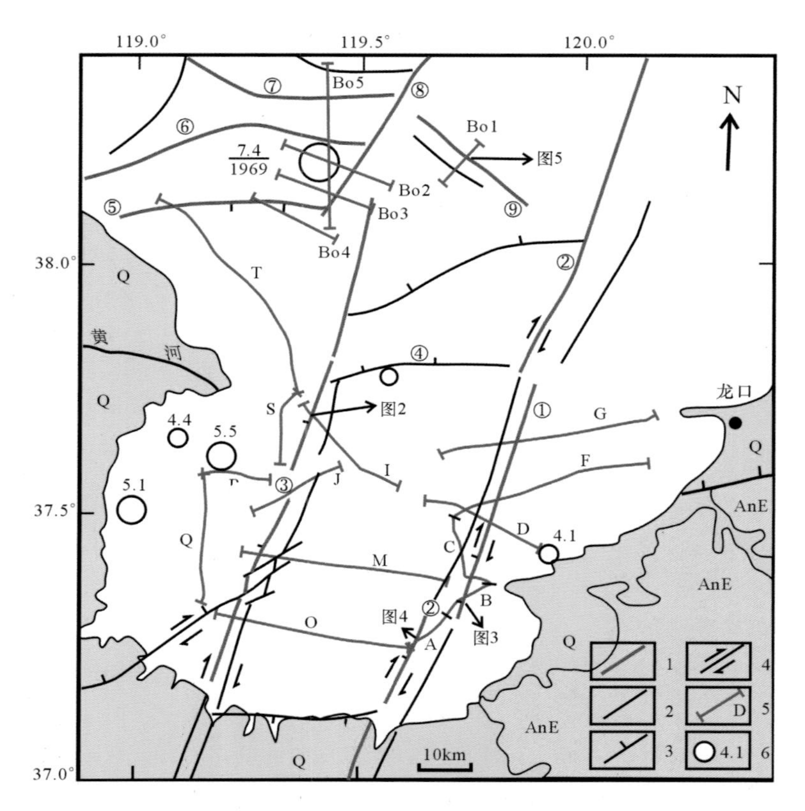

15004. 2003年，莱州湾和渤中海域浅地层测线分布图

1.晚第四纪活动断裂；2.新生代断裂；3.正断裂；4.走滑断裂；5.浅地层测线位置；6.震中与震级
断裂名称：①龙口断裂；②蓬莱1号断裂；③KL3断裂；④莱北断裂；⑤黄河口断裂；⑥黄北断裂；⑦渤南断裂；⑧BZ28断裂；⑨BZ29断裂；AnE和Q分别代表前第三系和第四系

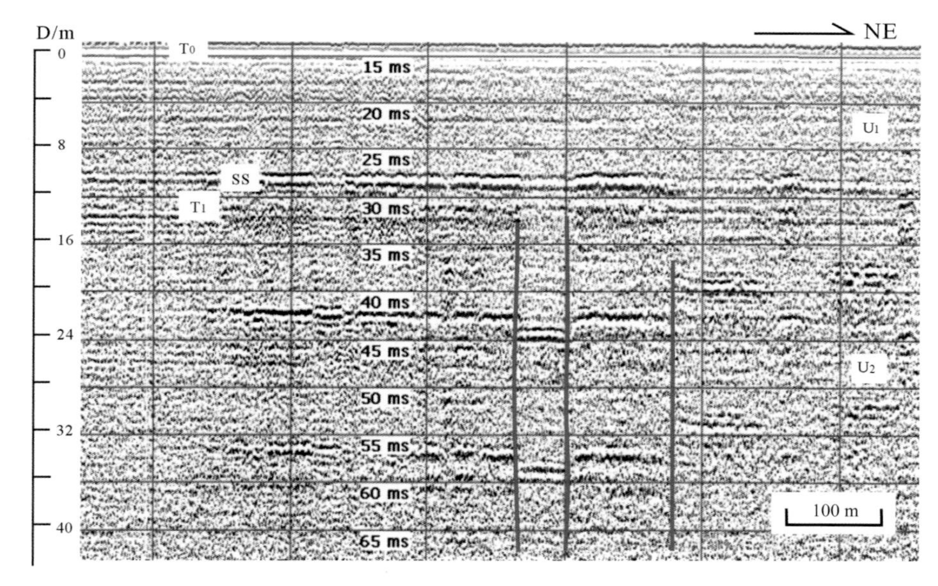

15005. 2003年，莱州湾跨郯庐断裂带西支KL3断裂浅地层剖面

图中标出了水平比例尺、相对于海底面的深度和声波反射双向走时(单位为ms)，T0为海底面，T1为全新统内部界面，T1为最上部海相层底面（时代为全新世早期），T2为第四系内部界面，接近上更新统底部，SS为二次回波，U1、U2和U3为地层单元（下同）。KL3断裂由多条错断晚更新世晚期及全新世早期沉积地层的高角度断裂组成

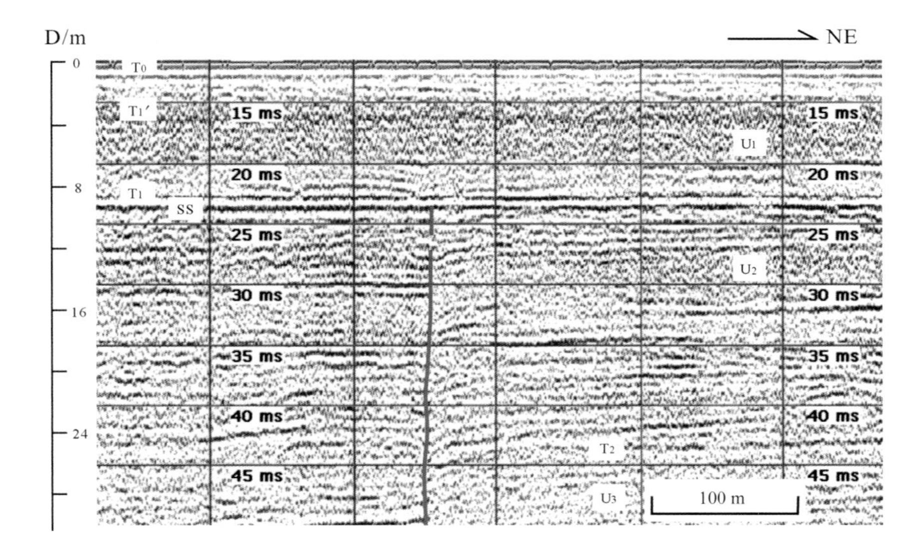

15006. 2003年，莱州湾跨郯庐断裂带东支龙口断裂浅地层剖面

断裂剖面上表现为正断活动，错断全新世底部地层，西盘下降，断距自下向上减小

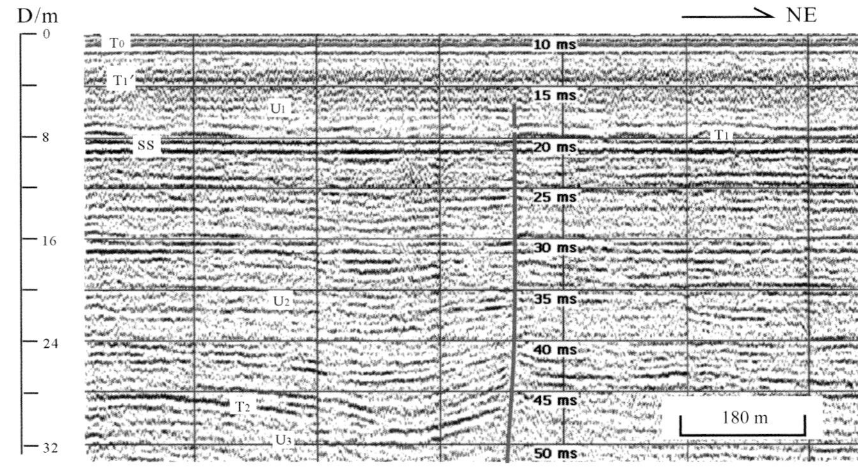

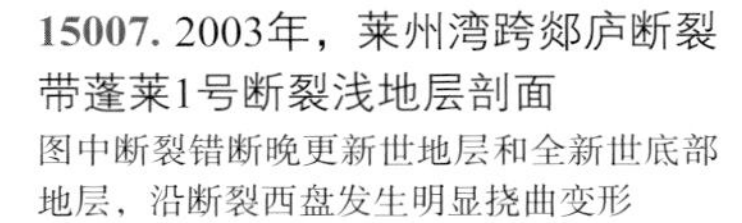

15007. 2003年，莱州湾跨郯庐断裂带蓬莱1号断裂浅地层剖面

图中断裂错断晚更新世地层和全新世底部地层，沿断裂西盘发生明显挠曲变形

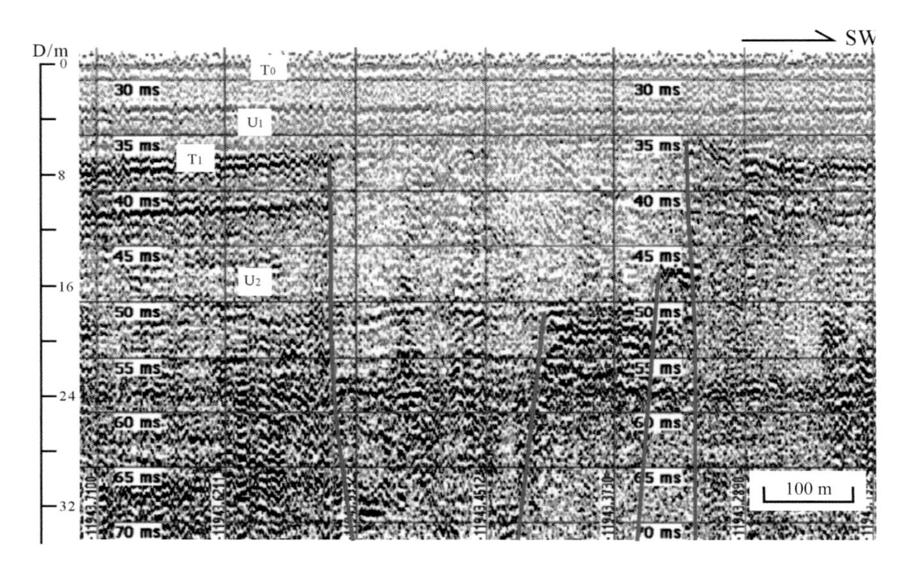

15008. 2003年，渤中海域跨郯庐断裂带BZ29断裂浅地层剖面

BZ29断裂由多条错断晚更新世晚期及全新世早期沉积地层的高角度断裂组成

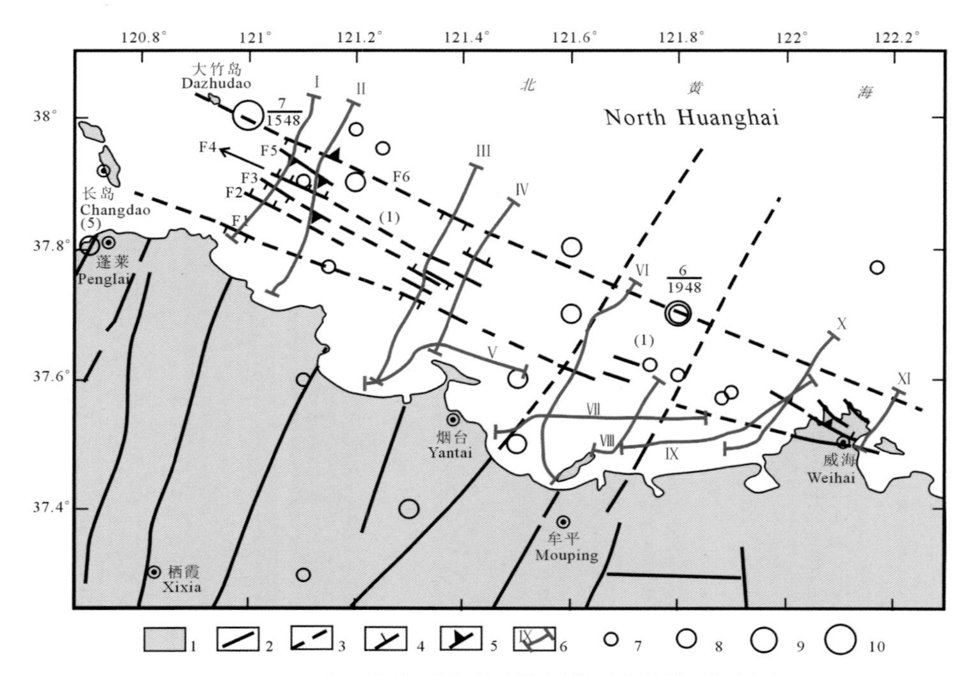

15009. 2003年，蓬莱–威海断裂带海域探测测线与断裂分布图

1.山东半岛北部，主要为基岩出露区，2.由地质或物探方法查明的断裂，3.推测断裂，4.正断裂及其倾向，5.逆断裂及其倾向（齿在上盘），6.测线及编号，7地震M=4.0～4.9，8.M=5.0～5.9，9.M=6.0～6.9，10.M=7.0～7.9，F1—F6为蓬莱–威海断裂带内次级断裂编号，F1长岛–芝罘岛断裂，F6大竹岛–威海北断裂

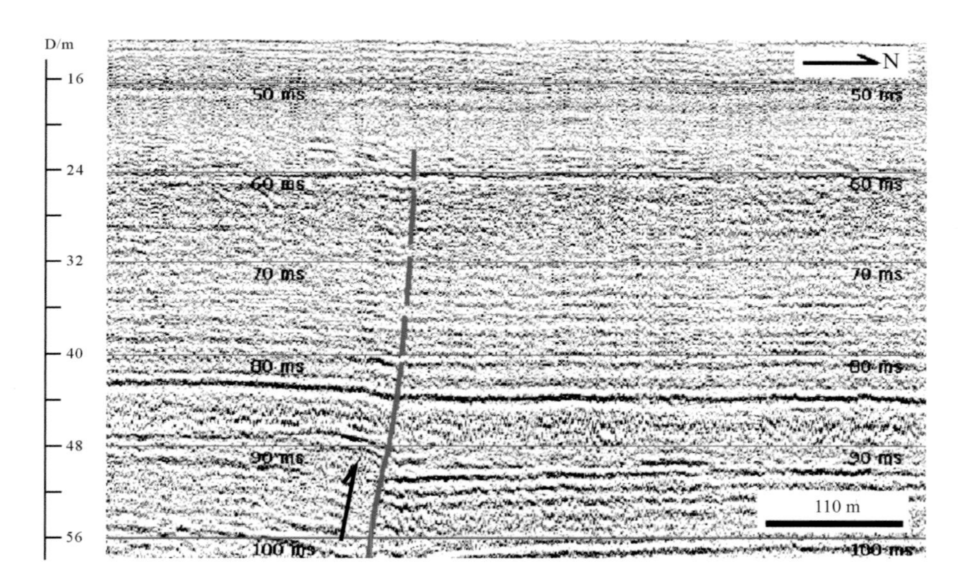

15010. 2003年，测线I跨F5断裂典型声波探测剖面

测线I声波探测剖面局部，显示蓬莱–威海断裂带内组成断裂F4逆冲活动，错断了晚更新世地层，断距自下而上变小

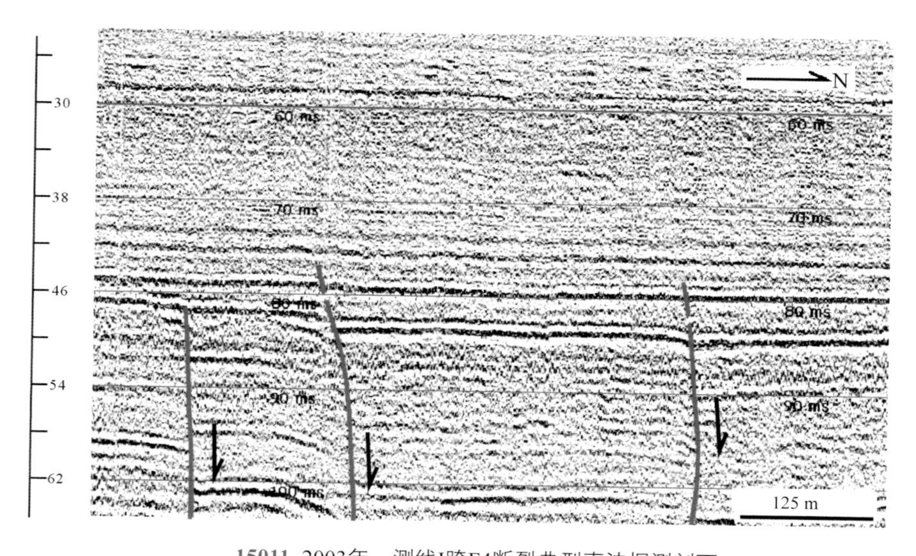

15011. 2003年，测线I跨F4断裂典型声波探测剖面

测线I声波探测剖面局部，显示蓬莱–威海断裂带F4断裂内的三条次级断裂，均为正断裂，错动晚更新世地层

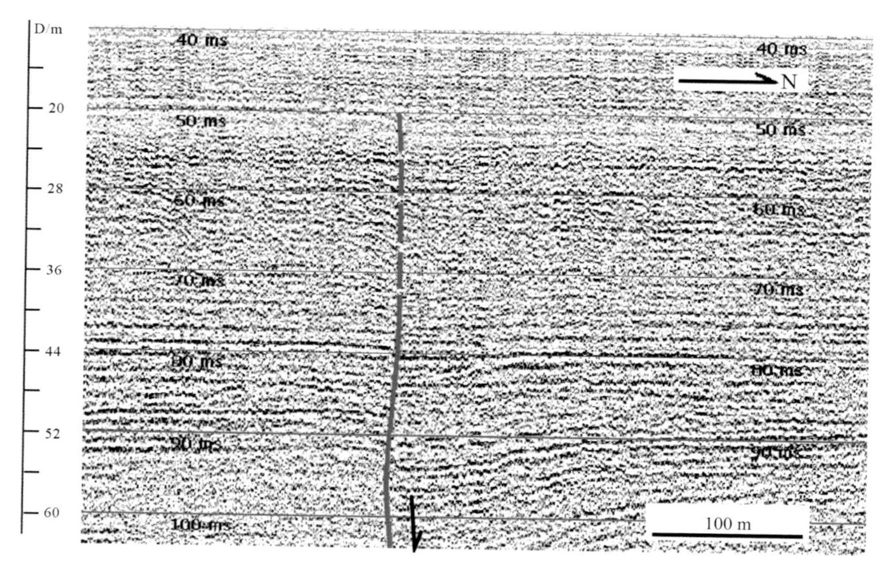

15012. 2003年，测线II跨F4断裂典型声波探测剖面

测线II声波探测剖面局部，F4断裂，北盘下降，发生牵引变形，断距自下而上发生规律性减小

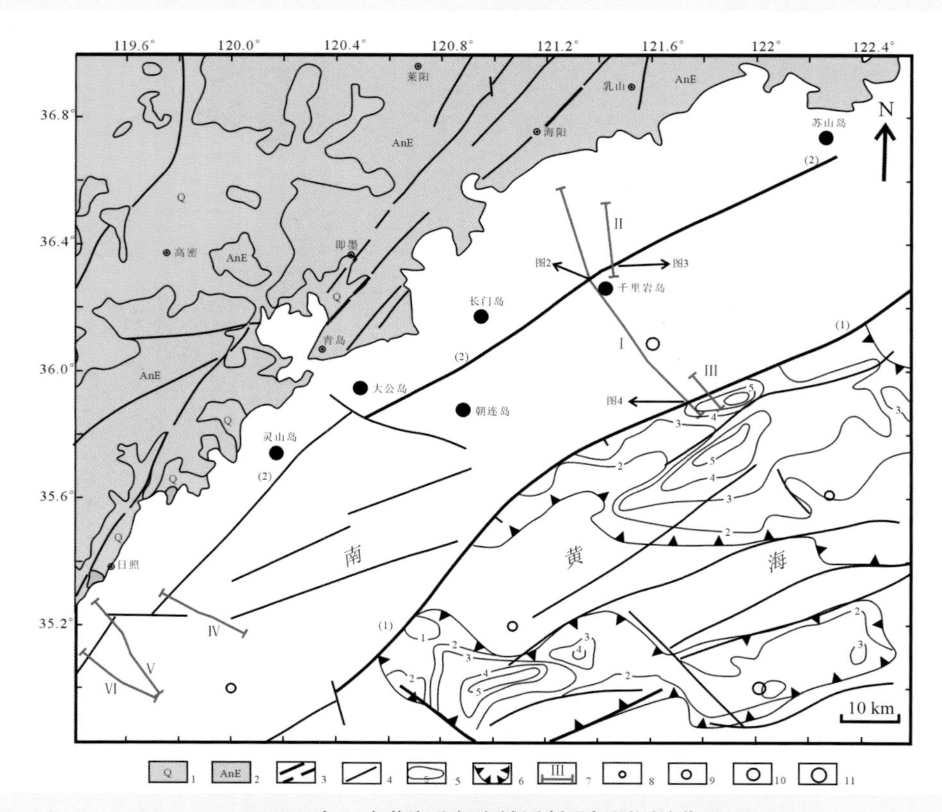

15013. 2003年，南黄海北部海域活断层探测测线位置图

1第四系，2基岩出露区，3晚更新世以来活动断裂，4晚更新世以来不活动断裂，5新生界底界埋深线(km)，6盆地边界，7浅地层测线位置与编号，8.地震M=4.0～4.9，9.M=5.0～5.9，10.M=6.0～6.9，11.M=7.0～7.9，断裂：(1)南黄海北部坳陷北边界断裂，(2)千里岩断裂

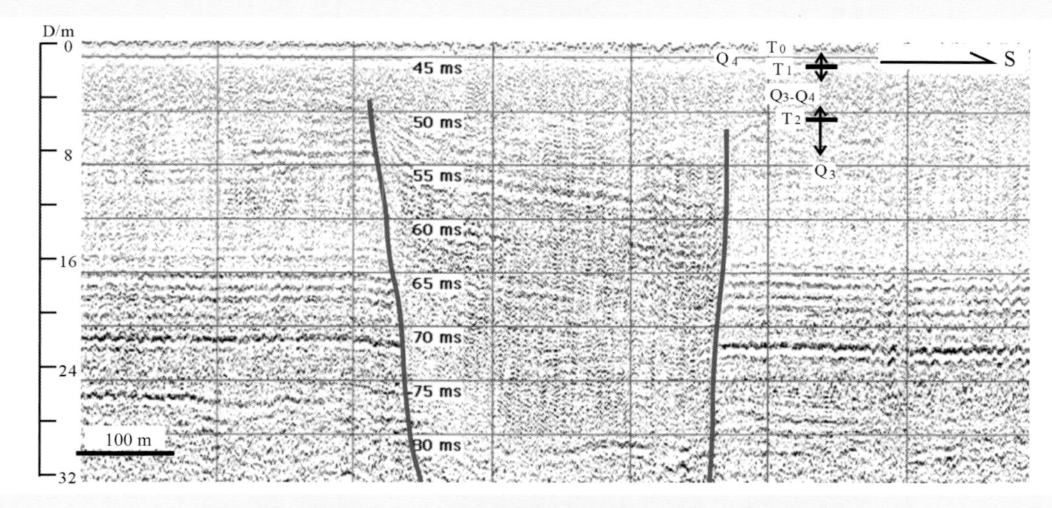

15014. 2003年，千里岩岛西北跨千里岩断裂浅地层探测时间剖面

两条正断层组成小地堑，错断晚更新世沉积地层

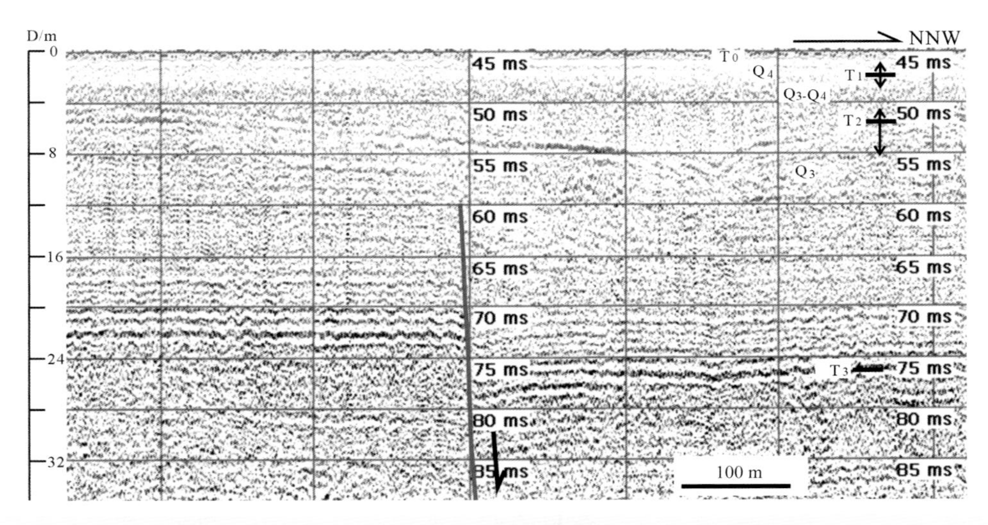

15015. 2003年，千里岩岛北东跨千里岩断裂浅地层探测时间剖面

断裂错断晚更新世沉积地层，断距可达5 m

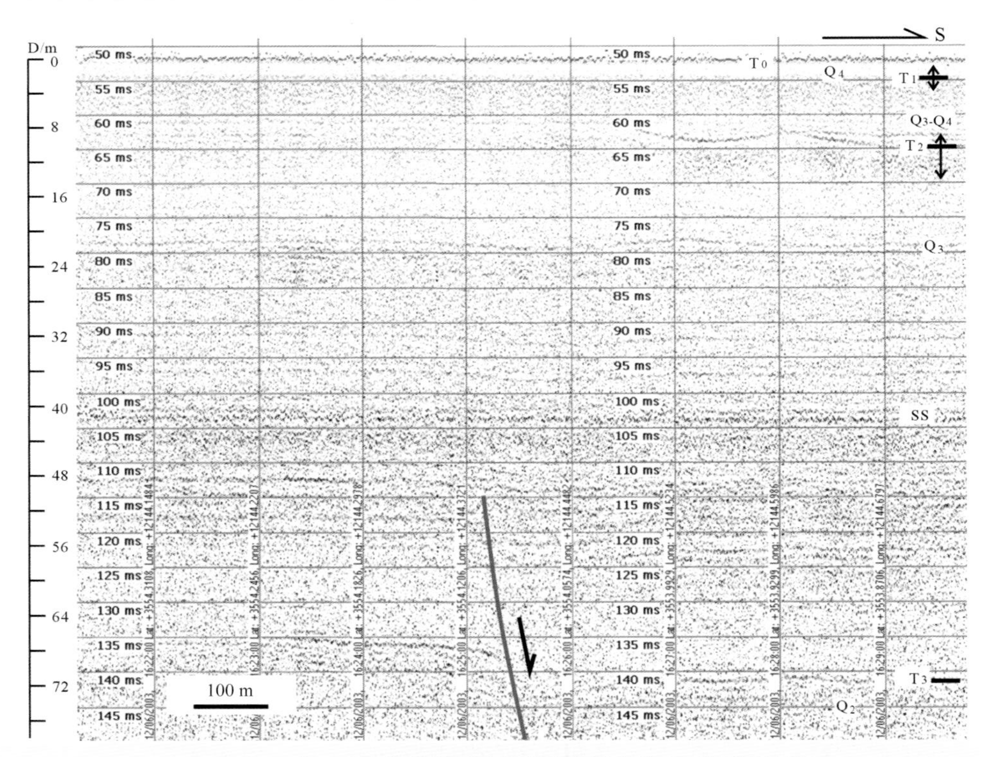

15016. 2003年，南黄海北部坳陷北边界断裂浅地层探测时间剖面

断裂性质为正断，错断晚更新世下部沉积地层，断距约4 m

2004 年在广西开展核电厂选址比对（16001），在福建开展福州市活动断裂检查（16004），与马宗晋院士等共同考察福建深沪湾一带地质地貌和海洋面貌之变化（16003）。2004 年在南京大学被授予兼职教授，16006 为陈俊院长授予邓起东兼职教授证书，16007 为与王德滋院士和薛禹群院士等的合影。邓起东于 2003 年 11 月当选为中国科学院院士，在 2004 年院士大会上，路甬祥院长和李静海副院长在 2004 年院士大会上授予院士证书（16009 — 16012），原中国科学院地质研究所构造力学组的老院士们重聚一堂表示祝贺（16013 — 16014）。

16001. 2004年，广西核电站工作途中小歇（自左至右依次为丁国瑜院士、常向东研究员、邓起东院士和周本刚研究员）

16002. 2004年，邓起东在路上，福建

16003. 2004年，福建深沪湾考察，右一马宗晋院士，左一邓起东

16004. 2004年，在福州市活动断层问题讨论会上

16005. 2004年，邓起东在南京大学受聘兼职教授

16006. 2004年，南京大学受聘，右为陈俊校长

16007. 2004年，南京大学受聘，前排左起依次为薛禹群、邓起东、王德滋和陈俊等院士

16008. 2004年，在南京大学学术报告会上

16009. 2004年，路甬祥院长向邓起东院士发放院士证书

16010. 2004年，李静海副院长与院士交谈，左二为邓起东

16011. 2004、2003年当选的中科院院士，右三为邓起东

16012. 2004年，邓起东在院士大会上发言

16013. 2004年，原中国科学院地质研究所构造研究室构造力学组部分成员，右起为钟大赉院士、马瑾院士、邓起东院士、马宗晋院士和钟嘉猷研究员

16014. 2004年，原中国科学院地质研究所构造研究室构造力学组的院士重聚一堂，前排左起依次为马瑾、马宗晋、钟大赉和邓起东

17001为邓起东参观田湾核电站。17002为邓起东等在湖南检查核电厂厂址时在讨论中，邓的右侧为张裕明研究员，左侧为杨主恩研究员和田胜清研究员。17003—17009为邓起东在浙江大学受聘兼职教授，其中17003为杨卫校长授予邓起东证书，17006左起为杨树锋院士、邓起东和徐世浙院士及陈汉林教授。17008—17009为参观浙大。邓起东此生曾被南京大学、浙江大学和中南大学聘为兼职教授或荣誉教授，值得说明的是它们都是一种光荣的称号，并无工资收入。

17002. 2004年，邓起东院士等在湖南进行工作检查，邓起东的右侧为张裕明研究员，前方为田胜清研究员

17001. 2004年，邓起东在田湾核电站留影

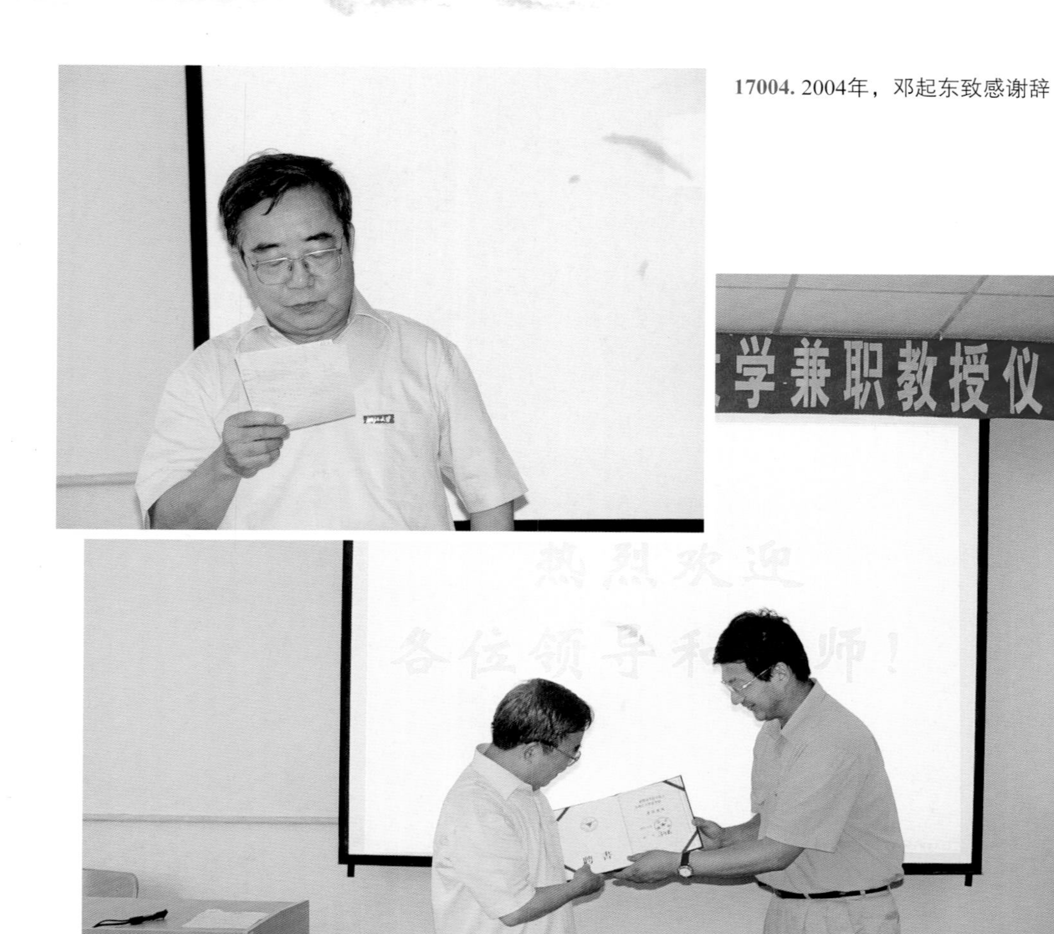

17004. 2004年，邓起东致感谢辞

17003. 2004年，浙江大学受聘，右为杨卫校长

17005. 2004年，浙江大学受聘，正在作学术报告

17006. 2004年，浙江大学受聘，左起为杨树锋院士、邓起东、徐世浙院士和陈汉林教授

17007. 2004年，在浙江大学受聘报告会讲话

17008. 2004年，参观浙江大学

18001—18004为院士们参观江苏东海大陆钻探。在中科院研究生院等单位的学术报告，这是一连串的学术活动，繁忙而具有重要的意义。18001为邓起东站在钻机前；18003为邓起东与杨文采院士；18004左为安芷生院士，右为张国伟院士；18005为院士们在青海湖考察，左起邓起东、安芷生院士、孙鸿烈院士、王苏民研究员、秦大河院士和林学钰院士；18006左起邓起东、林学钰院士和安芷生院士。18007为中央国家机关先进集体——中国地震局地质研究所活动构造室。18008—18010为银川市活动断层探测与地震危险性评估会，邓起东在银川大型探槽中向宁夏自治区领导介绍银川活断层。

18001. 2005年，参观江苏东海大陆钻探

18002. 2005年，参观江苏东海大陆钻探

18003. 2005年，参观江苏东海大陆钻探，与杨文采院士

18004. 2005年，参观江苏东海大陆钻探，与安芷生院士（左）、张国伟院士（右）合影

18005. 2005年，院士们在青海湖考察。右起林学钰院士、秦大河院士和王苏民研究员；左起邓起东院士、安芷生院士和孙鸿烈院士

18006. 2005年，青海湖考察，右起安芷生院士，林学钰院士和邓起东院士

18007. 2001年，全国先进基层党组织——中国地震局地质研究所活动构造室

18008. 2005年，银川市活动断层探测与地震危险性评估和验收会

18009. 2005年，在银川探槽向自治区张来武副主席介绍银川活断层

18010. 2005年，银川活动断层现场讨论和汇报

2006年为母校长沙雅礼中学百年校庆，学校15名院士除少数作古者以外大都出席庆祝（19001）。我离开雅礼55年后重回母校，见新校区建设美丽，学校兴旺发达，师生精神倍增，深感雅礼前途无量（19002—19003）。雅礼校庆后，我携大字“寿”联至另一母校长沙七中拜见黄粹函老师，老师高寿，但精神奇佳，与吾等长叙不疲（19004）。吾辈同学几十年后相见，实属不易也（19005，19006）。

其后，我由北京至甘肃，与甘肃地震局袁道阳研究员共议该区活动断层，收获颇多（19007—19008）。19009邓起东与丁国瑜和刘嘉麒院士一起参加长白山火山研讨会，以判断长白山火山活动的危险性。19011为邓起东在研究生报告会上。19012为他与学生江娃利在海南共议该区活动断裂与活动火山，19013为邓起东在中科院研究生院报告广告前摄影。

19001. 2006年，雅礼中学百年纪念大会，左一为邓起东，左二为王树岚

19002. 2006年，55年后重回母校长沙雅礼中学

19003. 2006年，参加雅礼中学100周年庆

19004. 2006年，拜见长沙七中黄粹函老师（中）并合影

19005. 2006年，长沙七中高一班同学相会

19006. 2006年，长沙同学相会

19007. 2006年，参加兰州活断层讨论

19008. 2006年，参加兰州活断层讨论

19009. 2006年，参加长白山火山研讨会

19011. 2007年，在研究生报告会上

19013. 2007年，在中国科学院研究生院学术报告通知前

19010. 2006年，美丽的长白山

19012. 2007年，在海南火山、断层前，邓起东与学生江娃利（左一）

2008 年 5 月 12 日汶川地震后不久，我从加拿大回到祖国，作为一个地震工作者，我义无返顾赶往震区。在此后几年，我五次到震区，即使左手受伤骨折我也在所不惜，打着绑带，坚持我的工作（20003 — 20005）。工作中我在震区遇一老者，他十分诚恳地说："你们要是早来一天，早一天告诉我们，我们的伤亡也不会这么大。"我也诚恳地回答老人："老人家，我们也确实不知道会有这么大的地震，也实在是我们无能，实在对不起。"说到此处我几近落泪（20005）。

汶川地震是一个很特殊的大地震，它具有双断坡、双破裂，同时又具有单断型破裂（20006）。沿龙门山断裂带中央断裂展布的破裂带长达 240 km，以高川阶区为界分成两段，即映秀 - 清平破裂段和北川 - 南坝破裂段。沿前山断裂汉旺 - 白鹿段破裂带长 70 km。映秀 - 清平段具右旋走滑逆断层，汉旺 - 白鹿破裂带为纯逆断层。北川 - 南坝破裂段为具逆冲性质的走滑断裂，是一条单断型破裂。断裂倾向北西，映秀 - 清平破裂段最大垂直位移为 6.2 m，汉旺 - 白鹿破裂带逆冲垂直位移 3.5 m，北川 - 南坝破裂段最大水平位移 4 m（20007 — 20010）。沙坝沟槽是一个发育在北川以北的特殊的坡中槽，长 5.5 m，深约 9 m，右旋水平位移 4 m（20012）。它发育在湔江谷地南缘坡向北西的山坡上，它是晚第四纪以来沿断裂多次滑动和多次古地震活动累积的结果。以上简单介绍了汶川地震本身的特殊性，至于它与巴颜喀喇块体运动的关系我们将在 25000 一节中加以介绍。

20001. 2008年，汶川地震考察

20002. 2008年，汶川地震考察与研究，左起邓起东、闻学泽研究员、徐锡伟研究员（右一），后为石耀霖院士

20003. 2008年，与中国科学院大学石耀霖院士（右一）在四川汶川地震区

20004. 2008年，汶川地震区与闻学泽研究员（右一）在一起

20005. 2008年，在汶川与老人交谈

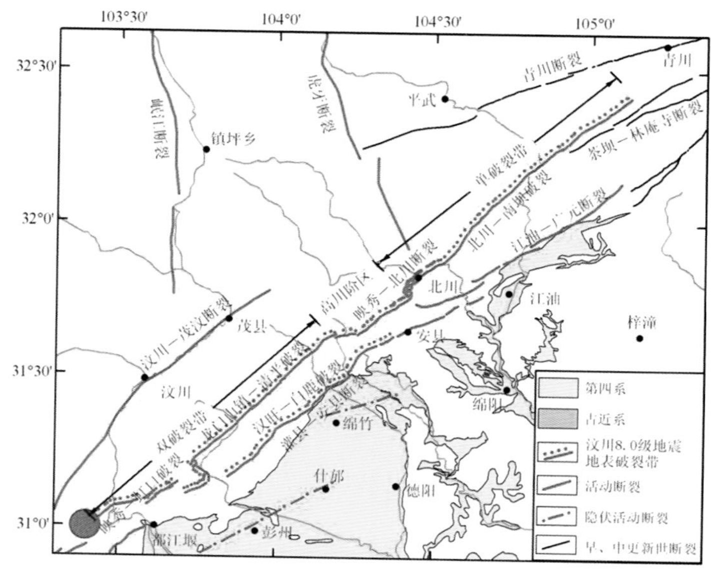

20006. 2008年，汶川地震双断坡型同震破裂型破裂带

20007. 2008年，虹口八角庙同震逆走滑断层，垂直位移4 m，断面倾向NW，倾角76°

20008. 2008年，虹口八角庙断层面上的近垂直擦痕，侧伏角75°～80°

20009. 2008年，八角庙地震破裂带

20010. 2008年，八角庙走滑逆断层形成的断层崖和破坏

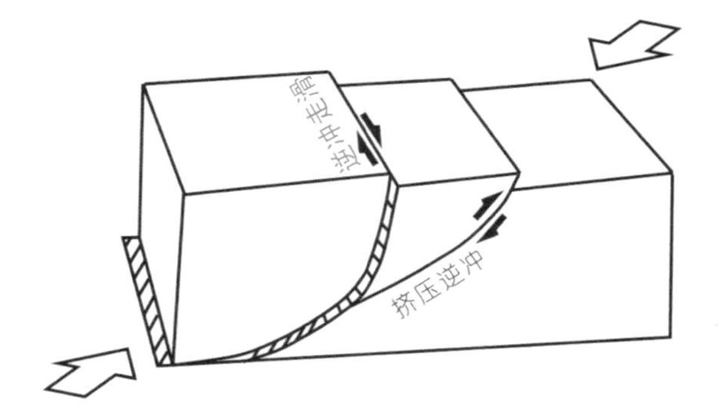

20011. 2008年，汶川地震震源断裂双破裂变形分解模型

20012. 2008年，沙坝沟槽是发育在湔江南缘山坡上的一个坡中槽，它可能是晚第四纪以来沿断裂多次活动的结果

20013. 2008年，沙坝邹家房屋破环，沟槽垂直位移9 m左右

20014. 2008年，前山断裂白鹿学校逆掩断层形成的断层崖，垂直位移1.8 m，镜向北

20015. 2008年，白鹿学校地震断层，镜向南西

20016. 2008年，在汶川野外与学生们讨论

2008年4月，湖南省娄底市政府邀请娄底市籍中国科学院和中国工程院院士返回娄底，娄底市政府召开欢迎会和政府咨询会，请院士们出谋划策（21001—21003）。院士们愉快地接受了邀请，在娄底进行了参观，包括参观了曾国藩故居。其后，市政府又邀请院士们返回各自原籍，曰之为“院士寻根”。我与妻子回原籍双峰县，拜见了县政府领导和世祐堂亲人，并至祖父陵墓扫墓。留下“院士寻根，喝口家乡水”的佳话（21006）。21007为与卢寿德司长、徐锡伟和江娃利研究员等在讨论北京黄庄-高丽营断裂探槽。21008为邓起东与学生高翔和杨虎。

21001. 2008年，院士寻根，院士们和娄底市委、人大、政府、政协领导以及有关部门负责人合影留念。
第一排左起：张定良、张信威、田福德、邓起东、王信卿、刘耕陶、林武、刘筠、张硕辅、曾苏民、李江南、曾益新；第二排左起：杨劝姣、肖有胜、高超群、邓建和、肖新桃、邵瑛、伍美华、张万清、陈益林、封旺洲、吴新江

21002. 2008年，娄底市政府咨询会

21003. 2008年，院士寻根

21004. 2008年，娄底市双峰县院士寻根

21005. 2008年，在娄底市咨询会上

21006. 2008年，院士寻根，喝口家乡水

21007. 2008年，北京探槽。前排右起卢寿德司长、徐锡伟副所长、邓起东、江娃利研究员等

21008. 邓起东与学生高翔（左一）和杨虎（右二）

为寻核废料储存合适之地，我参与了对甘肃北山活动构造的研究。22001 为与王驹副院长同登北山，红旗飘飘。22002 为与王驹副院长讨论旧井探槽中发现的活断层证据。22005 表示一个完整的花岗岩岩芯。22006 和 22007 为五大连池火山调查。22008 — 22010 为 2008 年在山东泰安召开山东新构造和活动构造会议，并与老同学潘建雄、黄日恒研究员和张维歧研究员合影。22012 和 22013 为张长厚博士后出站，22014 为俄罗斯科学院副院长 E.A.Rogozhin 和夫人访华时合影。

22001. 2008年，在宝地北山

22002. 2008年，在北山旧井探槽中讨论旧井活动断裂

22003. 2008年，摄于安定平整的北山

22004. 2008年，摄于上北山

22005. 2008年，北山一个完整的花岗岩岩芯（它是何等完整啊！）

22006. 2008年，五大连池火山

22007. 2008年，五大连池火山

22008. 2008年，新构造和活动构造山东会议上邓起东和学生及同事们

22009. 2008年，在新构造和活动构造山东会议上与老同学潘建雄（右二）、黄日恒（右一）合影

22010. 2008年，新构造和活动构造山东会议上与张维歧（左一）、焦德成（右一）合影

22011. 2008年，山东会议

22012. 2009年，张长厚博士后出站

22013. 2009年，张长厚博士后出站，前排右起吴淦国校长、吴正文教授，潘懋教授（左一），中间为马宗晋研究员和邓起东

22014. 2009年，俄罗斯科学院副院长E.A.Rogozhin和夫人（中二）访华时合影

23001 — 23005 为 2009 年中华人民共和国国庆，我有幸经历了这重要而光辉的日子，我们与全国人民同庆。本纪念册收录了五张照片，它们共同反映了院士们在国庆日幸福的时刻，既有翟裕生院士与我在天安门城楼上幸福时刻，也有张弥曼院士与孙枢院士等在天安门广场的笑脸。23006 是纪念李四光诞辰 120 周年的活动。23010 和 23011 则是中南大学“大地之子”研究生学术论坛，我在那里有一个讲座。23007 学生徐岳仁从国外回来了。23008 正在就活动构造问题对话，邓起东与学生侯康明。23010-23011 中南大学“大地之子”研究生论坛。

23001. 2009年，国庆观礼，右为翟裕生院士

23002. 2009年，国庆观礼

23003. 2009年，国庆观礼，左起刘嘉麒、滕吉文、孙枢、邓起东、李廷栋和肖序常院士

23004. 2009年，国庆观礼，右为张弥曼院士

23005. 2009年，国庆观礼

23006. 2009年，李四光诞辰120周年学术活动

23007. 学生徐岳仁在野外工作

23008. 2009年，苏州，关于活动构造的讨论

23009. 2009年，苏州，邓起东与学生侯康明（右一）

23010. 2009年，中南大学“大地之子”研究生学术论坛

23011. 2009年，中南大学院士讲座

本节最前面的两张照片是纪念海原地震博物馆开馆（24001 — 24002），它也是很有意义的一项活动，我为此写了一篇纪念文章。其后收录的两张为孩子们作的减灾日的科普报告，孩子们天真的笑脸给了我美好的记忆（24003 — 24004）。而活动构造与火山重点实验室的年会是一个重要的学术活动（24005 — 24006）。尤其是中国地震局科技委院士专家四川行具有很重要的意义（24007 — 24008），其后，我还去了兰州参加中国地震局院士专家兰州行，可惜有始无终，因病不得不提早回京治病。在地质所第九次党员大会上，党员们给我这个老党员再次戴上了党徽，这是一种鼓励（24009）。在青藏高原大讲堂第六讲我作了一次十分重要的讲演（24011 — 24012）。

24001. 2010年，海原地震博物馆

24002. 2010年，参观海原地震博物馆，邓起东与学生杜鹏（右三）

24003. 2011年“5 · 12”防灾减灾日在地质所为孩子们作科普报告

24004. 2011.“5 · 12”防灾减灾日在地质所为孩子们作科普报告

24005. 2012年，活动构造与火山重点实验室学术年会

24006. 2012年，活动构造与火山重点实验室学术年会

24007. 2012年，中国地震局科技委院士专家四川行，邓起东与胡春峰司长（左一）交谈

24008. 2012年，中国地震局科技委院士专家四川行报告会上

24009. 2013年，中国地震局地质研究所第九次党员大会

24010. 2013年，中国地震局院士、专家兰州行，在飞机上工作

24011. 2013年，邓起东在中国科学院青藏研究所“青藏高原大讲堂”作学术报告（第六讲）

24012. 2013年，青藏高原大讲堂第六讲

青藏高原是我国现代构造活动和地震活动最强烈的地区，但青藏高原的地震活动细节一直未得到深入的研究。2001 年，在高原内部巴颜喀喇断块北边界发生了 8.1 级地震，2008 年汶川 8.0 级地震在巴颜喀喇断块东端发生；巴颜喀喇块体运动在高原中部十分突出，于是我们作为专题研究了高原和高原内部断块的分区和运动特征；研究了高原区内 7 级和 7 级以上地震的时间和空间分布，尤其是它们在 1900 年以来的活动时序；1900 年以来青藏高原三个地震系列的分布及其核心地震的存在；巴颜喀喇断块及其边界断裂的运动学特征和震源机制；同时研究了全球地震活动的几次高潮丛集，看到昆仑－汶川地震系列又正发生于这一最新地震活动高潮中。这样，我们终于看清了青藏高原当前的地震形势，指出了目前全球 8 级以上大地震和青藏高原以巴颜喀喇块体为核心，7 级以上地震活动趋势。以后，在巴颜喀喇断块区不同性质边界上，在汶川地震后又相继发生了玉树走滑型 7.1 级地震，芦山 7.0 级挤压型地震，于田拉张边界两次 7.3 级拉张型地震，最近在九寨沟又发生了走滑型 7 级地震。围绕巴颜喀喇断块最近几年 7 级地震连发告诉我们，这一断块区及其周围地区 7 级乃至更大一些的地震发生的危险性仍然存在，我们对此仍应特别加以注意。本文题目为“青藏高原地震活动特征及当前地震活动形势”，发表于《地球物理学报》，第 57 卷，第 7 期，英文版发表后一年内获点击 12372 次，经过定量分析遴选和同行评议推荐，本文被评为2016年度“领跑者F5000”中国精品科技期刊顶尖学术论文。本文在2017年又荣获“陈宗器地球物理优秀论文奖”。

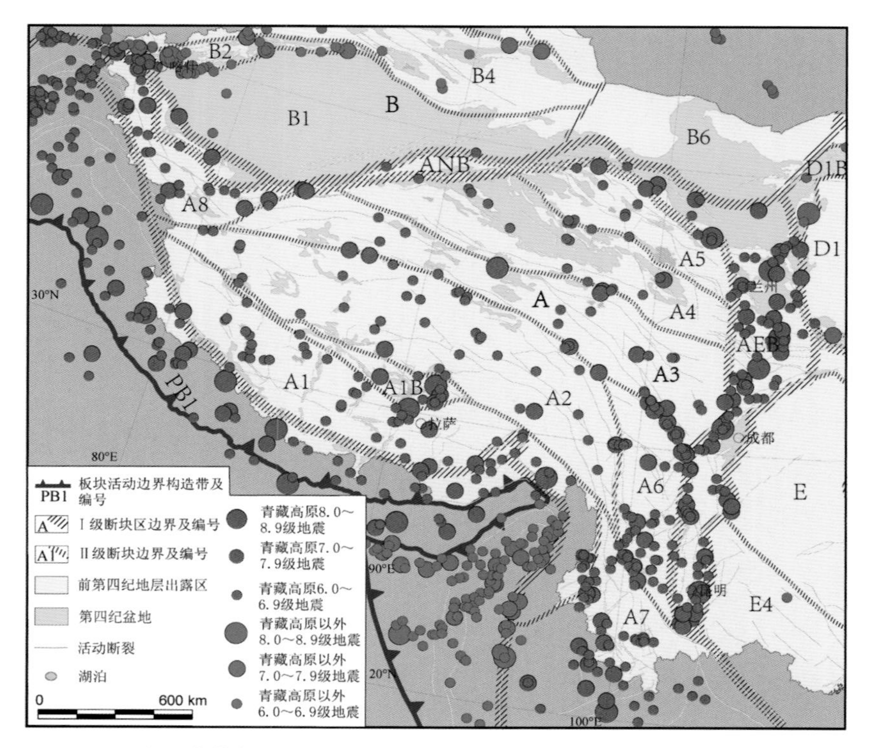

25001. 2014年，青藏高原活动构造分区与大地震分布

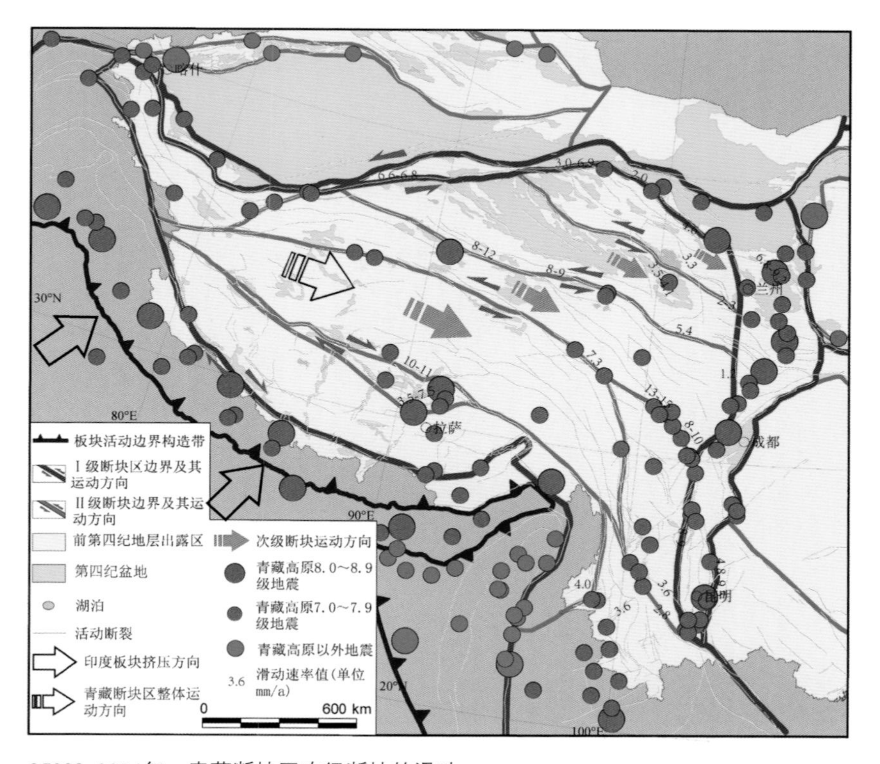

25002. 2014年，青藏断块区次级断块的滑动

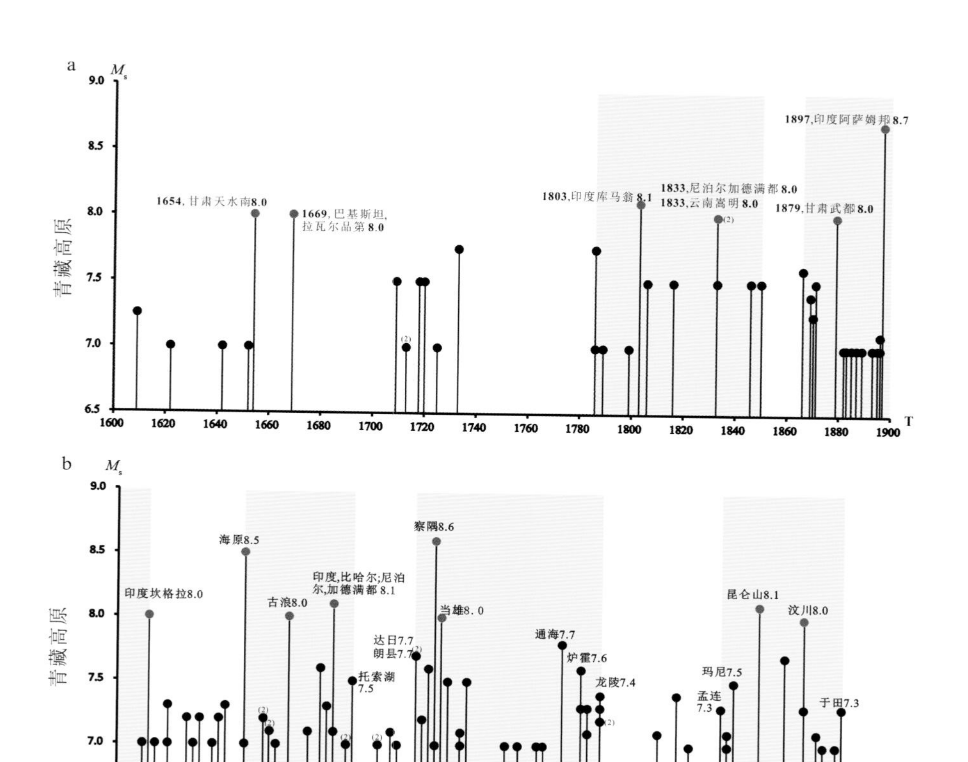

25003. 2014年，青藏高原7级及7级以上地震时序图

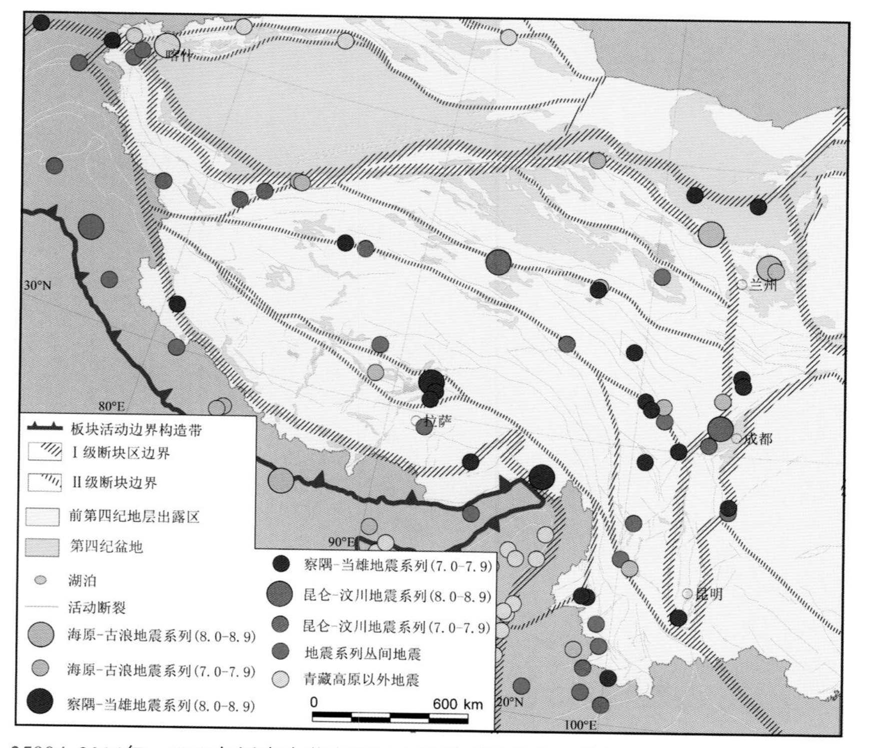

25004. 2014年，1900年以来青藏高原三个地震系列分布及其核心地震

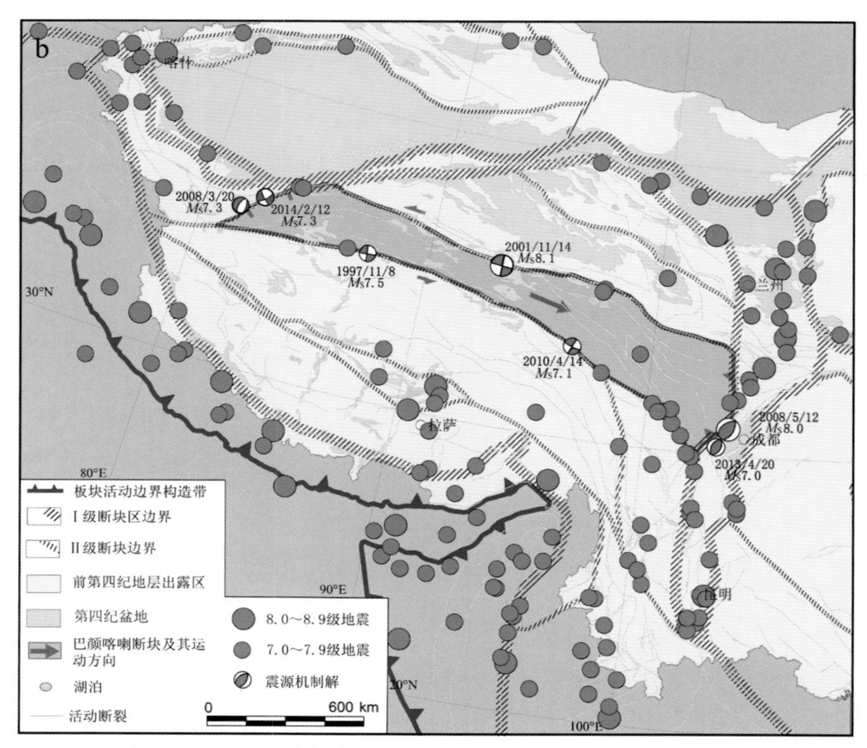

25005. 2014年，巴颜喀喇断块的地震机制

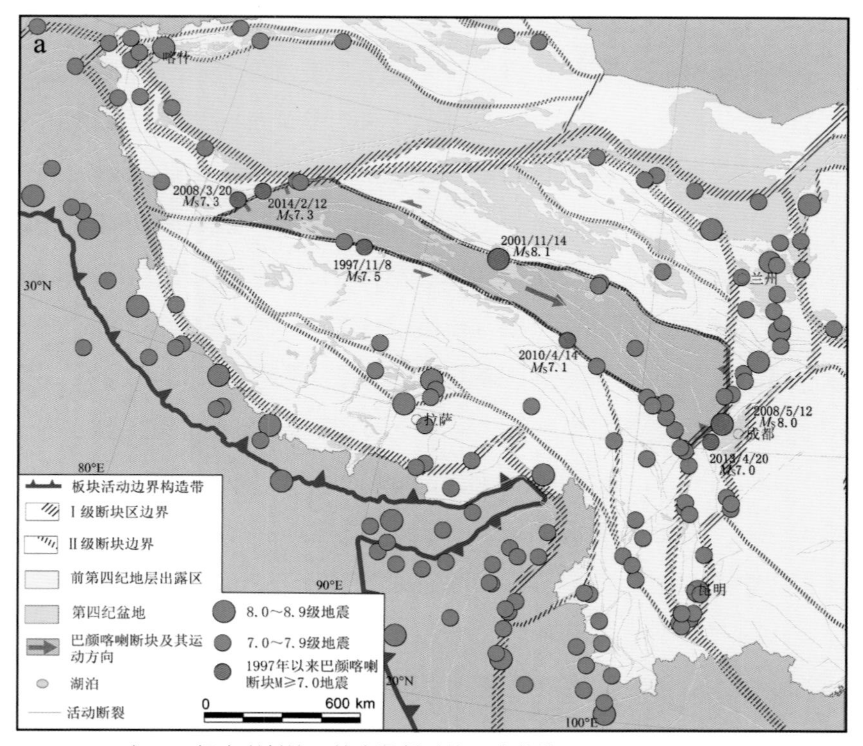

25006. 2014年，巴颜喀喇断块及其边界断裂的运动学特征

25007. 2014年，巴颜喀喇断块南北边界断裂的走滑型地震破裂：a. 昆仑山口西地震破裂；b. 玉树地震破裂

25008. 2014年，汶川地震（a）（b）和两次于田地震（c）（d）的同震破裂带

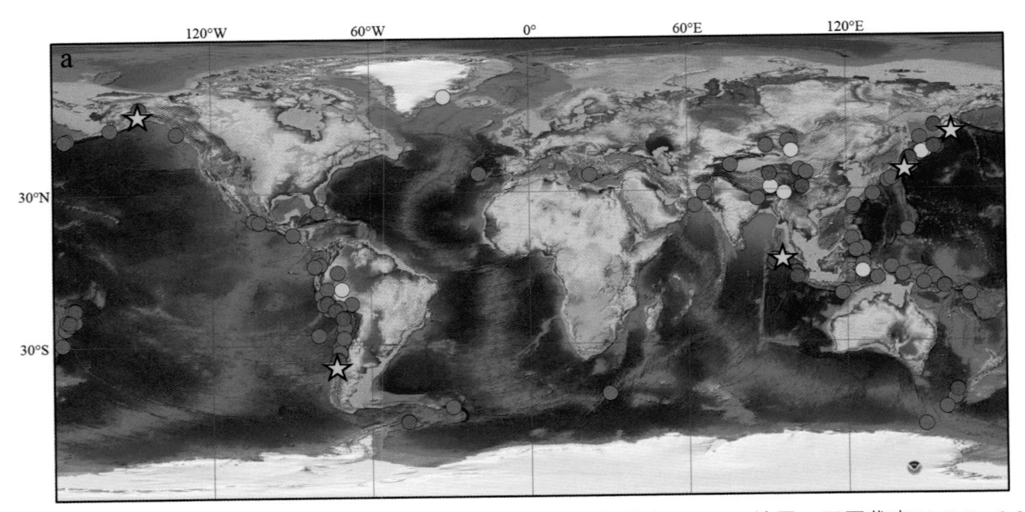

25009. 2014年，1900年以来全球M_W≥8.0地震空间分布，五角星代表M_W≥9.0地震，圆圈代表M_W8.0～9.0地震，红色代表2001—2014年地震，黄色代表1950—1965年地震，绿色代表其他时间地震

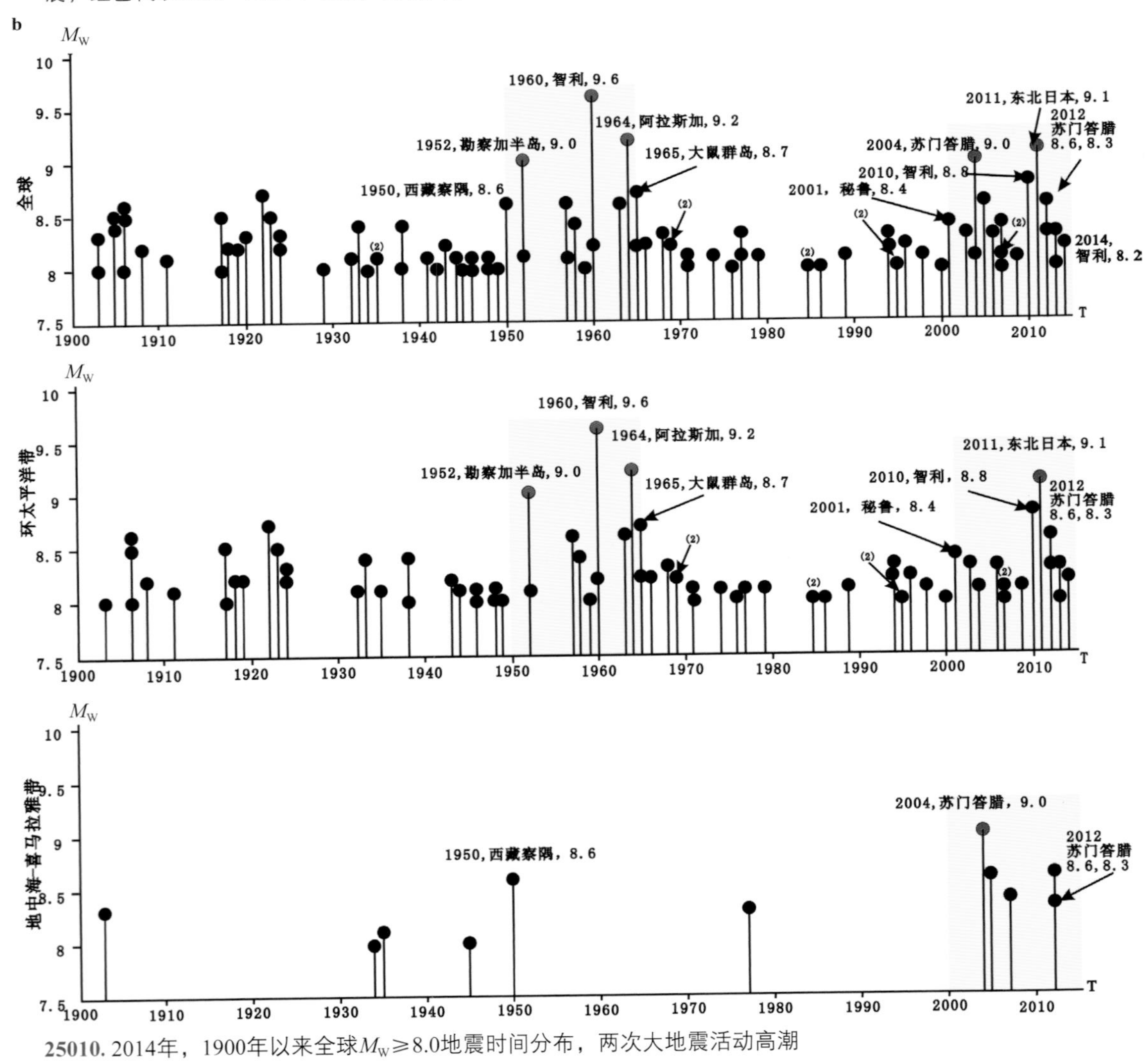

25010. 2014年，1900年以来全球M_W≥8.0地震时间分布，两次大地震活动高潮

25011. 1964年，阿拉斯加9.2级地震引发的地表位移，（a）汉宁湾断层在地震时被激活形成的基岩断层；（b）安克雷奇学校地震中形成的断层，教学楼亦为断层直接错断

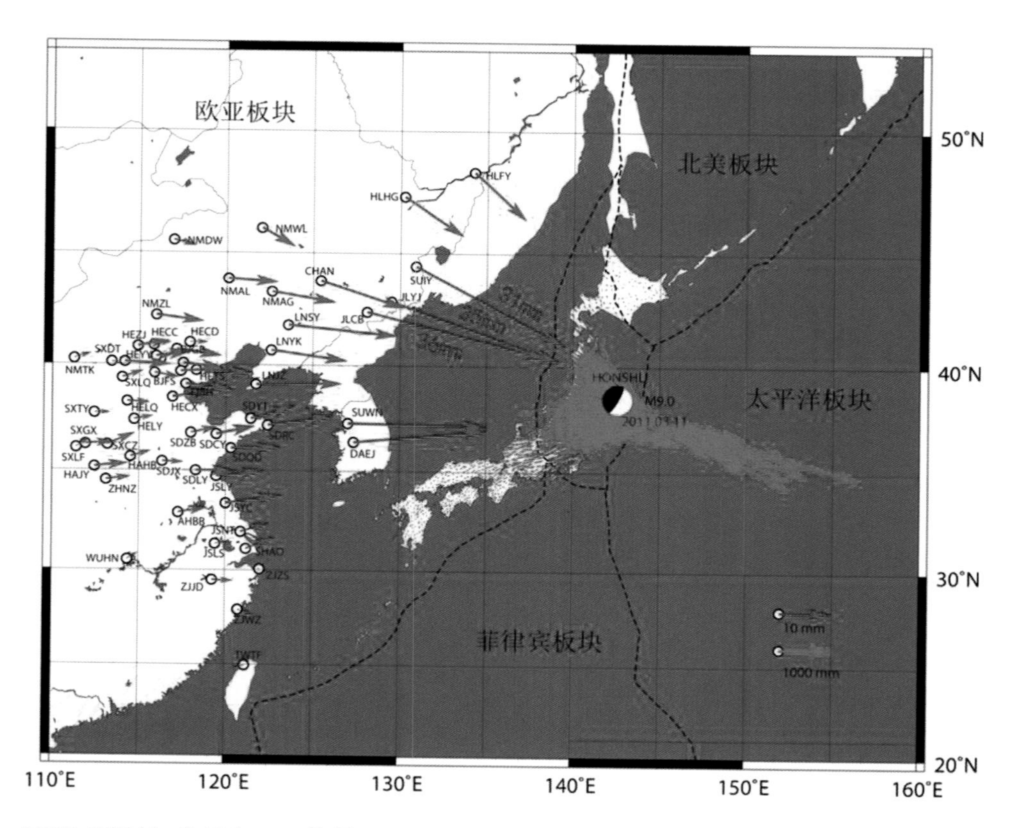

25012. 2011年，东日本M_W9.1地震GPS同震水平位移分布

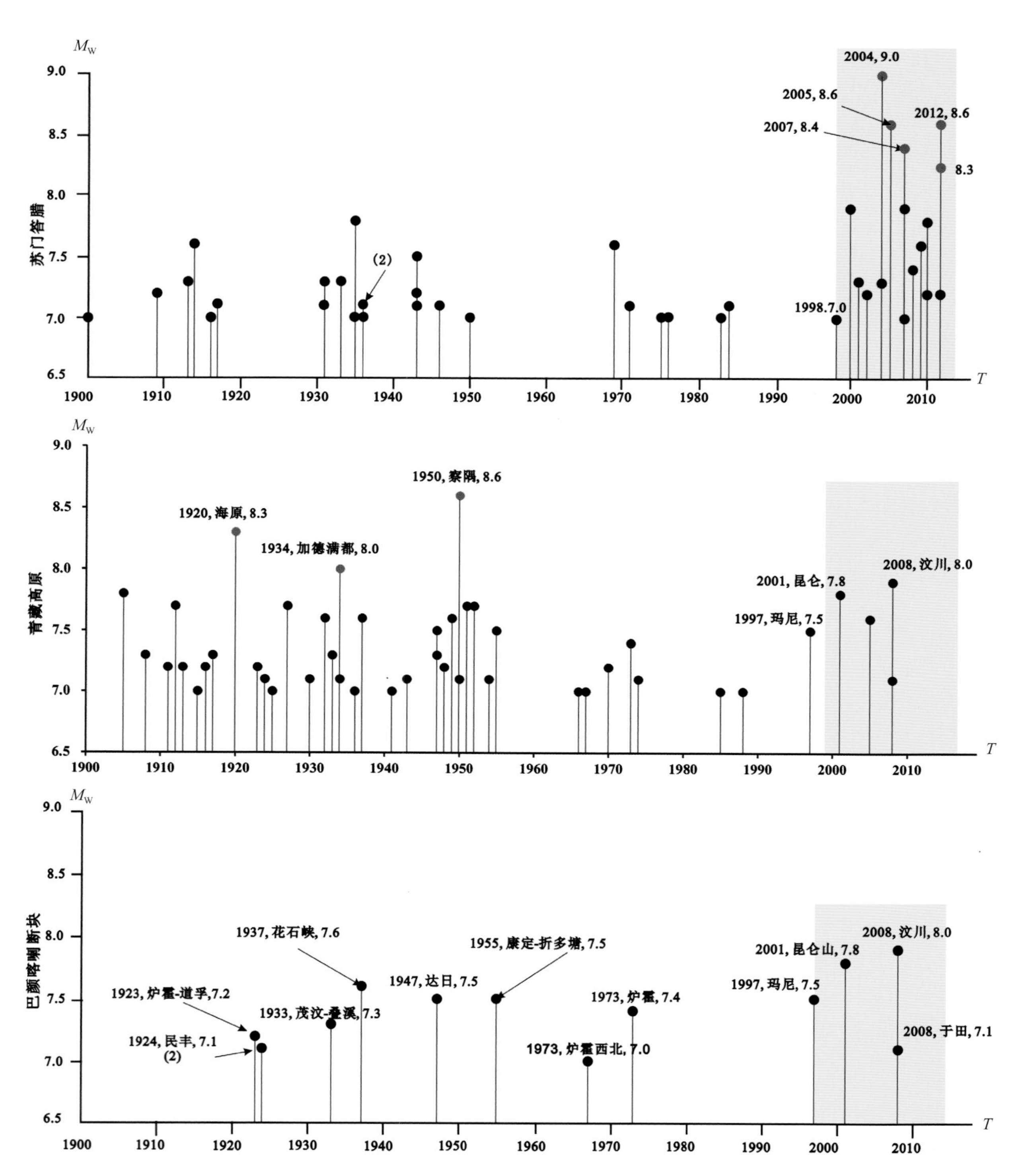

25013. 苏门答腊、青藏高原和巴颜喀喇断块地震M_W-T对比图

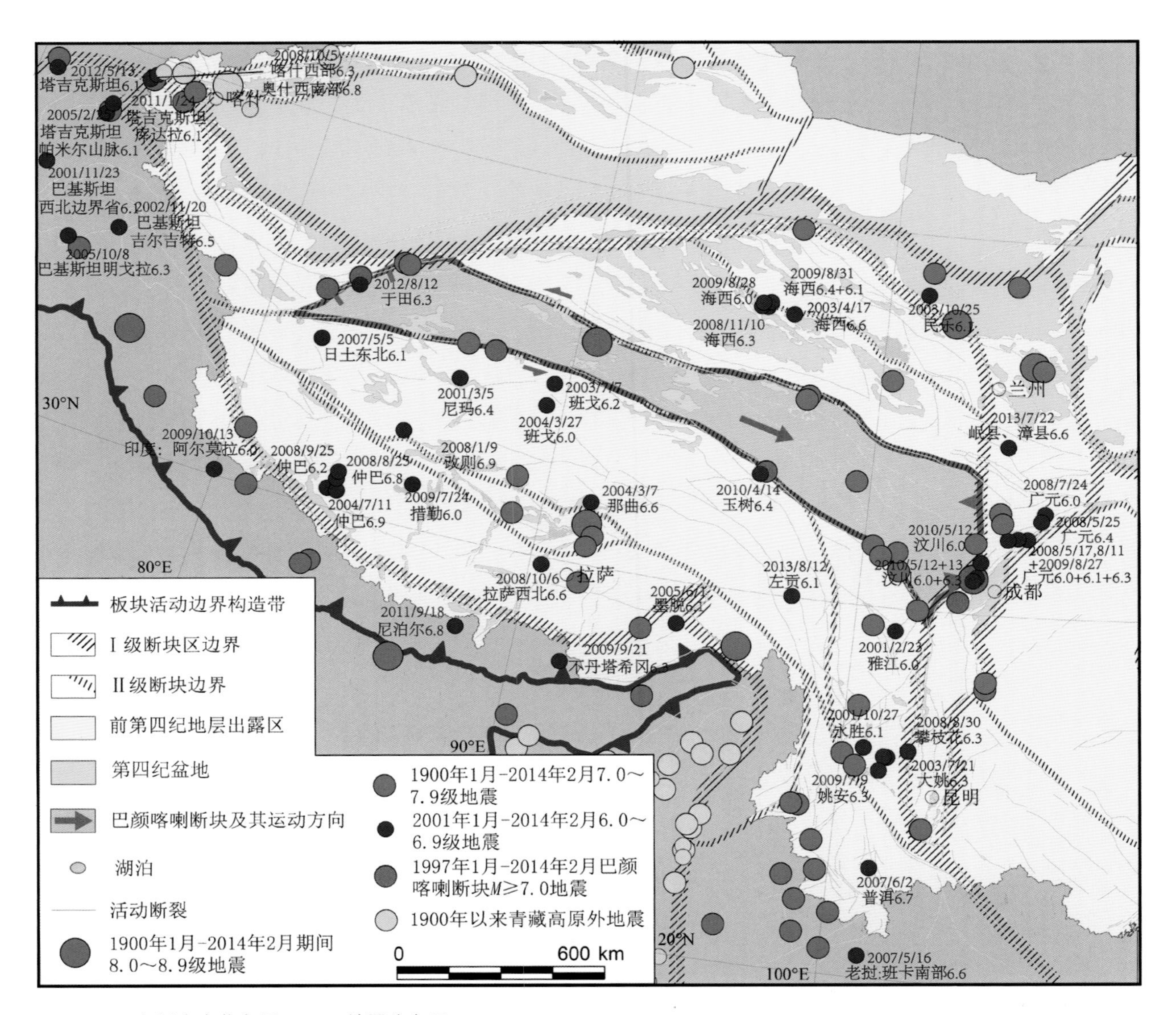

25014. 2001年以来青藏高原M_S≥6.0地震分布图

本节大都是近年来邓起东在各有关单位作学术报告的情景，最后是程佳博士回来了。其中包括在北京大学的学术报告——青藏高原活动构造与地震活动，其他还有天津南开大学报告会、合肥中国科技大学学术会、中国地震局地球物理探测中心专家讲课第一讲。这些还只是其中部分报告会，更多的报告会未能在此一一加以介绍。在其他学术活动方面，我们专门在三峡水库召开关于水库诱发地震讨论会，并举行了答记者问，以解除大家对三峡水库诱发地震的担心。此外，我还参加了我的老师陈国达先生100年诞辰活动，并作了学术报告。另外，在2016年我被任命为《地震地质》主编，实际上，这是领导给我这个老同志加上了责任，那也只有自己努力去做吧。最后是程佳博士回来了，毕业了，这倒真是可喜可贺的一件事。本纪念册共吸收了330张图片，希望能给大家对我和我的同志们的工作留下些许印象。衷心祝愿大家身体健康，事业有成。

26001. 2013年，在南开大学作报告

26002. 2013年，在合肥参加中国科技大学学术会

26003. 2014年，中国地震局物探中心专家讲课：第一讲

26004. 2014年，在三峡就三峡水库诱发地震问题答记者问

北京大学地球物理
星期五学术报告会

青藏高原活动构造与地震活动

报告人：邓起东院士
（中国地震局地质研究所）

时间：2015年12月25日星期五 15:00
地点：北京大学理科2号楼2829N

报告人简介：

1938生于湖南双峰。1961年毕业于中南矿冶学院地质系，同年进入中国科学院地质研究所工作。1978-1998年进入国家地震局地质研究所工作，曾任国家地震局地质所副所长；中国地震局地质研究所学位委员会主任，名誉主任，研究员，博士研究生导师，地震地质学家。2003年当选中国科学院院士。

长期从事活动构造、地震地质和工程地震研究，对我国华北、山西、天山、阿尔泰山和青藏高原的活动构造和大地震区地震构造有深入的研究：对走滑、挤压和拉张等不同类型构造的几何学、运动学和形成机制有创造性发展；建立和发展了活动构造大比例尺填图技术，发展了古地震研究，领导了全国活动构造地质填图和研究工作，推进了定量活动构造学研究；系统编制了我国活动构造图，总结了我国活动构造和应力场特征，提出了新的运动学和动力学模式；主编完成了我国第一份经国家批准使用的地震烈度区划图，成为全国抗震设防标准；完成了大量城市和大中型工程活动构造及地震安全性评价工作，为国家经济建设发展作出了重要贡献。

欢迎各位参加！

26005. 2015年，北京大学学术报告通知

26006. 2015年，北京大学学术报告会一角

26007. 2015年，我们研究室成员

26008. 参加陈国达先生100年诞辰纪念大会

26009. 中国地震局第六届科技委员会会议，前排老同志右起为马瑾、陈颙、廖振鹏，曾融生、宋瑞祥、丁国瑜、李玶、马宗晋、许绍燮，邓起东

26010. 2016年，《地震地质》第七届编委会，右起第五为所长马胜利，第六为邓起东主编

26011. 学生程佳毕业了，回来了

26012. 2012年，邓起东与学生马冀（左二）在工作中

第三章

一生耕耘 硕果累累

邓起东著作目录（1963 — 2017）

一、论文和专著

1. 马宗晋，邓起东 . 1965. 节理力学性质的判别及其分期、配套的初步研究 // 构造地质问题 . 北京：科学出版社，15-30.
2. 邓起东，钟嘉猷，马宗晋 . 1966. 剪切破裂带的特征及其形成条件 . 地质科学，（3）：227-237.
3. 马宗晋，邓起东，马瑾 . 1966. 华北、华南中生代构造的主要类型及其主要控制因素 . // 华北、华南中生代、新生代地质构造发展特征 . 北京：科学出版社，60-68.
4. 邓起东 . 1966. 华南地台及邻区中生代构造特征与基底构造的关系 // 华北、华南中生代、新生代地质构造发展特征 . 北京：科学出版社，69-76.
5. 邓起东，王克鲁，汪一鹏，唐汉军，吴裕文，丁梦林 . 1973. 山西隆起区断陷地震带地震地质条件及地震发展趋势概述 . 地质科学，（1）：37-47.
6. 邓起东 . 1975. 美国地震研究概况，岩石力学 // 出国考察报告 . 北京：中国科学技术情报研究所，69-89.
7. 邓起东，王挺梅，李建国，向宏发，程绍平 . 1976. 关于海城地震震源模式的讨论 . 地质科学，（3）：195-204.
8. 王挺梅，向宏发，方仲景，邓起东，计凤桔，程绍平，徐好民 . 1976. 海城地震构造背景与发震构造的探讨 . 地质科学，（3）：205-212.
9. 国家地震局（邓起东，张裕明，环文林，张鸿生，许桂林，刘一鸣，邓瑞生，李群，刘行松，杨天锡，范福田）[①]. 1976. 中国地震简目 . 北京：地震出版社，1-86.
10. 国家地震局（邓起东，张裕明，环文林，张鸿生，许桂林，刘一鸣，邓瑞生，李群，刘行松，杨天锡，范福田）[①]. 1976. 中国活动性构造和强震震中分布图（1：3000000）. 北京：国家地震局 .
11. 国家地震局（邓起东，张裕明，环文林，张鸿生，许桂林，刘一鸣，邓瑞生，李群，刘行松，杨天锡，范福田）[①]. 1976. 中国地震震中分布图（1：3000000）. 北京：国家地震局 .
12. 国家地震局（邓起东，张裕明，环文林，张鸿生，许桂林，刘一鸣，邓瑞生，李群，刘行松，杨天锡，范福田）[①]. 1976. 中国强震震中分布图［$M \geq 6$,（1：3000000）］. 北京：国家地震局 .
13. 国家地震局（邓起东，张裕明，环文林，张鸿生，许桂林，刘一鸣，邓瑞生，李群，刘行松，

① 1970 年中国地震烈度区划项目成果，所列名单为国家地震局全国地震烈度区划编图组成员，邓起东为组长，张裕明、环文林、张鸿生为副组长。

杨天锡，范福田）[①]. 1977. 中国强震简目（公元前 780 — 1976 年 8 月 31 日，$M \geqslant 6$）. 北京：地震出版社，1-19.

14. 国家地震局(邓起东，张裕明，环文林，张鸿生，许桂林，刘一鸣，邓瑞生，李群，刘行松，杨天锡，范福田）[①]. 1977. 中国地震烈度区划图（1：3000000）和说明书 . 北京：地震出版社，1-17.

15. 邓起东，张裕明，环文林，张鸿生，许桂林，刘一鸣，邓瑞生，李群，刘行松，杨天锡，范福田 . 1978. 我国地震活动和地震地质主要特征 . 科学通报 . 23（4）：193-199.

15-1. Teng Chitung (Deng Qidong), Zhang Yuming, Huan Wenlin, Zhang Hongsheng, Xu Guilin, Liu Yiming, Deng Ruisheng, Li Qun, Liu Xingsong,Yang Tianxi, Fan Futian. 1977. Some Characteristics of Seismicity and Seismotectonics of China. 国际地震和地球内部物理协会，国际火山和地球内部化学协会联合会议上宣读，英国达拉姆 (Durham):1-4.

16. 邓起东，王挺梅，李建国，向宏发，程绍平 . 1978. 海城地震孕育和发生的构造模型 // 国际交流地质学术论文集 . 北京：地质出版社 . 287-300.

16-1. Deng Qidong, Wang Tingmei, Li Jianguo, Xiang Hongfa and Cheng Shaoping. 1977. Geological Structure Model of the Development and Outburst of the Haicheng Earthqauke of China（in English）.

17. 邓起东，张裕明，许桂林，范福田 . 1979. 中国构造应力场特征及其与板块运动的关系 . 地震地质 .1（1）：11-22.

17-1. Teng Chitung (Deng Qidong), Chang Yuming, Hsu Kweilin and Fan Futian. 1979. On The Tectonic Stress Field in China and its Relation to Plate Movement. Physics of the Earth and Planetary Interiors，18:257-273.

18. 国家地震局全国地震烈度区划编图组（邓起东，张裕明，环文林，张鸿生，许桂林，刘一鸣，邓瑞生，李群，刘行松，杨天锡，范福田 .)[①]. 1979. 中国地震等烈度线图集 . 北京：地震出版社 .1-107.

19. 国家地震局地质研究所（邓起东，许桂林，范福田，张裕明）. 1979. 中华人民共和国地震构造图（1 ： 4000000）及说明书 . 北京：地图出版社，1-37.

20. 邓起东，范福田 .1980. 华北断块区新生代、现代地质构造特征 // 华北断块区的形成与发展 . 北京：科学出版社，192-205.

21. 邓起东，张裕明，环文林，张鸿生，许桂林，刘一鸣，邓瑞生，李群，范福田，杨天锡 . 1980. 中国地震烈度区划图编制的原则和方法 . 地震学报，2（1）：90-110.

22. 邓起东 . 1980. 中国新生代断块构造的主要特征 // 国际交流地质学术论文集 —— 为 26 届国际地质

① 1970 年中国地震烈度区划项目成果，所列名单为国家地震局全国地震烈度区划编图组成员，邓起东为组长，张裕明、环文林、张鸿生为副组长。

△据中美两国科学交流协定，美国麻省理工学院交流学者乚 . 琼斯（乚 ucile，M.Jones，汉名章光月），于 1978 和 1979 年在中国国家地震局地质研究所，与邓起东、蒋溥等进行合作研究，本文即为研究成果之一。

大会撰写 . 构造地质，地质力学 . 北京：地质出版社 . 101-108.

23. 章光月，邓起东，蒋溥，1980. 在地震孕育和发生过程中共轭断层活动的作用 . 地震地质 : 2（1）: 19-26.
24. 蒋溥，邓起东 . 1980. 海城－唐山地震系列孕育过程中前兆场的演化及其构造力学条件 . 地震地质 . 2（2）: 31-42.
25. Ma Xingyuan, Deng Qidong. 1980. The Characteristics of Seismisity and Seismotectonics in China. Revista Geofisica,13: 61-82.
26. Deng Qidong, Jiang Pu, Lucile M. Jones and Peter Molnar. 1981. A Preliminary Analysis of Reported Changes in Ground Water and Anomalous Animal Behavior Before the 4 February 1975 Haicheng Earthquake, Earthquake Prediction-An International Review, Maurice Ewing Series, 4, AGU, 543-565.
27. 国家地震局(邓起东，张裕明，环文林，张鸿生，许桂林，刘一鸣，邓瑞生，李群，刘行松，杨天锡，范福田)①. 1981. 中国地震烈度区划工作报告，1-383，附 1 ： 600 万和 1 ： 1000 万全国图件 10 张 . 北京：地震出版社 .
28. 邓起东 . 1982. 中国的活动断裂 // 中国活动断裂 . 北京：地震出版社，19-27.
29. 许桂林，邓起东，1982. 中国主要构造体系中生代、新生代的活动特征及其演化过程 // 中国活动断裂 . 北京：地震出版社 . 31-37.
30. 邓起东 . 1982. 美国加里福尼亚州南部近年来某些异常与地震的关系 . 地震科学研究，（2）: 58-64。
31. Ma Xingyuan, Deng Qidong, Wang Yipeng et al. 1982. Cenozoic Graben Systems in North China. Z. Geomorph. N. F.: Suppl-bd42, 99-116.
32. Zhang Weiqi, Deng Qidong, B. C. Burchfiel and Zhang Peizhen. 1983. Active Faulting and the Formation of a Pull-apart Basin along the Westem Part of the Haiyuan Fault. China, EOS, Trans. Am. Geophys. Union, 64: 861.
33. 宋方敏，朱世龙，汪一鹏，邓起东，张维歧 . 1983. 1920 年海原地震中的最大水平位移及西华山北缘断裂地震重复率的估计 . 地震地质 : 5（4）: 29-38.
34. 邓起东，王杰，袁国屏，丁梦林，曹忠权 . 1983. 口泉断裂带和大同火山群 . 全国断裂构造会议地质旅行指南 : 1-9.
35. 邓起东 . 1983. 活动断裂与地震重复性 // 湖南地震：1982 年地震科学研究讨论会论文专辑，1-14.
36. 邓起东 . 1984. 中国几条活动断裂的运动机制、滑动速率和地震重复性的研究概述 . 国际地震动态 .（3）: 5-8.
37. 邓起东，汪一鹏 . 1984. 中国复活变动带（日文）（アヅアの变动带 —ヒマラヤと日本海沟の间－）.

① 1970 年中国地震烈度区划项目成果，所列名单为国家地震局全国地震烈度区划编图组成员，邓起东为组长，张裕明、环文林、张鸿生为副组长。

日本神户：海文堂出版 . 29-69.

38. Deng Qidong. 1984. Kinematic Features and Slip Rates of Late Quaternary Active Faultings of Qinghai Xizang (Tibet) Plateau and Kinematic Characteristics of the Plateau and Secondary Blocks wlthin it. Himalayan Geology International Symposium Abstracts. Organizing Committee of the International Symposium on Geology of the Himalayas. China, 70-72, Chengdu: China.

38-1. 邓起东 . 1984. 青藏高原活动断裂晚第四纪的运动性质和错动速率，兼论高原和内部次级块体的运动学特征 // 喜马拉雅地质国际讨论会论文摘要 . 成都 : 1984，119-122.

39. Deng Qidong, Chen Yihui, Wang Jingbo, Jiang Pu, Wang Yipeng, Xiang Jiacui and Wang Chunhua. 1984. The Seismotectonical Characteristics of the North China Fault Block Region and Its Dynamical Co-operation Model. A Collection of Papers of International Symposium on Continental Seismicity and Earthquake Prediction. Beijing: Seismological Press: 243-263.

40. 邓起东，汪一鹏，廖玉华，张维歧，李孟銮 . 1984. 断层崖崩积楔及贺兰山山前断裂全新世活动历史 . 科学通报，(9): 557-560.

41. 邓起东 . 1984. 断层性状 、盆地类型及其形成机制 、地震科学研究，(1): 59-64，(2): 57-64，(3): 56-64，(4): 58-64，(5): 58-64，(6): 51-59.

42. Molnar, P., and Deng Qidong. 1984. Faulting Associated With Large Earthquakes and the Average Rate of Deformation in Central and Eastern Asia, Journal of G. Res., 89, (B7): 6203-6227.

43. Deng Qidong, Song Fangmin, Zhu Shilong, Li Mengluan, Wang Tielin, Zhang Weiqi, B. C. Burchfiel, Peter Molnar and Zhang Peizhen. 1984. Active Faulting and Tectonics of the Ningxia-Hui Autonomous Region. China, Journal of G. Res., 89, (B6): 4427-4445.

44. Wesnousky, S. G., L. M. Jones, C. H. Scholz and Deng Qidong. 1984. Historical Seismicity and Rates of Crustal Deformation along the Margins of the Ordos Block. Northeast China, Bull, Seism. Soc. America, 74 (5): 1767-1783.

45. Deng Qidong and Zhang Peizhen. 1984. Research on the Geometry of Shear Fracture Zones. Journal of G. Res., 89 (B7): 5699-5710.

46. 邓起东 . 1985. 富蕴地震断裂带的破裂机制 // 富蕴地震断裂带 . 北京：地震出版社，105-119.

47. 邓起东，尤惠川 . 1985. 断层崖研究与地震危险性估计 —— 以贺兰山东麓断层崖为例 . 西北地震学报，7 (1): 29-38.

48. 邓起东，尤惠川 . 1985. 鄂尔多斯周缘断陷盆地带的构造活动特征及其形成机制 . 现代地壳运动研究，(1): 58-78.

48-1. Deng Qidong, You Huichuan. 1985. The Tectonic Characteristics and Forming Mechanism of the Faulted Basin Zones Around Ordos Block, Research on Recent Crust Movement, (1), Paper for Third

Announcement International Symposium on Deep Internal Processes and Continental Rifting,9-13,September 1985,Chengdu,China, 58-78.

49. Deng Qidong, Wang Yipeng, Song Fangmin, Zhu Shilong, Chen Shefa, Zhang Weiqi, Jiao Decheng, P. Molnar, B. C. Burchfiel and L. Royden. 1985. Principal Characteristics of the Nanxihuashan Fault Zone and the 1920 Haiyuan Earthquake Fault and the Recurrence of Strong Earthquakes. EOS, Trans. Am. Geophys. Union, 6 (46): 169.

50. 邓起东 . 1985. 前言 —— 大陆裂谷与深部过程 . 现代地壳运动研究，(1): 1-4.

51. 陈社发，邓起东 . 1985. 南西华山断裂带中拉分盆地的构造组合及其演化模式 . 现代地壳运动研究，(1): 98-106.

52. 吴大宁，邓起东 . 1985. 滇西北裂陷区的基本特征及其形成机制 . 现代地壳运动研究，(1): 118-132.

53. 徐锡伟，邓起东，尤惠川 . 1986. 山西系舟山西麓断裂右旋错动证据及全新世滑动速率 . 地震地质，8 (3): 44-46.

53-1. Xu Xiwei and Deng Qidong. 1987. Evidence of Dextral Dislocation of Western Piedmont Fault of Mt. Xizoushan and its Slip Rate during the Holocene Period, Earthquake Research in China, 1 (4): 621-624.

54. 邓起东 . 1986. 华北地区活动构造图（1 : 3000000）及说明 // 华北地区 1987 — 2000 年地震危险区判定图册 . 西安：西安地图出版社：5.

55. Deng Qidong, Chen Shefa, Song Fangmin, Zhu Shilong, Wang Yipeng, Zhang Weiqi, Jiao Decheng, B. C. Burchfiel, P. Molnar, L. Royden and Zhang Peizhen. 1986. Variations in the Geometry and Amount of Slip on the Haiyuan (Nanxihaushan) Fault Zone. China and the Surface Rupture of the 1920 Haiyuan Earthquake. Earthquake Source Mechanics. Geophysical Monograph 37 (Maurice Ewing 6), 169-182.

56. Deng Qidong, Wu Daning, Zhang Peizhen, and Chen Shefa. 1986. Structure and Deformational Character of Strike-Slip Fault Zone. Pure and Applied Geophysics. 124, (1/2): 203-223.

57. 邓起东，尤惠川 . 1986. 华北地区地震地质的研究进展 // 中国地震年鉴（1986）. 北京：地震出版社，222-233.

58. Zhang Weiqi, Jiao Decheng, Zhang Peizhen, Peter Molnar, B. C. Burchfiel, Deng Qidong, Wang Yipeng and Song Fangmin. 1987. Displacement along the Haiyuan Fault Associated with the Great 1920 Haiyuan, China, Earthquake. Bulletin of the Seimological Society of America, 77 (1): 117-131.

59. 邓起东，张维歧，汪一鹏，张培震，陈社发，B. C. 伯奇菲尔，P. 莫尔纳，L. 雷登，宋方敏，焦德成，朱世龙 . 1987. 海原断裂带和 1920 年海原地震断层的基本特征及其形成机制 . 现代地壳运动研究，(3): 9-25.

60. 徐锡伟，邓起东 . 1987. 山西忻定盆地的活动断裂与地震活动性 —— 晋北剪切带尾端张性区构造特征的研究．现代地壳运动研究，(3), 37-50.

61. 邓起东，张维歧，廖玉华，尤惠川．1987. 海原断裂带、银川盆地及渭河盆地活动断裂和地震地表破裂考察指南（中英对照），大陆岩石圈构造演化与动力学讨论会——第三届全国构造地质会议野外考察指南．

62. 吴章明，曹忠权，邓起东．1988. 西藏当雄附近一条新的地震地表破裂．地震地质，10（1）: 38.

63. 徐锡伟，邓起东．1988. 山西盆地剪切带的构造与地震活动 // 中国地震年鉴．北京：地震出版社，319-322.

64. 徐锡伟，邓起东．1988. 晋北张性区盆岭构造及其形成的力学机制．中国地震，4（2）: 19-27.

65. 邓起东，陈社发．1988. 走滑型地震断层的特征及其形成机制 // 中国地震断层研究．乌鲁木齐：新疆人民出版社，115-125.

66. Zhang Peizhen, P. Molnar, B. C. Burchfiel, L. Royden, Wang Yipeng, Deng Qidong, Song Fangmin, Zhang Weiqi and Jiao Decheng. 1988. Bounds on the Holocene Slip Rate of the Haiyuan Fault. North-Central China, Quaternary Research, 30: 151-164.

67. Zhang Peizhen, P. Molnar, Zhang Weiqi, Deng Qidong, Wang Yipeng, B.C.Burchfiel, Song Fangmin, L.Royden, and Jiao Decheng. 1988. Bounds on the Average Recurrence Interval of Major Earthquakes along the Haiyuan Fault in North-Central China. Seismological Research letters, 59 (3): 81-89.

68. 徐锡伟，张宏卫，邓起东．1988. 渭河盆地华山山前断裂带古地震遗迹及其重复间隔．地震地质，10（4）: 206.

69. 国家地震局鄂尔多斯周缘活动断裂系课题组（汪一鹏，邓起东，范福田，聂宗笙，苏宗正，胡惠明，杨发，张安良，贾文山，崔黎明）. 1988. 鄂尔多斯周缘活动断裂系．北京：地震出版社，1-335.

70. 邓起东，张维歧，张培震，焦德成，宋方敏，汪一鹏，B.C. 伯奇菲尔，P. 莫尔纳，L. 雷登，陈社发，朱世龙，柴炽章．1989. 海原走滑断裂带及其尾端挤压构造．地震地质，11（1）: 1-14.

70-1. Deng Qidong, Zhang Weiqi, Zhang Peizhen, Jiao Decheng, Song Fanmin, Wang Yipeng, B.C.Burchfiel, P.Molnar, L.Royden, Chen Shefa, Zhu Shilong and Chai chizhang. 1989. The Haiyuan Strike-Slip Fault Zone and the Compressional Structures at its End. Earthquake Research in China, 3 (1): 29-43.

71. Burchfiel, B.C., Deng Qidong, P.Molnor, L.Royden, Wang Yipeng, Zhang Peizhen and Zhang Weiqi. 1989. Intracrustal Detachment within Zones of Continental Deformation. Geology, 17: 448-452.

72. Peizhen Zhang, B. C. Burchfiel, Shefa Chen and Deng Qidong. 1989. Extinction of Pull-apart Basins. Geology, 17: 814-817.

73. 邓起东．1989. 大震宏观调查中的发震构造研究．大震现场工作研究汇编．北京：国家地震局科技监测司，41-54.

74. 吴章明，邓起东．1989. 西藏崩错 8 级地震地表破裂的变形特征及其破裂机制．地震地质，11（1）:

15-25, 图片 8 张 .

75. 吴章明，邓起东 . 1989. 地震地表破裂位移测量的一种方法 . 中国地震，5（3）: 49-54.
76. 邓起东 . 1989. 有关活动断裂地质填图的几个问题 // 活动断裂地质填图工作研究汇编 . 北京：国家地震局震害防御司 . 20-26.
77. 吴章明，曹忠权，邓起东，申屠炳明，于贵华 . 1989. 西藏当雄地震地表破裂（录像带）. 北京：科学出版社 .
78. 吴章明，曹忠权，申屠炳明，邓起东 . 1989. 关于 1411 年 9 月 29 日西藏当雄南 8 级地震地表破裂问题，地震研究，12（2）: 96、146.
79. 邓起东，汪一鹏 . 1989. 华北地区新生代构造和地震构造基本特征 // 近期强震危险性研究，北京：地震出版社 . 222-226.
80. 邓起东，柴炽章，王书田，宋方敏，张维歧 . 1989. 海原活动断裂带（录像带）. 北京：科学出版社 .
81. 汪一鹏，邓起东，朱世龙 . 1989. 华北地区岩石圈动力学特征（1:5000000 // 中国岩石圈动力学地图集 . 北京：地图出版社 .
82. 邓起东 . 1990. 中国地震烈度区划图的编制 // 中国地震年鉴（1949-1981）. 北京：地震出版社，789-790.
83. 邓起东 . 1990. 中华人民共和国地震构造图的编制 // 中国地震年鉴（1949-1981）. 北京：地震出版社 . 787-789.
84. 邓起东 . 1990. 山西断陷带地震地质基本特征 // 中国地震年鉴（1949-1981）. 北京：地震出版社，532-533.
85. 吴章明，曹忠权，申屠炳明，邓起东 . 1990. 念青唐古拉山南东麓断层的初步研究 . 地震研究，13（1）: 40-50.
86. 吴章明，曹忠权，申屠炳明，邓起东 . 1990. 1411 年西藏当雄南 8 级地震宏观震中 . 国际地震动态，（6）: 8-10.
87. 吴章明，曹忠权，申屠炳明，邓起东 . 1990. 1411 年当雄南 8 级地震地表破裂 . 地震地质，12（2）: 98-108.
88. 吴章明，曹忠权，申屠炳明，邓起东 . 1990. 西藏申扎南发现地表破裂 . 地震地质，12（4）: 317-318.
89. 徐锡伟，邓起东 . 1990. 不连续剪切带尾端张、压性效应有限元模拟及构造特征的研究 . 地震地质，12（3）: 221-228.
90. Zhang Peizhen, B.C. Burchfiel, P. Molnar, Zhang Weiqi, Jiao Decheng, Deng Qidong, Wang Yipeng, L. Royden and Song Fangmin. 1990. Late Cenozoic Tectonic Evolution of the Ningxia-Hui Autonomous Region. China, Geological Society of America Bulletin, 102: 1484-1498.

91. 徐锡伟，邓起东 . 1990. 山西霍山山前断裂晚第四纪活动特征和 1303 年洪洞 8 级地震 . 地震地质，12（1）：21-30.

92. 国家地震局地质研究所，宁夏回族自治区地震局（邓起东，张维歧，汪一鹏，张培震，宋方敏，焦德成，陈社发，朱世龙，柴炽章）. 1990. 海原活动断裂带和海原活动断裂带地质图（1989，1:50000，92-1）. 北京：地震出版社，1-286.

93. Burchfiel, B. C., Zhang Peizhen, Wang Yipeng, Zhang Weiqi, Jiao Decheng, Song Fangmin, Deng Qidong, Peter Molnar and L. Royden. 1991. Geology of the Haiyuan Fault Zone, Ningxia Hui Autonomous Region, China and its Relation to the Evolution of the Northeastern Margin of the Tibetan Plateau. Tectonics, 10(6): 1091-1110.

94. Zhang Peizhen, B. C. Burchfiel, P. Molnar, Zhang Weiqi, Jiao Decheng, Deng Qidong, Wang Yipeng, L. Royden and Song Fangmin. 1991. Amount and Style of Late Cenozoic Deformation in the Liupan Shan Area, Ningxia Autonomous Region. China, Tectonics, 10 (6): 1111-1129.

95. 邓起东 . 1991. 活动断裂研究的进展和方向 . 活动断裂研究，（1）：1-6.

96. 冯先岳，邓起东，石鉴邦，李军，尤惠川，张勇，于贵华，吴章明 . 1991. 天山南北缘活动构造及其演化 . 活动断裂研究，（1）：1-16.

97. 邓起东，冯先岳，尤惠川，张培震，张勇，陈杰，李军，吴章明，徐锡伟，杨晓平，张宏卫 . 1991. 新疆独山子－安集海活动逆断裂－褶皱带的变形特征及其形成机制 . 活动断裂研究，（1）：17-36.

98. 邓起东，冯先岳，尤惠川，陈杰，李军，张勇，徐锡伟，吴章明，张宏卫 . 1991. 新疆独山子－安集海活动逆断裂带晚第四纪活动特征及古地震 . 活动断裂研究，（1）：37-56.

99. 闵伟，邓起东 . 1991. 香山－天景山断裂带的变形特征及走滑断裂端部挤压构造形成机制 . 活动断裂研究，（1）：71-81.

100. 徐杰，邓起东，张玉岫，殷秀华，虢顺民，牛娈芳 . 1991. 江汉 — 洞庭盆地的构造特征和地震活动的初步分析 . 地震地质，13（4）：300-342.

101. 汪一鹏，邓起东，朱世龙 . 1991. 华北亚板块岩石圈动力学特征 // 中国岩石圈动力学概论 . 北京：地震出版社，492-502.

102. 邓起东，1992. 近年来我国地震地质学的进展 . // 中国地震年鉴（1990）. 北京：地震出版社，224-231.

103. 徐锡伟，邓起东，马杏垣 . 1992. 山西裂谷系的构造活动特征及其形成机制 // 中国大陆构造讨论会论文集 . 北京：中国地质大学出版社，120-131.

104. 张宏卫，邓起东 . 1992. 不对称盆地形成机制探讨 —— 以渭河盆地为例 . 中国地震，8（1）：26-35.

104-1. Zhang Hongwei, Deng Qidong. 1994. Research on Formation Mechanism of the Assymmetric Basin.

Taking the Weihe Basin as an Example. Earthquake Research in China, 8 (3): 331-342.

105. 国家地震局地质研究所（吴章明，申屠炳明，曹忠权，邓起东）. 1992. 西藏中部活动断层. 北京：地震出版社，1-229.

106. 国家地震局震害防御司（邓起东，汪一鹏，刘光勋，聂宗笙，高维明，刘百篪，朱世龙）②. 1992. 活动断裂地质填图工作规范（1 ∶ 50000），附 1 ∶ 50000 活动断裂地质图图例. 北京：地震出版社，1-25.

107. 冯先岳，李军，陈杰，赵瑞斌，邓起东，唐巍，张培震，徐锡伟，吴章明，杨晓平. 1992. 新疆霍尔果斯断裂古地震初步研究. 活动断裂研究，（2）：95-104.

108. 李军，冯先岳，陈杰，赵瑞斌，邓起东，唐巍，张培震，徐锡伟，吴章明，杨晓平. 1992. 霍尔果斯活动逆断裂－褶皱构造研究. 活动断裂研究，（2）：105-116.

109. 徐锡伟，邓起东，张培震，冯先岳，李军，吴章明，陈杰，杨晓平，赵瑞斌，唐巍. 1992. 新疆玛纳斯－霍尔果斯逆断裂－褶皱带河流阶地的变形及其构造含义，活动断裂研究，（2）：117-127.

110. 邓起东，刘百篪，张培震，袁道阳. 1992. 活动断裂工程安全评价和位错量的定量评估. 活动断裂研究，（2）：236-246.

111. 邓起东，于贵华，叶文华. 1992. 地震地表破裂参数与震级关系研究. 活动断裂研究，（2）：247-264.

112. 徐锡伟，邓起东，董瑞树，张崇立，高维安. 1992. 山西地堑系强震的活动规律和危险区段的研究. 地震地质，14（4）：305-316.

113. 吴章明，申屠炳明，曹忠权，邓起东. 1992. 西藏格林错断层带的基本特征. 地震地质，14（1）：41-46.

114. 吴章明，曹忠权，申屠炳明，邓起东. 1992. 1411 年西藏当雄南 8 级地震发震构造. 中国地震，8（2）：46-52.

115. Xu Xiwei, Ma Xingyuan and Deng Qidong. 1993. Neotectonics of the Shanxi rift System, China, Annales Tectonicae, Special Issue, Supplement to VI: 40-53.

115-1. Wu Zhangming, Cao Zhongquan, Shentu Bingming, Deng Qidong. 1994. Seismogenic Structure of the 1411 Southern Damxung (Damdoi) Earthquake with M=8 in Tibet. Earthquake Research in China,. 8 (1): 61-68.

116. Xu Xiwei, Ma Xingyuan and Deng Qidong. 1993. Neotectonic Activity along the Shanxi Rift System. China, Tectonophysics, 219: 305-325.

② 1970 年全国活动断裂大比例尺地质填图和综合研究成果，所列名单为国家地震局全国活动断裂专家组成员，邓起东为组长、项目负责人，汪一鹏为副组长。

117. 马宗晋，邓起东，刘光勋，赵新平，刘国栋，马宝林，周克森，蒋溥，尹之潜，高振寰，陈建英，苗良田 . 1993. 山西临汾地区的地震研究和震灾预评估与预防 // 山西临汾地震研究与系统减灾 . 北京：地震出版社，1-11.

118. 邓起东，苏宗正，王挺梅，徐锡伟 . 1993. 临汾盆地地震构造基本特征和潜在震源区的划分 // 山西临汾地震研究与系统减灾 . 北京：地震出版社，67-95.

119. 邓起东，苏宗正，王挺梅，徐锡伟 . 1993. 临汾盆地晚第四纪沉积与最新构造运动 // 山西临汾地震研究与系统减灾 . 北京：地震出版社，111-129.

120. 徐锡伟，邓起东，韩竹君 . 1993. 霍山山前断裂晚第四纪活动和古地震研究 // 山西临汾地震研究与系统减灾 . 北京：地震出版社，136-148.

121. 徐锡伟，邓起东 . 1993. 1303 年洪洞地震的地震构造 // 山西临汾地震研究与系统减灾 . 北京：地震出版社，149-158.

122. 徐锡伟，邓起东，韩竹君 . 1993. 临汾盆地大阳断裂带和浮山断裂第四纪活动特征 // 山西临汾地震研究与系统减灾 . 北京：地震出版社，190-197.

123. 冯先岳，陈杰，李军，赵瑞斌，邓起东，张培震，徐锡伟，杨晓平 . 1993. 霍尔果斯活动构造的断裂扩展褶皱作用 . 内陆地震，7（4）：335-343。

124. Deng Qidong and Xu Xiwei. 1993. Modern Crustal Movement in China Relected by Active Tectonics and Earthquake Ruptures, Proceedings of the Eighth International Symposium on Recent Crustal Movements (CRCM'93), 373-374.

125. 邓起东 . 1994. 活动构造研究的进展 // 现代地球动力学研究及其应用 . 北京：地震出版社，211-221.

126. 邓起东 . 1994. 海原活动断裂带 1：5 万地质填图和综合研究 // 现代地球动力学研究及其应用 . 北京：地震出版社，228-236.

127. 吴章明，曹忠权，申屠炳明，邓起东 . 1994. 西藏中部活动断层概述 // 现代地球动力学研究及其应用 . 北京：地震出版社，243-249.

128. 邓起东 . 1994. 活动断裂研究在石油和天然气长输管道工程安全评价中的应用 // 现代地球动力学研究及其应用 . 北京：地震出版社，645-657.

129. 张培震，邓起东，徐锡伟，吴章明，冯先岳，杨晓平，李军，陈杰，赵瑞斌，唐巍 . 1994. 天山北麓玛纳斯活动逆断裂 — 褶皱带的变形特征与构造演化 . 活动断裂研究，（3）：18-32.

130. 徐锡伟，邓起东，张培震，冯先岳，吴章明，李军，赵瑞斌，陈杰 . 1994. 天山北缘活动逆断裂带的自相似性特征 . 活动断裂研究，（3）：33-44.

131. 邓起东，冯先岳，杨晓平，彭斯震，张培震，徐锡伟 . 1994. 利用大型探槽研究新疆北天山玛纳斯和吐谷鲁逆断裂带的全新世古地震 . 活动断裂研究，（3）：1-17.

132. 邓起东，陈社发，赵小麟 . 1994. 龙门山及其邻区的构造和地震活动及动力学 . 地震地质，16（4）：

389-403.

133. 陈社发，邓起东，赵小麟，C. J. L. Wilson, Paul Dirks，罗志立，刘树根 . 1994. 龙门山中段推覆构造带及相关构造的演化历史和变形机制（之一）. 地震地质，16（4）: 404-412.

134. 陈社发，邓起东，赵小麟，C. J. L. Wilson，Paul Dirks，罗志立，刘树根 . 1994. 龙门山中段推覆构造带及相关构造的演化历史和变形机制（之二）. 地震地质，16（4）: 413-421.

135. 赵小麟，邓起东，陈社发 . 1994. 龙门山逆断裂带中段的构造地貌学研究 . 地震地质，16（4）: 422-428.

136. 赵小麟，邓起东，陈社发 . 1994. 岷山隆起的构造地貌学研究 . 地震地质，16（4）: 429-439.

137. 叶文华，邓起东，尤惠川 . 1994. 强震活动迁移性图像的研究 . 华北地震科学，12（1）: 1-8.

138. Deng Qidong, Xu Xiwei. 1994. Studies on the Surface Rupture Zone of 1303 Houdong Earthquake of M=8 and Paleoearthquakes of Huoshan Fault in Shaxi Province. Earthquake Research in China, 8 (2): 231-245.

139. 彭斯震，邓起东 . 1994. 活动褶皱与地震 . 地震地质译丛，16（3）: 18-30.

140. 吴章明，曹忠权，申屠炳明，邓起东 . 1994. 西藏中部的发震构造 . 中国地震，10（1）: 19-27.

141. 邓起东，米仓伸之，徐锡伟，铃木康弘，王存玉，竹内章，苏宗正，汪一鹏 . 1994. 山西高原六棱山北麓断裂晚第四纪运动学特征初步研究 . 地震地质，16（4）: 339-343.

142. 邓起东，徐锡伟，于贵华 . 1994. 中国大陆活动断裂的分区特征及其成因 // 中国活动断裂研究 . 北京：地震出版社，1-14.

143. 吴章明，曹忠权，申屠炳明，邓起东 . 1994. 念青唐古拉南东麓断层的分段性 // 中国活动断层研究 . 北京：地震出版社，92-101.

144. 孙昭民，邓起东，1994. 六盘山东麓和陇县－宝鸡断裂带基本特征及其相互关系 // 中国活动断层研究 . 北京：地震出版社，114-125.

145. 张培震，邓起东，徐锡伟，冯先岳，彭斯震，杨晓平，赵瑞斌，李军 . 1994. 盲断裂、褶皱地震与 1906 年玛纳斯地震 . 地震地质，16（3）: 193-204.

146. Shefa Chen, C. J. L. Wilson, Zhili Luo, Qidong Deng. 1994. The Evolution of the Western Sichuan Foreland Basin, Southwestern China. Journal of Southeast Asian Earth Sciences, 10 (3/4): 159-168.

147. Shefa Chen, C. J. L. Wilson, Qidong Deng, Xiaolin Zhao, Zhili Luo. 1994. Active Faulting and Block Movement Associated with Large Earthquakes in the Minshan and Longmen Mountains. Northeastern Tibetan Plateau, Journal of Geophysical Research, 99 (B12): 24025-24038.

148. Molnar, P., Erik Thorson Brown, B.Clark Burchfiel, Deng Qidong, Feng Xianyue, Li Jun, Grant M.Raisbeck, Shi Jianbang, Wu Zhangming, Francoise Yiou, and You Huichuan. 1994. Quaternary Climate Change and The Formation of River Terraces across Growing Anticlines on the North Flank of the Tien Shan. China, The Journal of Geology, 102: 583-602.

149. 汪一鹏，邓起东 . 1994. 活动构造研究的进展和展望 // 中国地震年鉴（1994）. 北京：地震出版社，264-266.

150. Burchfiel, B. C., P. Molnar, Zhang Peizhen, Deng Qidong, Zhang Weiqi and Wang Yipeng. 1995. Example of a Supradetachment Basin Within a Pull-apart Tectonic Setting: Mormon Point. Death Valley, California, Basin Research, 7: 199-214.

151. Deng Qidong. 1995. The Research of Active Tectonics and Paleoearthquake in China, 1991-1994 China National Report on Seismology and Physics of the Earth's Interior for the XXIth General Assembly of IUGG Boulder, Colorado, USA, July, 1995, Chinese National Committee for the International Union of Geodesy and Geophysics, Beijing, China, 96-122, Beijing: China Meteorological Press.

152. Deng Qidong. 1995. Active Tectonics in China, XI Course of the International School on Solid Earth Geophysics, Active Faulting Studies for Seismic Hazard Assessment. 197-211, Italy.

153. 杨晓平，邓起东，张培震，冯先岳，彭斯震 . 1995. 利用阶地变形资料研究北天山吐谷鲁逆断裂 – 背斜带晚更新世以来的褶皱变形特征 . 活动断裂研究，(4): 46-62.

154. 张培震，邓起东，徐锡伟，杨晓平，冯先岳，赵瑞斌 . 1995. 天山北麓的冰水冲洪积地貌与新构造运动 // 活动断裂研究（4）: 北京：地震出版社 .63-78.

155. 邓起东，徐锡伟 . 1995. 山西断陷盆地带的活动断裂和分段性研究 // 现代地壳运动研究，(6): 225-242.

156. 邓起东，张培震 . 1995. 活动断裂分段的原则和方法（一）. 现代地壳运动研究，(6): 196-207.

157. 张培震，邓起东 . 1995. 活动断裂分段的原则和方法（二）. 现代地壳运动研究，(6): 208-215.

158. Xu Xiwei, Deng Qidong and Han Zhujun, 1995, Geometry and Late Quaternary Kinematic Characteristics of the Huoshan Fault in Shanxi Province, Earthquake Research in China, 9 (2): 191-201.

159. 冉勇康，王景钵，彭斯震，邓起东 . 1995. 河北宣化盆地南缘断裂的古地震遗迹 . 地震地质，17(1): 44-46.

160. 邓起东，廖玉华，崔黎明，潘祖寿，王萍 . 1995. 宁夏贺兰山东麓断裂古地震和大震重复间隔研究 // 发展中的地震科学研究：纪念海城地震成功预报 20 周年学术讨论会论文集 . 北京：地震出版社 . 199-213.

161. 于贵华，邓起东 . 1995. 利用 GIS 系统建立中国活动构造信息查询分析系统及其应用 . // 中国地理信息系统协会首届年会论文集 . 北京：中国地理信息系统协会 . 254-259.

162. 苏宗正，邓起东，李世俭 . 1995. 三万年来山西临汾盆地古地理环境的变迁 . 山西大学学报（自然科学版）. 18（1）: 87-94.

163. Deng Qidong, Feng Xianyue, Zhang Peizhen, Xu Xiwei, Yang Xiaoping and Peng Sizhen. 1995. Active Tectonics, Paleoearthquakes, and Seismic Risk Assessement in the Tianshan Mountains, Northwestern

China, Collection of Scientific Papers, Problem 2.2 "Seismicity and Seismic Zoning of Northern Eurasia", Branch 2 "Seismicity and Related Processes in the Environment", Federal Research Program of Russia, Global Changes of Environment and Climate, 408-421, Mosscow.

164. Deng Qidong, Wang Yipeng. 1996. The Research of Active Tectonics in China, Dedicated to the 30th International Geological Congress. Achievements of Seismic Hazard Prevention and Reduction in China, Beijing: Seismological Press. 1-25.

165. 邓起东 . 1996. 中国活动构造研究 // 地质论评：42（4）：295-299；中国科学技术文库 . 北京：科学文献出版社 . 626-628.

166. Xu Xiwei, Ma Xingyuan, Deng Qidong, Liu Guodong and Ma Zongjin. 1996. Neotectonics, Paleoseimology and Ground Fissures of the Shanxi(Fen-Wei) Rift System, China, 30th IGC Field Trip T314. Beijing: Geological Publishing House. 1-152.

167. Deng Qidong, Feng Xianyue, Zhang Peizhen, Xu Xiwei, Yang Xiaoping, Peng Sizhen, Yang Jilin. 1996. Active Reverse Fault-fold Zones and Earthquakes along Northern Tianshan. Xinjiang, China, Seismology and Geology, 18, Supp1: .21-37.

168. Peng Sizhen, Deng Qidong, Zhang Peizhen, Feng Xianyue. 1996. Active Thrusting and Folding of the Late Quaternary in the Turpan Basin. Northwestern China, Seismology and Geology, 18, supp1: 61-70.

169. 于贵华，邓起东，邬伦，程承琪 . 1996. 利用 GIS 系统建立中国活动断裂信息咨询分析系统 . 地震地质，18（2）：156-160.

170. 徐锡伟，米仓伸之，铃木康弘，邓起东，汪一鹏，王存玉，竹内章 . 1996. 山西六棱山北麓晚第四纪不规则断裂作用的地貌学研究 . 地震地质，18（2）：169-181.

171. Deng Qidong, Ran Yongkang. 1996. Research of Paleoearthquakes in China, Abstracts or Essays, The Workshop of Paleoseismolgy Organized by ICL and SSB, 30th International Geological Congress, Beijing: China. 6-13.

172. Ran Yongkang, Duan Ruitao, Deng Qidong, Jiao Decheng and Min Wei. 1996. Reseach of Paleoearthquakes by 3-D Trench in Gaowanzi Site, Haiyuan Fault, Gansu Province, Abstracts or Essays, The Workshop of Paleoseismology Organized by ICL and SSB, 30th International Geological Congress, Beijing: China. 41-53.

173. Deng Qidong, Zhang Peizhen, Xu Xiwei, Yan Xiaoping, Peng Sizhen and Fen Xianyue. 1996. Active Tectonics, Paleoearthquakes and Seismic Hazard Assesment of the Northern Piedmont of Tianshan Mountains, North-western China, Abstracts or Essays, The Workshop of Paleoseismology Organized by ICL and SSB, 30th International Geological Congress, Beijing: China. 54-63.

174. Ran Yongkeng, Deng Qidong Yang Xiaoping. 1996. Paleoearthquakes Research on the Seismogenic Fault

in 1679 Sanhe-Pinggu Great Earthquake, Abstracts or Essays, the Workshop of Paleoseismology Organized by ICL and SSB, 30th International Geological Congress, Beijing: China. 78-85.

175. 张培震，邓起东，杨晓平，彭斯震，徐锡伟，冯先岳 . 1996. 天山的晚新生代构造变形及其地球动力学问题 . 中国地震，12（2）: 127-140.

176. 杨晓平，邓起东，冯先岳 . 1996. 北天山吐谷鲁活动逆断裂 – 背斜带几何学、运动学特征研究 . 活动断裂研究，（5）: 42-53.

177. 彭斯震、邓起东、张培震、冯先岳、徐建民 . 1996. 吐鲁番盆地的地震危险性评价 . 活动断裂研究，（5）: 54-62.

178. Deng Qidong, Liao Yuhua. 1996. Paleoseismology along the Range-Front Fault of Helan Mountains, North Central China, Journal of Geophysical Research, 101 (B3): 5873-5893.

179. Deng Qidong, Feng Xianyue, Zhang Peizhen, Xu Xiwei, Yang Xiaoping, and Peng Sizhen. 1996. Paleoseismology of the Northern Piedmont of Tianshan Mountains, Northwestern China, Journal of Geophysical Research, 101 (B3): 5895-5920.

180. Xu Xiwei and Deng Qidong. 1996. Nonlinear Characterristics of Paleoseismicity in China. Journal of Geophysical Rcsearch, 101 (B3): 6209-6231.

181. 冉勇康，段瑞涛，邓起东，焦德成，闵伟 . 1997. 海原断裂高湾子地点三维探槽的开挖与古地震研究 . 地震地质，19（2）: 97-106.

182. 冉勇康，邓起东，杨晓平，张晚霞，李如成，向宏发 . 1997. 1679 年三河 – 平谷 8 级地震发震断层的古地震及其重复间隔 . 地震地质，19（3）: 193-201.

183. 徐锡伟，邓起东，汪一鹏，铃木康弘，米仓伸之，王存玉 . 1997. 日本横手盆地陆羽逆断层系的同震地表破裂特征及其分段性 . 地震地质，19（4）: 321-332.

184. Yang Xiaoping, Deng Qidong, Feng Xianyue, Zhang Peizhen, Xu Xiwei, Li Jun, Zhao Ruibin. 1997. Active Reverse Fault-Fold Zones and the Site Prediction of Large Earthquakes along Northern Tianshan, Xinjiang, China, Inland Earthquake, 11 (4): 361-378.

185. 冉勇康，段瑞涛，邓起东 . 1998. 海原断裂主要活动段的古地震与强震分布特征探讨 . 活动断裂研究，（6）: 42-55.

186. 杨晓平，邓起东 . 1998. 新疆独山子背斜的断裂扩展褶皱作用 . 活动断裂研究，（6）: 66-73.

187. 侯康明，邓起东，刘百篪 . 1998. 冬青顶活动背斜的变形样式 . 变形幅度及形成机理 . 活动断裂研究，（6）: 88-96.

188. 邓起东 . 1998. 活动构造，地球系统科学：中国进展 · 世纪展望 . 北京：中国科学技术出版社 . 325-328.

189. 冉勇康，邓起东 . 1998. 海原断裂的古地震及特征地震破裂的分级性讨论 . 第四纪研究，（3）: 271-

278.
190. Yang Zhongdong, Deng Qidong, Liu Zhi and Yu Guihua. 1998. Madeling Urban Area Earthquake Damage and Loss Estimation in Geographical Informational System, Proceeding of International Conference on Modeling Geographical and Environmental Systems with Geographical Information Systems, I： 323-328.
191. 侯康明，邓起东，刘百篪，韩有珍 . 1998. 1927 年古浪 8 级大震破裂的三维数值理论模拟 . 西北地震学报，20（3）: 59-65.
192. 程绍平，邓起东，闵伟，杨桂枝 . 1998. 黄河晋陕峡谷河流阶地和鄂尔多斯高原第四纪构造运动 . 第四纪研究，（3）: 238-248.
192-1. Shaoping Cheng, Qidong Deng, Shiwei Zhou and Guizhi Yang. 2002. Strath Terraces of Jinshaan Canyon, Yellow River, and Quaternary Tectonic Movements of the Ordos Plateau. North China, Terra Nova, 14 (4): 215-224.
193. Brown, E. T., D. L. Bourles, B. C. Burchfiel, Deng Qidong, Li Jun, P. Molnar, G. M. Raisbeck, F. Yion. 1998. Estimation of Slip Rates in the Southern Tian Shan using Cosmic Ray Exposure Dates of Abandoned Alluvial Fans. Geological Society of America Bulletin, 110, (3): 377-386.
194. 杨晓平，邓起东，张培震，徐锡伟，于贵华，冯先岳 . 1998. 北天山地区活动逆断裂－褶皱带构造与潜在震源区估计 . 地震地质，20（3）: 193-200.
195. 冉勇康，邓起东 . 1999. 古地震学研究的历史、现状和发展趋势 . 科学通报，44（1）: 12-20.
195-1. Ran Yongkang, Deng Qidong. 1999. History, Status and Trend about the Research of Paleoseismology, Chinese Science Bultin, 44 (10): 880-889.
196. Burchfiel, B.C., E.T.Brown, Deng Qidong, Feng Xianyue, Li Jun, P.Molnar, Shi Jianbang, Wu Zhangming, and You Huichuan. 1999. Crustal Shortening on the Margins of the Tien Shan, Xinjiang, China, International Geology Review, 41: 665-700.
197. 邓起东，冯先岳，张培震，杨晓平，徐锡伟，彭斯震，李军 . 1999. 乌鲁木齐山前坳陷逆断裂－褶皱带及其形成机制 . 地学前缘，6（4）: 191-201.
198. 邓起东，程绍平，闵伟，杨桂枝，任殿卫 . 1999. 鄂尔多斯块体新生代构造活动和动力学的讨论 . 地质力学学报，5（3）: 13-21.
199. 侯康明，邓起东，刘百篪 . 1999. 对古浪 8 级大震孕育和发生的构造环境及发震模型的讨论 . 中国地震，15（4）: 339-348.
200. 邓起东 . 1999. 世纪之交的地震地质学回顾与展望 // 中国地震学会成立 20 周年纪会文集 . 北京：地震出版社，11-17.
201. 冉勇康，邓起东 . 1999. 大地震重复特征与平均重复间隔的取值问题 . 地震地质，21（4）: 316-323.
201-1. Ran Yongkang, Deng Qidong. 2000. Characteristic of Large Earthquake Recurrence and Determination of

Average Recurrence Interval Value. Earthquake Research in China, 14 (1): 86-96.

202. 晁洪太，邓起东，李家灵，王志才，满洪敏 . 2000. 第四纪松散沉积物中隐性活断层的显微构造特征 . 地震地质，22（2）: 147-154.

202-1. Chao Hongtai, Deng Qidong, Li Jialing, Wang Zhicai and Man Hongmin. 2002. Study on Active Faults in Quaternary Unconsolidated Sediments by Microstructural Method. Earthquake Researeh in China, 16 (2): 120-126.

203. 邓起东，张培震 . 2000. 史前古地震的逆断层崩积楔 . 科学通报，45（6）: 650-655.

203-1. Deng Qidong, Zhang Peizhen. 2000. Colluvial Wadges Associated with Pre-historical Reverse Faulting Paleoearthquakes. Chinese Science Bulletin, 45 (17): 1598-1603.

204. Min Wei, Zhang Peizheng, Deng Qidong. 2000. Preliminary Study on Regional Paleoearthquake Recurrence Behavior, Active Fault Research for the New Millenium, Proccedings of the Hokudan International Symposium and School on Active Faulting ,edited by Koji Okumura, Keita Takata and Hideaki Goto, 285-288.

205. 程绍平，邓起东，杨桂枝，任殿卫 . 2000. 内蒙古大青山的新生代剥蚀和隆起 . 地震地质，22（1）: 27-36.

206. 闵伟，张培震，邓起东 . 2000. 区域古地震复发行为的初步研究 . 地震学报，22（2）: 163-170.

206-1. Wei Min, Pei-Zhen Zhang, Qi-Dong Deng. 2000. Primary Study on Regional Paleoearthquake Recurrence Behavior. ACTA Seismological Sinica. 13(2):180-188.

207. Hou Kangming, Deng Qidong and Liu Baichi. 2000. Research on the Tectonic Environment and Seismogenic Mechanism of the 1927 Great Gulang Earthquake with M=8.0. Earthquake Research in China, 14 (2): 153-163.

208. 邓起东，冯先岳，张培震，徐锡伟，杨晓平，彭斯震，李军 . 2010. 天山活动构造 . 图片 32 张 . 北京：地震出版社，1-399.

209. 晁洪太，邓起东，李家灵，王志才，满洪敏 . 2001. 郯庐断裂带及其附近地区活动断带带内断层泥的变形类型 . 活动断裂研究，（8）: 82-91.

210. 闵伟，张培震，邓起东，程绍平 . 2001. 强震原地重复模型在板内地震危险性概率评估中的不确定性分析 . 活动断裂研究，（8）: 50-55.

211. Min Wei, Zhang Peizhen, Deng Qidong and Mao Fengying. 2001. Detailed Study of Holocene Paleoearthquakes of Active Haiyuan Fault. Continental Dynamics, 6 (2): 59-66.

212. 闵伟，张培震，邓起东，毛凤英 . 2001. 海原活动断裂带破裂行为特征研究 . 地质论评，47（1）: 75-81.

213. 闵伟，张培震，邓起东 . 2001. 中卫－同心断裂带全新世古地震研究 . 地震地质，23（3）: 357-366.

214. 晁洪太，邓起东，李家灵，王志才，满洪敏 . 2001. 活动断裂带内第四纪松散沉积物的变形类型 .

地震地质，23（3）：399-406.

215. 邓起东，P.Molnar，E.T.Brown，李军，B.C.Burchfiel，冯先岳，杨晓平，沈军 . 2001. 天山南缘北轮台断裂库尔楚段晚第四纪的最新活动和滑动速率 . 内陆地震，15（4）：289-297.

216. 邓起东，闵伟，晁洪太，钟以章 . 2001. 渤海地区新生代构造与地震活动 // 卢演俦，等 . 新构造与环境 . 北京：地震出版社，218-233.

216-1. Deng Qidong, Min Wei, Chao Hongtai, Zhong Yizhang. 2000. Basic Characteristics of Tectonics and Seismicity in the Bohai Sea, China (in English).

217. 晁洪太，邓起东，李家灵，王志才，满洪敏 . 2001. 第四纪松散沉积物中活断层滑动面的显微构造研究方法 . 中国地震，17（4）：349-35.

218. 邓起东 . 2002. 中国活动构造研究的进展与展望 . 地质论评，48（2）：168-177.

219. 邓起东，程绍平，郑德文 . 2002. 中国新构造和活动构造研究的新进展，// 陈毓川 . 中国地质学会 80 周年学术文集 . 北京：地质出版社，212-221.

220. 邓起东，晁洪太，闵伟，钟以章 . 2002. 海域活动断裂探测和古地震研究 . 中国地震，18（3）：311-315.

220-1. Deng Qidong, Chao Hongtai, Min Wei, Zhong Yizhang. 2002. Marine Active Fault Exploration and Paleoearthquake Research. Earthquake Researeh in China, 16 (2): 155-159.

221. 邓起东，张培震，冉勇康，杨晓平，闵伟，楚全芝 . 2002. 中国活动构造基本特征 . 中国科学，D 辑，32（12）：1020-1030+1057.

221-1. Deng Qidong, Zhang Peizhen, Ran Yongkang, Yang Xiaoping, Min Wei, and Chu Quanzhi. 2003. Basic Characteristics of Active Tectonics of China. Science in China (Serries D), 46 (4): 356-372.

222. 邓起东 . 2002. 城市活动断裂探测和地震危险性评价问题 . 地震地质，24（4）：601-605.

223. 张培震，邓起东，张国民，马瑾，甘卫军，闵伟，毛凤英，王琪 . 2003. 中国大陆的强震活动与活动地块 . 中国科学：D 辑 (33)，增刊：12-20.

223-1. Zhang Peizhen, Deng Qidong, Zhang Guomin, Ma Jin, Gan Weijun, Min Wei, Mao Fengying, Wang Qi. 2003. Active Tectonic Blocks and Strong Earthquakes in the Continent of China. Science in China (Series D), 46, Supp., 13-24.

224. 邓起东，徐锡伟，张先康，王广才 . 2003. 城市活动断裂探测的方法和技术 . 地学前缘，10（1）：93-104.

225. 张培震，闵伟，邓起东，毛凤英 . 2003. 海原活动断裂带上的古地震与强震复发规律 . 中国科学，D 辑，33（8）：705-713.

225-1. Zhang Peizhen, Min Wei, Deng Qidong, Mao Fengying. 2005. Paleoearthquake Rupture Behavior and Recurrence of Great Earthquakes along the Haiyuan Fault, Northwestern China. Science in China (Series

D), 48(3): 364-375.

226. 邓起东，张培震，冉勇康，杨晓平，闵伟，陈立春 . 2003. 中国活动构造与地震活动 . 地学前缘，10（特刊）: 66-73.

227. 张培震，王敏，甘卫军，邓起东 . 2003. GPS 观测的活动断裂滑动速率及其对现今大陆动力作用的制约 . 地学前缘，10（特刊）: 81-92.

228. 邓起东，高孟潭，赵新平，吴建春 . 2004. 陆内盆地与强震活动 . 地震学报，26（4）: 343-346.

228-1. Deng Qidong, Gao Mengtan, Zhao Xinping and Wu Jianchun. 2004. Intracontinental Basins and Strong Earthquakes. ACTA Seismologica Sinica, 17 (4): 377-380.

229. 江娃利，邓起东，徐锡伟，谢新生 . 2004. 1303 年山西洪洞 8 级地震地表破裂带 . 地震学报，26（4）: 355-362.

229-1. Jiang Wali, Deng Qidong, Xu Xiwei and Xie Xinsheng. 2004. Surface Rupture Zone of the 1303 Hongtong M=8 Earthquake, Shanxi Province. ACTA Seismologica Sinica, 17 (4): 389-397.

230. 陈国光，徐杰，马宗晋，邓起东，张进，赵俊猛 . 2004. 渤海盆地现代构造应力场与强震活动 . 地震学报，26（4）: 396-403.

230-1. Chen Guoguang, Xu Jie, Ma Zongjin, Deng Qidong, Zhang Jin and Zhao Junmeng. 2004. Recent Tectonic Stress Field and Major Earthquakes of the Bohai Sea Basin. ACTA Seismologica Sinica, 17 (4): 438-446.

231. 程绍平，邓起东，李传友，杨桂枝 . 2004. 流水下切的动力学机制、物理侵蚀过程和影响因素：评述和展望 . 第四纪研究，24（4）: 421-429.

232. 赵俊猛，邓起东，卢造勋 . 2004. 中国西北地区综合地球物理探测研究进展及展望 // 陈运泰，腾吉文，阚荣举，王椿镛 . 中国大陆地震学与地球内部物理学研究进展 . 北京：地震出版社，128-134.

233. 邓起东，陈立春，冉勇康 . 2004. 活动构造定量研究与应用 . 地学前缘，11（4）: 383-392.

234. 徐杰，马宗晋，邓起东，陈国光，赵俊猛，张进 . 2004. 渤海中部渐新世以来强烈沉陷的区域构造条件 . 石油学报，25（5）: 11-16.

235. 尤惠川，邓起东，冉勇康 . 2004. 断层崖演化与古地震研究 . 地震地质，26(1) : 33-45.

236. 杨晓平，邓起东，P.Molnar，E.T.Brown，李军，B.C.Burchfiel，冯先岳 . 2004. 新疆天山南麓库尔楚西北冲洪积扇面的 ^{10}Be 年代，核技术，27(2) : 125-129.

237. 邓起东 . 2005. 活动构造研究及其应用 —— 谨以此文深切悼念先师陈国达院士 . 大地构造与成矿学，29（1）: 17-23.

238. 杨晓平，邓起东，冯希杰 . 2005. 东秦岭内部铁炉子断裂带的最新走滑活动 . 中国地震，21(2) : 172-183.

239. 徐杰，马宗晋，陈国光，龚再升，邓起东，高祥林，张功成，蔡东升，张进，赵俊猛 . 2005. 根据周围山地第四纪地貌特征估算渤海第四纪构造活动幕的发生时间 . 第四纪研究，25（6）: 700-

710.

240. 王志才，邓起东，晁洪太，杜宪宋，石荣会，孙昭民，肖兰喜，闵伟，凌宏 . 2006. 山东半岛北部近海海域北西向蓬莱 – 威海断裂带的声波探测 . 地球物理学报，49（4）: 1092-1101.

240-1. Wang Zhicai, Deng Qidong, Chao Hongtai, Du Xiansong, Shi Ronghui, Sun Zhaomin, Xiao Lanxi, Min Wei, Ling Hong. 2006. Shallow-depth Acoustic Reflection Profiling Studies on the Active Penglai-Weihai Fault Zone Offshore of the Northern Shandong Peninsula, Chinese Journal of Geophysics (ACTA Geophysica Sinica) 49(4): 986-995.

241. 邓起东 . 2006. 张家口 — 蓬莱断裂带 // 赵国敏，加强防震减灾，构建和谐天津 —— 天津市防震减灾 30 年纪念论文集 . 北京：地震出版社，23-29.

242. 徐杰，马宗晋，陈国光，龚再升，邓起东，高祥林，张功成，蔡东升，赵俊猛，张进 . 2006. 渤海湾盆地周围山区第四纪河流阶地的形成时代 // 赵国敏 . 加强防震减灾，构建和谐天津 —— 天津市防震减灾 30 年纪念文集 . 北京：地震出版社，52-57.

243. 王志才，邓起东，杜宪宋，晁洪太，吴子泉，肖兰喜，孙昭民，闵伟，凌宏，杨希海，李长川 . 2006. 莱州湾海域郯庐断裂带活断层探测 . 地震学报，28（5）: 493-503.

243-1. Wang Zhicai, Deng Qidong, Du Xiansong, Chao Hongtai, Wu Ziquan, Xiao Lanxi, Sun Zhaomin, Min Wei, Ling Hong, Yang Xihai, Li Changchuan. 2006. Active Fault Survey on the Tanlu Fault Zone in Laizhou Bay, ACTA Seismologica, Sinica, 19(5):530-541.

244. 邓起东，冉勇康，杨晓平，闵伟，楚全芝 . 2007. 中国活动构造图 . 北京：地震出版社 .

245. 邓起东，卢造勋，杨主恩 . 2007. 城市活动断层探测和断层活动性评价问题 . 地震地质，29（2）: 189-200.

245-1. Deng Qidong, Lu Zaoxun and Yang Zhuen. 2008. Remarks on Urban Active Fault Exploration and Assessment of Fault Activity. Earthquake Research in China, 22(1): 1-14.

246. 杜宪宋，邓起东，王志才，晁洪太 . 2007. 声波探测技术在山东近海活断层探测中的应用 . 国际地震动态，11：1-10.

247. 邓起东，闻学泽 . 2008. 活动构造研究 —— 历史、进展与建议 . 地震地质，30(1):1-30.

247-1. Deng Qidong and Wen Xueze. 2009. A Review on Researches of Active Tectonics – History, Progress and Suggestions, Earthquake Research in China, 23(1):1-27.

248. 杨晓平，邓起东，张培震，徐锡伟 . 2008. 天山山前主要推覆构造区的地壳缩短 . 地震地质，30（1）: 111-131.

249. 邓起东 . 2008. 关于四川汶川 8.0 级地震的思考 . 地震地质，30(4),811-827.

250. 邓起东，高翔，杨虎 . 2009. 断块构造、活动断块构造与地震活动 . 地质科学，44（4）: 1083-1093// 纪念张文佑院士诞辰 100 周年编辑委员会 . 纪念张文佑院士诞辰 100 周年 . 2009. 北京：科学出版社，62-73.

251. 杨晓平，陈立春，李安，杜龙，邓起东 . 2009. 西南天山阿图什背斜晚第四纪的阶段性隆升 . 地学前缘，3：160-170.

252. 邓起东 . 2010. 龙门山及邻区区域活动构造与汶川 8.0 级地震 . 国际地震动态，6：6-7.

253. 邓起东，高翔，陈桂华，杨虎 . 2010. 青藏高原昆仑－汶川地震系列与巴颜喀喇断块的最新活动 . 地学前缘，17（5）：163-178.

254. 邓起东，冯先岳，张培震，徐锡伟，杨晓平，彭斯震，李军 . 2010. 北天山山前逆断裂—褶皱带和吐鲁番中央隆起带活动逆断裂－褶皱带地质图（1：50000）和说明书 . 北京：地震出版社 .

255. 邓起东，陈桂华，朱艾斓 . 2011. 关于 2008 年汶川 8.0 地震震源断裂破裂机制几个问题的讨论 . 中国科学：地球科学，41(11)：1559-1576.

255-1. DENG QiDong CHEN GuiHua ZHU AiLan. 2011. Discussion of Rupture Mechanisms on the Seismogenic Fault of the 2008 M_s8.0 Wenchuan Earthquake，SCIENCEIN CHINA. Earth Sciences，54(9)：1360-1377，doi：10.1007/s11430-011-4230-1.

256. 邓起东 . 2011. 在科学研究的实践中学习和进步——纪念海原大地震 90 周年，为地震预测和防震减灾事业发展而努力 . 地震地质，33(1)：1-14.

256-1. DENG Qidong. 2011. Learning and Progressing Through Scientific Practices-Commemorating the 90th Anniversary of the Haiyuan Earthquake and Working to Improve the Ability of Earthquake Prediction and Seismic Hazard Reduction. Earthquake Research in China, 25(3)：260-273.

257. 邓起东，杨虎 . 2011. 海原地震和海原活动断裂带文献目录 (1920—2011). 地震地质，33(1)：231-239.

258. 邓起东 . 2011. 活动构造大比例尺地质填图和定量研究 // 探索者的足迹 . 北京：地震出版社，157-160.

259. 邓起东 . 2011. 1975 年 2 月 4 日辽宁省海城 7.3 级地震考察 // 探索者的足迹 . 北京：地震出版社，241-243.

260. 邓起东 . 2011. 中国活动构造图 // 探索者的足迹 . 北京：地震出版社，136-137.

261. 邓起东 . 2012. 地震 - 现代构造活动的产物 . 科学中国人，（17）：6-13.

262. 邓起东 . 2012. 一次全球性新的地震活动高潮 . 地震地质，34(4)：545-550.

262-1. Deng Qidong. 2013. New Upsurge in Global Seismicity. Earthquake Research in China, 27(3):282-287.

263. 高翔，邓起东 . 2013. 巴颜喀喇断块边界断裂强震活动分析 . 地质学报，87(1)：9-19.

264. 张培震，邓起东，张竹琪，李海兵 . 2013. 中国大陆的活动断裂、地震灾害及其动力学过程，中国科学：地球科学，43(10)：1607-1620.

265. 徐岳仁，何宏林，邓起东，魏占玉，毕丽思，孙浩越 . 2013. 山西霍山山脉河流地貌定量参数及其

构造意义 . 第四纪研究，33(4)：747-759.

266. 邓起东，朱艾斓，高翔 . 2014. 再议走滑断裂与地震孕育和发生条件 . 地震地质，36(3)：562-573.

267. 邓起东，程绍平，马冀，杜鹏 . 2014. 青藏高原地震活动特征及当前地震活动形势 . 地球物理学报，57(7)：2025-2042.

267-1. Deng Qidong, Cheng Shaoping, Ma Ji, Du Peng, Seismic Activities and Earthquake Potential in the Tibetan Plateau, 57(5):678-697.

268. 高翔，邓起东，陈汉林，洪汉净 . 2014. 则木河断裂带大箐断层枢纽运动的有限元数值模拟研究 . 地球物理学报，57(7)：2138-2149.

269. 邓起东 . 2014. 城市活动断层与地震，活动断层探测的基本概念与方法，第一章 . // 宋新初等编著，城市活动断层探测方法与实践，1-18.

270. 高翔，邓起东，陈汉林，洪汉净 . 2015. 新疆富蕴断裂带枢纽运动的有限元数值模拟研究 . 大地构造与成矿学，39(5):769-779，doi：10.16539/j.ddgzyckx. 2015.05.002.

271. 邓起东 . 2011. 地震地质百科全书：第 5 章：中国地震构造区、带的划分与分区特征（出版中）.

272. 邓起东 . 2011. 地震学百科全书若干专题：构造地震；古地震学；地震断裂带；地震地表破裂带；发震断裂（出版中）.

273. 邓起东 . 2017. 活动构造研究的发展（出版中）.

274. 邓起东 . 1993. 序 // 祁连山 – 河西走廊活动断裂系：1-2. 北京：地震出版社 .

275. 邓起东 . 2005. 抚摸我们的星球 // 乔安娜 · 柯尔 . 神奇的校车 · 地球内部探秘 (1). 成都：四川出版集团 , 四川少儿出版社 ,1.

276. 邓起东 . 2007. 序 // 孙昭民 . 山东省城市自然灾害综合研究 .(1-2). 北京：地震出版社 .

277. 邓起东 . 2009. 序 // 宋和平 . 乌鲁木齐城市活断层探测与地震危险性评价 . 北京；地震出版社 .

278. 邓起东 . 2011. 序 // 柴炽章 . 银川市活动断层探测与地震危险性评价 . 北京：科学出版社 .

279. 邓起东 . 2011. 序 // 云南省地震工程研究院 . 云南第四纪活动断裂与第四纪活动断裂图 . 1-2.

280. 邓起东 . 2012. 序二 // 侯康明 . 南京市活断层探测与地震危险性评价 . 北京：地震出版社 .

281. 邓起东 . 2012. 序 // 杨主恩 . 新疆阿尔泰 - 天山地学断面地质地球物理综合探测和研究 . 北京：地震出版社 .

282. 邓起东 . 2012. 序 // 宁夏回族自治区地震局 . 天景山活动断裂带 . 北京：地震出版社 .

283. 邓起东，汪一鹏 . 2013. 前言 // 八五期间全国主要活动构造带大比例尺地质填图成果：“地质图和说明书”出版前言 . 北京：地震出版社 .

284. 邓起东 . 2013. 序 // 构造物理模拟实验图册 . 北京：科学出版社 .

285. 邓起东 . 2015. 序 // 青藏高原东缘新构造研究专辑 . 地质通报，34 卷 11 期，5-6.

二、研究报告

1. 邓起东，1963，蓟县－遵化山字型脊柱的鉴定及其他问题的讨论，地质部地质力学所地质力学进修班（第一期），结业论文。

2. 中国科学院地质研究所第八室构造力学实验室（马瑾，邓起东），1964，川东南褶曲及其伴生断裂发育规律的初步实验研究，1 — 19。

3. 中国科学院地质研究所、四川石油局、中国科学院兰州地质研究所（关耀武、邓起东等），1965，四川盆地川中“吉祥”试验区及一立场构造裂缝调查研究报告。

4. 津沧地震区地震地质组 [石油部 641 厂，中国科学院地质研究所（邓起东等），地质部华北地质科学研究所，海洋局海洋情报研究所]，1967，华北平原北部地震地质图、水系分析图及其说明－津沧地区地震发展趋势的意见。

5. 中国科学院地质研究所（邓起东、孙焕章），1967，安阳、邯郸、沙河地区地震地质条件及地震活动趋势的初步分析。

6. 中国科学院地质研究所（邓起东、孙焕章），1967，关于邯郸地区基本烈度评价意见，提供建设部门应用。

7. 中国科学院地质研究所（邓起东、孙焕章），1967，关于安阳地区基本烈度评价意见，提供建设部门应用。

8. 中国科学院地质研究所（邓起东、孙焕章），1967，关于沙河渡口地区基本烈度评价意见，提供建设的部门应用。

9. 中国科学院地质研究所（谢瑞征、邓起东等），1968，对北京市城区及近郊区地震基本烈度重新鉴定后的初步意见，提供建设部门应用。

10. 中国科学院地质研究所、山西省科委（常承法、邓起东、吴裕文等），1968，山西太原盆地－临汾盆地地震地质条件及地震发展趋势的初步分析。

11. 中国科学院地质研究所、山西省科委（常承法、邓起东、吴裕文等），1968，关于 151 工程地震基本烈度的意见，提供建设部门使用。

12. 中国科学院地质研究所（应绍奋、邓起东等），1969, 中国东北部十省区地震构造图。

13. 中国科学院地质研究所、山西省科委（邓起东、王克鲁等），1969，山西忻定、大同盆地西南段地震地质条件及地震发展趋势的初步分析。

14. 中国科学院地质研究所、山西省科委（邓起东、王克鲁等），1969，关于 161 工程地震基本烈度的意见，提供建设部门应用。

15. 中国科学院地质研究所、山西省科委（邓起东、王克鲁等），1969，关于 160 工程地震基本烈度的意见，提供建设部门应用。

16. 中国科学院地质研究所、山西省科委（邓起东、王克鲁等），1969，关于京原线原平 — 峨口段地震基本烈度的初步意见，提供建设部门应用。

17. 中国科学院地质研究所（邓起东等），1969，关于河南禹县张堂煤矿地震基本烈度的意见，提供建设部门应用。

18. 中国科学院地质研究所（邓起东等），1969，关于河南永城葛店煤矿地震基本烈度的意见，提供建设部门应用。

19. 中国科学院地质研究所、中国科学院地理研究所（邓起东、谢又予等），1970，山西运城盆地地震地质条件分析及地震发展趋势。

20. 中国科学院地质研究所、中国科学院地理研究所（邓起东、谢又予等），1970，关于山西永济电机厂厂址地震基本烈度的初步意见，提供建设部门应用。

21. 国家地震局地质研究所、中国科学院地理研究所（邓起东、谢又予等），1970，关于河南灵宝地震烈度的意见，提供建设部门应用。

22. 国家地震局四川芦山县长石坝地震宏观调查队（邓起东等），1970，四川省芦山县长石坝地震宏观调查报告。

23. 中国科学院地质研究所（邓起东等），1971，华北地区构造地震带及地震危险区划分，地震地质工作会议资料汇编。

24. 中国科学院地质研究所（邓起东、王克鲁等），1971，山西隆起区断陷地震带地震地质条件及地震危险区的划分，地震地质工作会议资料汇编。

25. 国家地震局全国地震烈度区划编图组（邓起东、张裕明等），1973，关于我国地震带划分的意见。

26. 国家地震局海城地震工作队（邓起东、钟以璋等），1975，辽宁海城 7.3 级地震初步总结（二），地震地质及烈度。

27. 邓起东、王挺梅等，1975，关于辽宁海城地震震源应力场、发震构造和发震过程的讨论，1-38，图 31。

28. 邓起东、向宏发、王挺梅、徐贵忠、徐好民、程绍平，1975，海城地震孕育和发震过程的讨论，1-12，图 2。

29. 邓起东、刘国栋、王挺梅、向宏发、李建国，1975，关于海城地震震源模式的讨论 —— 海城地震研究的几点总的认识，1-18，图 6。

30. 邓起东、钟以璋等，1976，海城地震宏观调查研究。

31. 邓起东、杨承先，1976，对日本 *** 谈话的看法，呈领导部门参考。

32. 中国科学院地质研究所（邓起东），1976，关于我国一些地区近期地震危险性的初步意见，中国科学院地质研究所向国家地震局的报告。

33. 顾功叙、邓起东，1976，联合国教科文组织国际地震危害咨询委员会第一次会议，1-9。

34. 国家地震局全国地震烈度区划编图组（邓起东、张裕明等），1976，中华人民共和国地震区划的原则和方法，1-5。

35. 国家地震局全国地震烈度区划编图组（邓起东、张裕明等），1978，中国地震烈度区划图简介，1978 年全国科技大会展览材料。

36. 邓起东、张裕明、环文林、张鸿生、许桂林、刘一鸣、邓瑞生、李群、杨天锡、范福田，1979，中国地震烈度区划，1-36，图 14。

37. 邓起东、许桂林、范福田、张裕明，1979，中国地震构造的主要特征，1-24，图 4。

38. 邓起东，1980，The principal characteristics of seismology of China，1-3。

39. 邓起东、劳秋元，1980，日本中部主要活动断裂与地震，考察报告，1-18。

40. 邓起东、蒋溥，1981，美国加里福尼亚州南部近年来某些异常与地震的关系及盆地山脉省部分地区的初步观察，考察报告，1-18。

41. 邓起东、张培震，1982，脆性剪切破裂带的几何学研究，1-23，图 1-11。

42. Deng Qidong，Chen Shefa，Song Fangmin，Zhu Shilong，Wang Yipeng，Zhang Weiqi，Jiao Decheng，P. Molnar，B.C.Burchfiel，L.Royden and Zhang Peizhen，1983，The Behavier and Formation Machanism of Nanxihuashan Fault Zone and Haiyuan Earthquake Fault of 1920 in China，1-17，Fig.11

43. 国家地震局地质研究所（宋方敏、朱世龙、汪一鹏、邓起东、张维岐），1983，南、西华山断裂活动特征和 1920 年海原大地震。

44. 邓起东，1983，关于基本烈度和地震区划工作的建议（书面发言），国家地震局大连烈度工作会议，1-5。

45. 邓起东、汪一鹏，1983，美国西部盆地山脉省和加州南部考察总结，考察报告，1-29。

46. Zhang Peizhen and Deng Qidong,1984, Deformational Character of the 1931 Fuyun Earthquake Fault Zone North-western China,1-21, 图 21.

47. 邓起东、汪一鹏，1985，华北地区新生代构造和地震构造基本特征，1-18。

48. 国家地震局地质研究所（汪良谋、邓起东等），1984，华北近期强震危险性判定与强震危险区划分的研究。1-134，图 38。

49. 邓起东、张维岐，1984，赴美地震地质工作小结，1-5。

50. 邓起东，1986，对我国 1977 年地震烈度区划的回顾和分析，1-9。

51. 国家地震局地质研究所（邓起东、徐锡伟、叶文华），1988，山西忻州地区电厂地震基本烈度复核报告，提供建设部门应用。

52. 吴章明、邓起东，1988，1951 年西藏崩错 8 级地震地表破裂带及发震构造，1-6，图 20。

53. Wu Zhangming, Deng Qidong,1988, The Surface Rupture of Beng Co Earthquake (M_S=8.0),1951 in Tibet and Seismologinic Structures,1-17,Fig1-20。

54. 国家地震局地质研究所（方仲景、邓起东等），1988，宝鸡二电厂厂址区断裂活动性和区域稳定性评价，提供建设部门应用。

55. 邓起东，1988，关于山西省原平县梅家庄一带地震基本烈度的咨询意见，提供建设部门应用。

56. 国家地震局地质研究所（邓起东、徐杰、叶文华、蒋溥等），1989，河北黄骅电厂预选厂址区地震基本烈度复核和地震危险性分析工作报告，提供建设部门应用。

57. 国家地震局地质研究所（邓起东、徐杰、李志义、叶文华等），1989，河北省衡水钢管厂冷轧带钢车间八里庄厂址地震基本烈度复核报告，提供建设部门应用。

58. 国家地震局地质研究所（邓起东、蒋溥等），1989，湖南省常德市城区沅江防洪大堤地震危险性分析研究报告，提供建设部门应用。

59. 徐锡伟、马杏垣、邓起东，1989，山西盆地剪切带的形成机制及其地震活动性，地震科学联合基金总结报告。

60. 国家地震局地质研究所（邓起东、蒋溥等），1990，湖南省常德市城区地震小区划研究报告，提供建设部门应用。

61. 国家地震局地质研究所（邓起东、蒋溥、尤惠川等），1990，山西太原钢铁公司尖山铁矿地震基本烈度复核研究报告，提供建设部门应用。

62. 国家地震局地质研究所、新疆自治区地震局（邓起东、冯先岳等），1990，1989年天山活动断裂研究年度报告，1-45，照片22幅，图45。

63. 国家地震局地质研究所，新疆自治区地震局（邓起东、冯先岳等），1990，天山活动断裂填图及研究，1990年度报告，1-40，附图1-5，图59。

64. 国家地震局地质研究所，山西省地震局（邓起东，苏宗正，徐锡伟，王挺梅，安卫平，于之水等），1991，临汾盆地地震构造研究，1-121，图84。

65. 邓起东、徐锡伟，1991，山西活动构造带的地震构造区划，1991年华北地震趋势会商会。

66. 邓起东、叶文华，1991，鄂尔多斯周缘和山西活动构造带的近期地震危险性，1991年，华北地震趋势会商会。

67. 国家地震局地质研究所（徐锡伟、邓起东、叶文华等），1991，山西地震带近期地震形势、地震危险程度及危险区研究，华北地震趋势会商会。

68. 国家地震局地质研究所（邓起东、汪一鹏等），1991，西部石油长输管道（乌鲁木齐－吉利）沿线主干活动断裂勘察和地震烈度分布初步意见，提供建设部门应用。

69. 国家地震局地质研究所（邓起东、汪一鹏等），1991，西部石油长输管道（乌鲁木齐－洛阳）沿线主干活动断裂勘察和地震烈度研究报告，提供建设部门应用。

70. 国家地震局地质研究所，新疆自治区地震局（邓起东、冯先岳等），1991，北天山活动断裂1∶5万地质填图和活动逆断裂与活动褶皱关系研究1991年度工作报告，1-49，附图6，图72。

71. 国家地震局地质研究所（邓起东、方仲景等），1992，陕甘宁气田－北京输气管道地震地质评价初步意见，供建设部门应用。

72. 国家地震局地质研究所（邓起东、方仲景等），1992，陕甘宁气田－北京输气管道沿线主干断裂活动性勘察与地震烈度研究报告，供建设部门应用。

73. 国家地震局地质研究所（邓起东、蒋溥等），1992，内蒙古丰镇电厂工程地震研究初步意见，供建设部门应用。

74. 国家地震局地质研究所（邓起东、蒋溥、胡毓良等），1992，湖南江娅水库地震危险性分析和水库诱发地震研究初步意见，供建设部门应用。

75. 国家地震局地质研究所，新疆自治区地震局（邓起东、冯先岳等），1992，北天山活动断裂 1 ：5 万地质填图和活动逆断裂与活动褶皱关系研究，1992 年度工作报告，1-38，附图 5，图 60。

76. 国家地震局地质研究所，地壳应力所，四川省地震局（邓起东、李克、李天祒等），1992，不同类型活动断裂古地震标志和滑动速率及其年代学对比研究，1-25，图 15。

77. 邓起东，1992，访问日本总结，1-6，图 4，照片 2。

78. 国家地震局地质研究所（邓起东、蒋溥等），1993，内蒙古丰镇电厂地震安全性评价报告，供建设部门应用。

79. 邓起东，1993，西部石油和陕甘宁气田－北京天然气长输管道工程安全评价的活动断裂和地震烈度研究，国家地震局和石油天然气总公司科技合作会议材料。

80. 邓起东，1993，访问日本小结，1-5。

81. 邓起东，1993，关于出席全球地震灾害评估项目（GSHAP）莫斯科地区专题讨论会小结，1-4。

82. 邓起东、闵伟，1988，青藏高原东北边缘断裂带的动力学和运动学模式，1-15，图 7。

83. 国家地震局地质研究所（邓起东、蒋溥、胡毓良等），1993，湖南江娅水库地震安全性评价工作报告，供建设部门应用。

84. 国家地震局地质研究所，新疆自治区地震局（邓起东、冯先岳等），1994，北天山活动断裂 1 ：5 万地质填图和活动逆断裂与活动褶皱关系研究，1993 年工作报告，1-58，附图 5，图 87。

85. 国家地震局 85-02-1-4-2 专题组（邓起东、聂宗笙、冉勇康，李克、方仲景，李天祒、汪一鹏、刘百篪等），1994，不同类型活动断裂古地震标志和滑动速率及其年代学对比研究，1-72，图 57。

86. 国家地震局地质研究所(于贵华、邓起东、汪一鹏),1994，活动断裂数据库研究，1993 年度报告。

87. 邓起东、杨晓平、石鉴邦、李军，1994，1994 年邓起东等访美考察和参加古地震会议工作小结，1-6，图 7。

88. 国家地震局地质研究所，新疆自治区地震局（邓起东、张裕明、冯先岳、蒋溥等），1994，新疆塔里木石油化工厂场地地震安全性评价工作报告，供建设部门应用。

89. 国家地震局地质研究所，新疆自治区地震局（邓起东、张裕明、冯先岳、蒋溥等），1994，新疆－轮库管线泵站地震安全性评价工作报告，供建设部门应用。

90. 邓起东、赵小麟、陈社发，1994，青藏高原东部边界中段的构造活动及动力学，国家八五攀登项目“青藏高原现今岩石圈变动与动力学研究”子课题工作报告。

91. Deng Qidong，Feng Xianyue，Zhang Peizhen，Xu Xiwei，Yang Xiaoping，and Peng Sizhen，1994，Active Tectonics，Paleoearthquakes，and Seismic Risk Assessment in the Tianshan Mountain，Northwestern China，1-9，图 14。

92. 国家地震局地质研究所，新疆自治区地震局（邓起东、张裕明、冯先岳、蒋溥等），1994，新疆塔指库尔勒基地和大二线场地地震安全性评价工作报告，供建设部门应用。

93. 国家地震局地质研究所（邓起东、蒋溥等），1994，新疆察汗乌苏水电工程地震安全性（地震基本烈度和地震危险性分析）评价工作报告，供建设部门应用。

94. 国家地震局地质研究所（邓起东、冉勇康等），1994，河北下花园电厂扩建厂址地震安全性评价工作报告，供建设部门应用。

95. 山西省人民政府，国家地震局山西临汾地区地震区划与防震减灾规划科学技术组（马宗晋、邓起东、刘光勋、尹之潜、孙国学），1994，山西临汾地区地震区划与防震减灾规划。

96. 邓起东等，1994，1994 年访日总结，1-4。

97. 国家地震局地质研究所（于贵华、邓起东、汪一鹏），1995，活动断裂数据库研究，1994 年度报告。

98. 国家地震局 85-02-1-4-2 专题组（邓起东、聂宗笙、刘百篪等），1995，不同类型活动断裂古地震标志和滑动速率及其年代学对比研究，1994 年度工作报告，1-25，图 27。

99. 国家地震局地质研究所、新疆自治区地震局（邓起东、冯先岳等），1995，北天山活动断裂 1 ： 5 万地质填图和活动逆断裂与活动褶皱关系研究，1994 年度工作报告，1-63，附图 2，图 88。

100. 国家地震局地质研究所、江苏省地震局（邓起东、张雪亮等），1995，浙江三门核电厂地震安全性评价工作报告，供建设部门应用。

101. 国家地震局地质研究所、新疆自治区地震局（邓起东、冯先岳、张培震、徐锡伟、杨晓平、彭斯震、杨继林），1995，北天山活动构造，北天山活动断裂 1 ： 5 万地质填图和活动逆断裂与活动褶皱关系研究课题总报告。

102. 邓起东、聂宗笙、刘百篪等，1995，不同类型活动断裂古地震标志和滑动速率及年代学研究报告，1-72，图 62，照片 6。

103. 国家地震局地质研究所（于贵华、邓起东、汪一鹏），1995，中国大陆活动断裂数据库研究。

104. 邓起东，彭斯震等，关于访向俄罗斯科学院地球物理研究所的小结，1-3。

105. 国家地震局地质研究所、新疆自治区地震局（邓起东、张培震、董瑞树、向宏发、叶文华、梁小华、钱瑞华），1996，新疆塔里木化肥厂地震安全性评价工作报告，供建设部门应用。

106. 向宏法，邓起东等，1995，威海市地震小区划近场区及场址区地震地质部分专题工作报告，

1-113，照片 34。

107. 国家地震局地质研究所（邓起东、徐锡伟、杨晓平、叶文华、于贵华），1996，广西玉林 500 kV 变电站场区断层活动性评价和地震烈度复核工作报告，供建设部门应用。

108. 85-02-01-3 课题组（邓起东、刘百篪、冯先岳），1996，西北地区的活动构造与地震危险性评价，“八五”课题总结报告。

109. 85-02-01-4 课题组（邓起东、于贵华、张培震、汪一鹏等），1996，中国大陆地区主要活动构造区活动断裂性状及地震危险性评价，“八五”课题总结报告。

110. 国家地震局地质研究所（邓起东、宋方敏、叶文华等），1997，山东聊城电厂场址地震基本烈度复核及任双庙隐伏断裂探测，供建设部门应用。

111. 国家地震局地质研究所（邓起东、冉勇康等），1998，张家口发电厂沙岭子场址地震安全性评价，供建设部门应用。

112. 国家地震局地质研究所（邓起东、杨晓平等），1998，新疆石油管理局昌吉基地地震安全性评价，供建设部门应用。

113. 邓起东，闵伟，晁洪太、钟以章，2000，渤海地区构造和地震活动基本特征，中日渤海海域活动断层和古地震合作预研究论文。

114. 邓起东，闵伟，晁洪太，钟以章，2000，邓起东等 2000 年访日总结，1-5，图 6。

115. 中国地震局地质研究所（邓起东等），2001，中国大陆活动构造图的编制，中国地震局“九五”重点项目工作报告。

116. 邓起东，2001，中国地震地质学和活动构造学五十年，1-10。

117. Min Wei, Deng Qidong, and Zhang Peizhen, 2001, Active Tectonics in China and Paleoearthquake Recurrence behaviour in the Northeastern Margin of Tibet Plateau, International Conference on Seismic Hazard with Particular Reference to BHUJ Earthquake of January 26, 2001, Organised by Government of India Department of Science and Technology India Meteorological Department, Hosted by Indian Meteorological Society, 3-5 October, 2001, 383-385, New Delhi.

118. 邓起东，2001，大陆内部新生代构造和活动构造及动力学研究，1-4。

119. 邓起东、张长厚，2005，新疆库车前陆盆地构造特征解析及其与油气关系研究，1-77。

120. 中国地震局地质研究所，山东地震局（邓起东、晁洪太、闵伟、王志才等），2005，渤海海域大震区活动断裂探测初步工作报告，地震科学联合基金重点项目（201019）总结报告，1-34。

121. 邓起东，杨主恩，2006，中国及邻近地区主要活动构造，1-73，表 1-16。

122. 北京中地务实地质工程技术有限责任公司（邓起东、卢造勋、杨晓平等），2007，杭州市活动断层探测重大问题及解决办法，咨询报告，1-33。

123. 邓起东，2008，三峡工程区域地质构造背景，1-32。

124. 邓起东，2011，海西地区活动构造环境与地震活动，提交中国工程院重大经济咨询项目“海西经济区生态环境安全与可持续发展研究”下属课题“海西经济区地质灾害的危险度划分与防治对策研究”的研究报告 ,1-15。

125. 邓起东，2012，一次全球性地震活动高潮，地震科技与国际交流，(7)：46-47。

126. 邓起东，2013，昆仑 - 汶川地震系列与巴颜喀喇断块活动 —— 一次新的全球性地震活动高潮和当前地震活动形势，中国地震局地质研究所 2012 年年度报告，20-23。

127. 邓起东，2013，活动构造研究的发展，中国地质学会地质学史专业委员会第 25 届学术年会论文汇编，中国地质学会地质学史专业委员会，中国地质大学（北京）地质学史研究所主编，4-8。

128. 邓起东，陈桂华，朱艾澜，2013，双断坡、坡中槽、捩断层 —— 复杂的汶川地震震源断裂结构及形成机制。

129. 邓起东，2014，活动的喜马拉雅，活动的青藏高原，依然紧迫的地震活动形势，中国地震局地质研究所 2014 年度报告，39-43。

130. 邓起东，程绍平，2015, 青藏高原活动构造与汶川地震的发震构造背景，研究报告，1-64。

三、会议宣读的论文摘要

1. 苗培实、李东旭、邓起东、姜渭南，1963，河北蓟县遵化山字型构造的进一步观察，北京地质学会 1963 年学术年会宣读，北京。

2. 马宗晋、邓起东、吴学益、钟嘉猷，1965，岩石破裂的极限值，刊于《中国地质学会第一届构造地质学术会议论文摘要汇编（地质力学、矿田构造、新构造）》，61-62，北京。

3. 马瑾、邓起东，1965，川东南褶曲及其伴生破裂的初步实验研究，刊于《中国地质学会第一届构造地质学术会议论文摘要汇编（地质力学、矿田构造、新构造）》，65-66，北京。

4. 邓起东，1971，华北地区构造地震带和地震危险区划分，全国地震地质工作会议上宣读，北京。

5. 邓起东，1971，山西隆起区断陷地震带地震地质条件及地震危险区的划分，全国地震地质工作会议上宣读，北京。

6. 邓起东、王挺梅，1976，海城地震孕育和发震过程的讨论，国家地震局海城地震科学讨论会上宣读，北京。

7. State Seismological Bureau of China [Teng Chitung (Deng Qidong), Chang Yuming, Huan Wenlin, Chang Hongsheng, Hsu Kweilin, Teng Ruishang, Liu Yiming, Li Chun, Liu Hangsung, Yang Tianhsi and Fan Futian]. 1976. Principles and Methods Adopted by the People's Republec of China for Seismic Regionalization, Presented for Intergovermental Conference on the Assessment and Mitigation of earthquake Risk, UNESCO, February 1976, Paris.

8. Teng Chitung (Deng Qidong), Chang Yuming, Huan WenLin, Chang Hongsheng, Hsu Kweilin, Teng

Ruisheng, Liu Yiming, Li Chun, Yang Tianhsi and Fan Futian. 1977. Some Characteristics of Seismicity and Seismotectonics of China, Joint General Assemblies, International Associations of Seismology and Physics of the Earth's Interior, Volcanology and Chemistry of the Earth's Interior, 1977, Durham.

9. 邓起东、许桂林、范福田、张裕明、于霞芳，1979，中国地震构造的主要特征，第一次全国地震科学学术讨论会论文摘要汇编，56，中国地震学会，北京。

10. 蒋溥、邓起东，1979，海城－唐山地震的异常场演化和孕育的构造力学条件，第一次全国地震科学学术讨论会论文摘要汇编，58，中国地震学会，北京。

11. 邓起东、张裕明、环文林、张鸿生、许桂林、刘一鸣、邓瑞生、李群、杨天锡、范福田，1979，中国地震烈度区划图，第一次全国地震科学学术讨论会论文摘要汇编，190，中国地震学会，北京。

12. Deng Qidong. 1980. The Principal Characteristics of Seismogeology of China, Presented for Symposium of Tectonophysical Society of Japan, November 1980, Japan.

13. 邓起东、王景钵，1981，板块内部大地震活动的一些特征及其发震形势的估计，中国地震大形势讨论会上宣读，1981，甘肃兰州。

14. 邓起东、张培震，1982，走滑断层的枢纽运动与大地震，中国八级地震学术讨论会上宣读。

15. Deng Qidong, Chen Yihui, Wang Jingbo, Jiang Pu, Wang Yipeng, Xiang Jiacui and Wang Chunhua. 1982. Some Seismotectonic Features of the North China Fault Block Region and their Dynamic Model, Presented at the International Symposium on Continental Seismicity and Earthquake Prediction, Bingjing.

16. Deng Qidong, Song Fangmin, Zhu Shilong, Li Mengluan, Wang Tielin, Zhang Weiqi, B.C.Burchfiel, P.Molnar, and Zhang Peizhen. 1984. Active Faulting and Tectonics of the Ningxia-Hui Autonomous Region, China, Abstracts for the Internatioal Symposium on Recent Crustal Movements of the Pacific Region, 10, The Royal Society of New Zealand, Wellington, New Zealand.

17. Deng Qidong and Zhu Shilong. 1984. The Holocene Active Evolution of Eastern Helan Shan Fault in Ningxia Hui Autonomous Region of China, Abstracts for the International Symposium on Recent Crustal Movements of the Pacific Region, 11, The Royal Society of New Zealand, Wellington, New Zealand.

18. Burchfiel, B.C., P.Molnar, Zhang Peizhen, Zhang Weiqi and Deng Qidong, 1984, Haiyuan and Related Faults of the Ningxia Autonomous Region and the Northeastern Boundary of the Tibetan Plateau,《Himalayan Geology International Symposium Abstracts》, Organizing Committee of the International Symposium on Geology of the Himalayan, China, 59-60, Chengdu, China.

19. 廖玉华、张维歧、邓起东、汪一鹏，1984，贺兰山东麓、南西华山北麓断层全新世活动历史和地震重复周期的初步研究，中国地震学会第二届代表大会暨学术年会论文摘要汇编，9，北京。

20. Deng, Q.D., and You, H.C.. 1985. The Tectonic Activity and its Formation Mechanism of the Fault Depression Zone around Ordos (Abstracts), In: International Symposium on Deep Internal Processes and

Continental Rifting (DIPCR), China Academic Publishers, 31, Beijing.

21. Deng Qidong, Chen Shefa Song Fangmin, Zhu Shilong, Wang Yipeng, Zhang Weiqi, Jiao Decheng, B.C.Burchfiel, P.Molnar, L.Royden and Zhang Peizhen. 1985. Variations in the Geometry and Amount of Slip on the Haiyuan Fault Zone, China and the Surface Rupture of the 1920 Haiyuan Earthquake, Presented at the Fifth Maurice Ewing Symposium, on the Subject,《Earthquake Source Mechanics》, at Arden House, Harriman, New York, U.S.A.

22. Deng Qidong and You Huichuan. 1985. The Tectonic Characteristics and Forming Mechanism of the Faulted Basin Zones around Ordos Block, Presented for the International Symposium on the Deep Interior Process and Continental Rifting, 1985, Chengdu, China.

23. 邓起东，1986，对 1977 年我国地震烈度区划的回顾与分析，国家地震局第三代中国地震区划工作论证会上宣读，北京。

24. Burchfiel, B.C., Zhang Peizhen, P.Molnar, L.Royden, Wang Yipeng, Song Fangmin, Deng Qidong, Zhang Weiqi and Jiao Decheng. 1987. Geology of the Southern Ningxia Autonomous Region, China, and its Relationship to the Evolution of the Northeastern Margin of the Tibetan Plateau, Geological Society of America, 1987 Annual Meeting and Exposition, Abstracts with Programs, 606, Phexnix, Arizona, U.S.A.

25. Deng Qidong. 1987. Features of Active Faults and Crustal and Upper Mantle Structure in China, Geological Society of America, 1987 Annual Meeting and Exposition, Abstracts with Programs, 640, Phexnix, Arizona, U.S.A..

26. Deng Qidong. 1992. The Research of the Active Haiyuan Fault Zone, China, its Paleoseismisity and 1920 Haiyuan Earthquake (M=8.6), Abstracts of 29th International Geological Congress, 74, Kyoto, Japan.

27. Deng Qidong, Xu Xiwei. 1992. The Research of 1303 Hongdong Earthquake (M=8) and Active Huoshan Fault, Shanxi Province, China, and its Paleoseismicity, Abstracts of 29th International Geological Congress, 923, Kyoto, Japan.

28. Xu Xiwei, Ma Xingyuan and Deng Qidong. 1992. Neotectonic Activities along the Shanxi Rift System, China, Abstracts of 29th International Geological Congress, 924, Kyoto, Japan.

29. 邓起东，1992，活动断裂研究的进展和方向，第二届全国活动断裂学术讨论会论文摘要汇编，114，北京。

30. 邓起东、徐锡伟，1992，中国大陆活动断裂的分区特征及其成因，第二届全国活动断裂学术讨论会论文摘要汇编，1，北京。

31. 邓起东、于贵华，1992，我国和东亚地区地震地表破裂带特征与现代构造活动，第二届全国活动断裂学术讨论会论文摘要汇编，1，北京。

32. 吴章明、曹忠权、申屠炳明、邓起东，1992，念青唐古拉山东南麓断层的分段性，第二届全国活动断裂学术讨论会论文摘要汇编，60，北京。

33. Deng Qidong and Xu Xiwei. 1993. Modern Crustal Movement in China Relected by Active Tectonics and Earthquake Ruptures, Presented at the Eighth Internatonal Symposium on Recent Crustal Movement (CRCM'93), Kobe, Japan.

34. Deng Qidong, Feng Xianyue, Zhang Peizhen, Xu Xiwei, Yang Xiaoping and Peng Sizhen. 1993. Active Tectonics, Paleoearthquake, and Seismic Risk Assessment in the Tianshan Mountain, Northwestern China, Present at the Workshop of GSHAP at Mosscow.

35. Deng Qidong, Feng Xianyue, Zhang Peizhen, Xu Xiwei, Yang Xiaoping and Peng Sizhen. 1994. Paleoseismology in the Nothern Piedmont of Tianshan Mountain, Northwestern China, Presented at the ICL-USGS Workshop on Paleoseismology Held at Marshall, California, U.S.A.

36. Deng Qidong, Liao Yuhua. 1994. Paleoseismology along the Range-front Fault of Helan Mountains, North Central China, Presented at the ICL-USGS Workshop on Paleoseismology Held at Marshall, California, U.S.A.

37. 邓起东、张培震、冯先岳、徐锡伟、杨晓平、彭斯震、赵瑞斌，1994，根据活动构造和古地震研究评价北天山的地震危险性，中国地震学会第五次学术大会论文摘要集，庆祝中国地震学会成立十五周年，地震出版社，122，北京。

38. Deng Qidong. 1995. Active Tectonics in China, Presented at XI Course of the International School on Solid Earth Geophysics, Active Faulting Studies for Seismic Hazard Assessment, held at Erice-Sicily, Italy.

39. 马宗晋、邓起东、杨忠东，1995，地理信息系统在防震减灾中的应用，1995 年国家科委 GIS 及应用研讨会上宣读，北京。

40. 米仓伸之、铃木康弘、竹内章、邓起东、徐锡伟、汪一鹏、王存玉、苏宗正，1995，中国山西地沟带北部六棱山北麓断层とその第四纪后期における活动，日本地理学会予稿集，47: 50-51，日本地理学会。

41. 竹内章、米仓伸之、铃木康弘、邓起东、汪一鹏、徐锡伟、王存玉、苏宗正，1995，山西地沟带北部六棱山北麓における活断层および割扎目火山の分布と应力场，日本地质学会第 102 年学术大会讲演要旨，119-120，日本地质学会。

42. 铃木康弘、米仓伸之、竹内章、邓起东、徐锡伟、王存玉、苏宗正、汪一鹏，1995，中国北部六棱山北麓断层第四纪末期における断层活动と古地震の活动时期，地球疑惑星科学关连学会合同大会予稿集，40-41，日本地震学会，日本火山学会，日本测地学会，日本地球化学会，日本惑星科学会。

43. Deng Qidong. 1996. Pull-apart Basins within the Strike-slip Fault Zone and Pivotal Movement along the Fault, Abstracts of 30th International Geological Congress, 313, Beijing, China.

44. Deng Qidong, Feng Xianyue, Zhang Peizhen, Xu Xiwei, Yang Xiaoping, Peng Sizhen and Yang Jining.

1996. Active Tectonics of Northern Tianshan Mountains, Chinese Central Asia, Abstraacts of 30th International Geological Congress, 151, Beijing, China.

45. Peng Sizhen, Deng Qidong, Zhang Peizhen and Feng Xianyue. 1996. Late Quaternary Sedimentation Pattrens, Active Thrusting and Folding and Earthquakes Hazards Within the Turfan Basin, Northwestern China, Abstracts of 30th International Geological Congress, 152, Beijing, China

46. 邓起东，1997，北天山古地震和地震危险性，古地震与地震危险性评价讨论会论文摘要汇编，青海西宁。

47. 冉勇康、邓起东，1997，古地震学的历史、现状及发展趋势，古地震与地震危险性评价讨论会论文摘要汇编，青海西宁。

48. 邓起东，1998，严格要求、加强训练、锐意创新、培养人才，中国地震局研究生恢复招生20周年纪念与表彰会议宣读，北京。

49. 邓起东、P.Molnar、杨晓平、张培震、李军、冯先岳、徐锡伟，1998，天山北麓晚更新世－全新世阶地褶皱变形，中国地震学会第七次学术大会论文摘要集，39，地震出版社，江西井岗山。

50. 冉勇康、邓起东，1998，大地震危险性评价工作中古地震平均重复间隔取值问题，中国地震学会第七次学术大会论文摘要集，39，地震出版社，江西井岗山。

51. 邓起东、程绍平、闵伟、杨桂枝、任殿卫，1999，鄂尔多斯块体新生代构造活动和动力学，大陆构造及陆内变形暨第六届全国地质力学学术讨论会宣读，北京。

52. 邓起东，1999，进入新世纪的地震地质学，进入21世纪的地震地质学发展方向研讨会上宣读，贵州贵阳。

53. 冉勇康、邓起东，1999，大地震重复行为及强震平均重复间隔的取值问题，第三届海峡两岸地震科技研讨会报告。

54. 邓起东，2000，新编中国活动构造图，中国地震学会第八次学术大会论文摘要集，49，地震出版社，四川成都。

55. 邓起东、徐杰、闵伟，2000，华北东部盆地区新生代构造活动和动力学，中国地震学会第八次学术大会论文摘要集，52，地震出版社，四川成都。

56. 邓起东，2000，中国活动构造研究的进展与展望，中国构造地质学发展的回顾与展望学术讨论会主题发言论文摘要，12-17，北京昌平。

57. Min Wei, Deng Qidong, and Zhang Peizhen. 2001. Active Tectonics in China and Paleoearthquake Recurrence behaviour in the Northeastern Margin of Tibet Plateau, International Conference on Seismic Hazard with Particular Reference to BHUJ Earthquake of January 26, 2001, Organised by Government of India Department of Science and Technology India Meteorological Department, Hosted by Indian Meteorological Society, 3-5 October, 2001, 383-385, New Delhi.

58. 邓起东、闵伟、晁洪太、钟以章，2001，海域活动断裂探测和古地震研究，大城市活动构造探测与近海海域地震地质和地球物理学术讨论会，1-3，杭州。

59. 邓起东、徐锡伟、江娃利、谢新生，2003，1303年山西洪洞8级地震地壳破裂带，1303年山西洪洞8级地震暨陆内盆地与强震活动研究论文摘要。

60. 邓起东，2003，活动盆地与强震活动，1303年山西洪洞8级地震暨陆内盆地与强震活动研究论文摘要。

61. 邓起东，2003，进一步做好定量活动构造学研究，为减灾、公工程安全和地球动力学研究服务，二十一世纪初构造地质学发展战略学术研讨会论文摘要，13-14，西安。

62. 邓起东，2004，活动构造及其应用，中国科学院院士大会学术报告汇编，122-128，北京。

63. 邓起东，2004，活动构造研究，南京大学报告会，南京。

64. 邓起东，2004，活动构造研究，浙江大学报告会，杭州。

65. 邓起东、杨晓平，2004，新疆天山与台湾中央山脉前陆盆地的活动构造与地震，2004年海峡两岸防震减灾学术研讨会论文摘要集，3，福建泉州。

66. 邓起东，2006，我国火山工作的主要进展和今后工作建议，长白山火山研讨会会议小结，吉林，长白山市，2006.8.28-31。

67. 邓起东、袁道阳，2006，青藏高原北部活动构造，青藏高原东北缘冲断构造与油气勘探研讨会，中国石油总公司与浙江大学主办，2006.10，浙江杭州市。

68. 邓起东、闻学泽，2008，活动构造研究——历史、发展与建议，活动构造学、新构造学与地震危险性评价学术讨论会，山东泰安市，2008.4.18-23。

69. 邓起东，2008，关于四川汶川8级地震——灾害、发震构造及反思，五大连池火山学术研讨会，中国地震局举办，黑龙江省五大连池市，2008.8.26-29。

70. 邓起东，2008，四川汶川8级地震——地震灾害与发震构造，第二届废物地下处置学术研讨会，中国岩石力学与工程学会废物地下处置专业委员会主办，甘肃敦煌市，2008.9.24-27。

71. 邓起东，2008，关于四川汶川地震的思考，中国地质学会构造地质与地球动力学专业委员会，第四届全国构造会议论文摘要集，401-402，北京，2008.10.7-12。

72. 邓起东，2009，2008年汶川8.0级地震震源断裂的破裂机制，纪念李四光诞辰120周年暨李四光地质科学奖成立20周年学术研讨会会议论文摘要集2009.10.26-28，北京，164-165。

73. 邓起东，2009，断块构造、活动断块构造与地震活动，张文佑院士诞辰100周年纪念会和学术报告会宣读。

74. 邓起东、陈立春、冉洪流，2009，鄂尔多斯地区活动构造与地震活动，2010年度全国地震大形势会商会宣读，2009.11.10-11，北京。

75. 邓起东，2010，龙门山及邻区区域活动构造与汶川8.0级地震，海峡两岸汶川地震专题研讨会宣读，海峡两岸汶川地震专题研讨会摘要汇编，4-5，成都：2010.1.8-12。

76. 邓起东，2010，2008 年四川汶川 8.0 级地震和 2010 年青海玉树 7.1 级地震，地球科学前沿国际研讨会暨 2010 年国际中国地球科学促进会年度会议论文摘要，68-69，大会特邀报告，杭州。

77. 邓起东，2010，在实践中学习与进步 —— 纪念海原大地震 90 周年，为地震预测和防震减灾事业发展而努力，纪念海原地震 90 周年学术研讨会摘要汇编，1-2，宁夏海原。

78. 邓起东，2011(05，12)，与孩子们谈谈活动断裂与地震，在中国地震局地质研究所报告厅。

79. 邓起东，2011，一次新的全球大地震活动高潮，中国地震局科技委四川行报告会。

80. 邓起东，2012，活动构造研究，陈国达院士诞辰 100 周年纪念会暨陈国达学术思想研讨会宣读。

81. 邓起东，2012，地震 —— 现代构造活动的产物，院士讲地灾高峰论坛上宣读。

82. 张培震、李海兵、邓起东，2012，中国大陆的活动断裂、地震灾害及其动力学过程，中国科学院学部“中国（东亚）大陆构造与动力学”科学与技术前缘论坛宣读，摘要文集，24-25。

83. 邓起东，2013，一次新的全球性大地震活动高潮 —— 兼谈加强地质环境环评工作，南开大学报告会。

84. 邓起东，2013，昆仑 - 汶川地震系列与全球地震活动高潮，地学前缘学术年会，中国地质大学（北京）报告会。

85. 邓起东，2013，昆仑 - 汶川地震系列与全球最新地震活动高潮，青藏高原大讲堂第六讲，中国科学院青藏高原研究所。

86. 邓起东，2013，活动构造研究的发展，中国地质学会地质学史专业委员会第 25 届学术年会论文汇编，4-8。

87. 邓起东，江娃利，雷建设，2014，关于东南沿海地震带的一些新认识，广东省地震局。

88. 邓起东，2014，追逐昆仑 - 汶川地震系列的我们应该做什么？怎么做？中国地震局地质研究所报告会，北京。

89. 邓起东，2014，活动构造与地震，桂林理工学院报告会。

90. 邓起东，2014，中国活动构造基本特征，中国地球物理勘测中心报告会。

91. 邓起东，2015，活动的喜马拉雅，活动的青藏高原，依然紧迫的地震活动形势，在中国科学技术信息研究所报告。

92. 邓起东，2015，青藏高原活动构造与近期地震活动，防灾技术学院报告。

93. 邓起东，2015，活动构造研究的发展，防灾技术学院报告。

94. 邓起东，2015，青藏高原活动构造与地震活动，北京大学报告。

95. 邓起东、程绍平，2015，青藏高原活动构造与汶川地震的发震构造背景，中国地质科学研究院，北京。

四、短文及其他

1. 邓起东，1964，希尔斯教授来我国访问，地质论评，22（6）：489-490。

2. 中国地震学会地震地质专业委员会（邓起东），1983，地震地质现状和发展方向讨论会在南京召开，地震地质，5（3）：80。

3. 邓起东，1983，地震出版社 1982 年出版的《中国活动断裂》评介，国际地震动态，(9)：28-29。

4. 邓起东，1990，第二次全国水库诱发地震学术讨论会小结，湖北地震会议，湖北省地震学会，武昌。

5. 邓起东，1991，活动断裂专题研究与大比例尺地质填图，中国地震报，161。

6. 士恒（邓起东），1995，中美、中日天山和山西高原六棱山活动构造合作研究，活动断裂研究，（4）：201。

7. 邓起东，1998，严格要求，加强训练，锐意创新，培养人才，中国地震局研究生教育 20 年文集，中国地震局人才教育司，80-82。

8. 邓起东，1999，科学之光照亮新的世纪，万丈光芒中定有你的贡献！《千年寄语》，中国地震局地质研究所。

9. 邓起东，2000，追思与怀念：搏击者之路——黄培华教授著作选，195-196，北京：地震出版社。

10. 邓起东，2001，《天山活动构造》简介，活动断裂研究，（8）：171。

11. 邓起东，2005，陈国达院士的创新思维与地洼学说，科学时报，2005 年 4 月 21 日，总第 3435 期，B2 版。

12. 邓起东，2007，求索——我的科研工作前三十年，《三湘院士自述》，52-56。

13. 邓起东，2009，活动构造定量研究及应用，足迹——我国野外科技工作六十年回顾与展望，典型案例，交中华人民共和国科学技术部。

14. 邓起东，2012，要从灾害链角度看待地震，中国科学通报，2012 年 7 月 12 日，中国科学院院士工作局《学部通讯》，2012 年 7 月，24-26。

15. 邓起东，2013，地球一直在颤抖，科学家讲故事，给每个人触碰尖端科学的机会，《青年科学》，4-8。

16. 邓起东，2015，祝《国际亚洲地质图》成功（1 ： 5000000），任纪舜主编，北京：地震出版社。

17. 邓起东，2013，昆仑 - 汶川地震系列与巴颜喀喇断块活动——一次新的全球性地震活动高潮和当前地震活动形势，中国地震局地质研究所 2012 年报，20-23。

奖励：科学技术奖和荣誉奖

科学技术奖

1. 海原活动断裂带 . 国家科技进步奖评审委员会，国家科技进步奖二等奖，1992.11，主持人，排名第一，证书号：矿 -2-006-01，奖章一枚；台湾地质学者毕庆昌先生（1911 — 2001）生前来函对《海原活动断裂带》一书的评价为：“全书中有不少处为我当年所未见，所不知，这些使我数十年来始终感到疑难之处都得到解答，受益不浅，快慰非常。”“您这本巨著在今后数十年内一定会被公认为范本，並被奉为经典。”“此信由认真的读者写寄可敬的作者，藉以表达他由衷的钦佩。他日在学问上倘遇将信将疑之处，当函请为我解惑。”

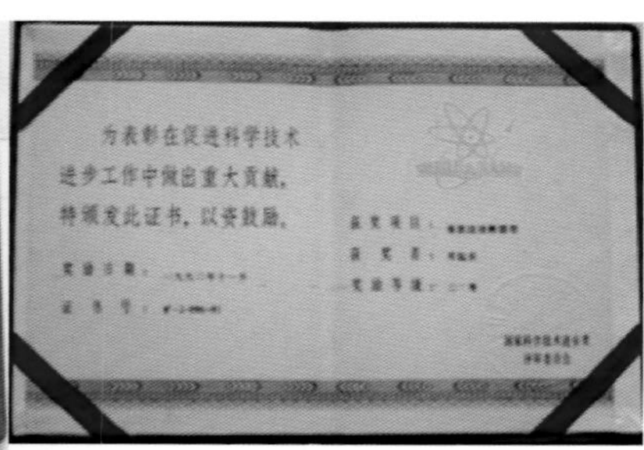

2. 海原活动断裂带 . 国家地震局 1991 年度科技进步奖一等奖，1991.10.23，主持人，排名第一，证书号：912801。

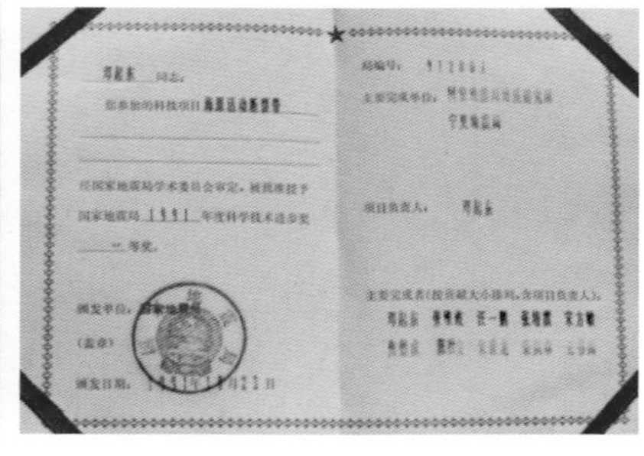

3. 鄂尔多斯周缘断陷盆地带现今活动性特征及其与大地震复发关系的研究，国家科技进步奖评审委员会，国家科技进步奖二等奖，1991.11，前期主持人，后期因病转为第二负责人，排名第二，证书号：矿 -2-007-02 号，奖章一枚。

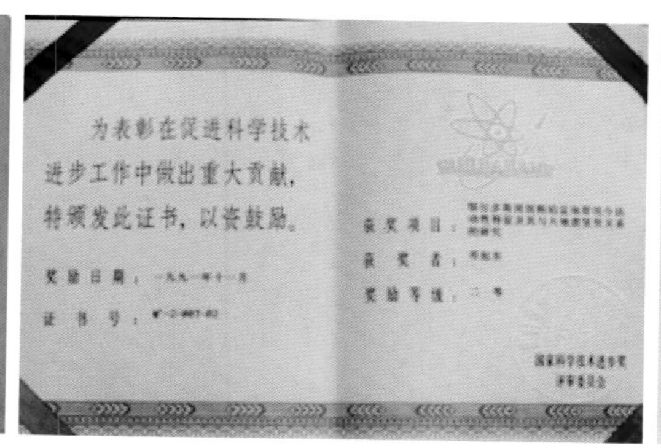
为表彰在促进科学技术进步工作中做出重大贡献，特颁发此证书，以资鼓励。

奖励日期：

证书号：

获奖项目：

获奖者：

奖励等级：

国家科学技术进步奖评审委员会

4. 鄂尔多斯周缘活动断裂专著和鄂尔多斯活断层录像片，国家地震局 1990 年度科学技术进步奖二等奖，1990.11.2，前期主持人，后期因病转为第二负责人，排名第二，证书号：902801 号。

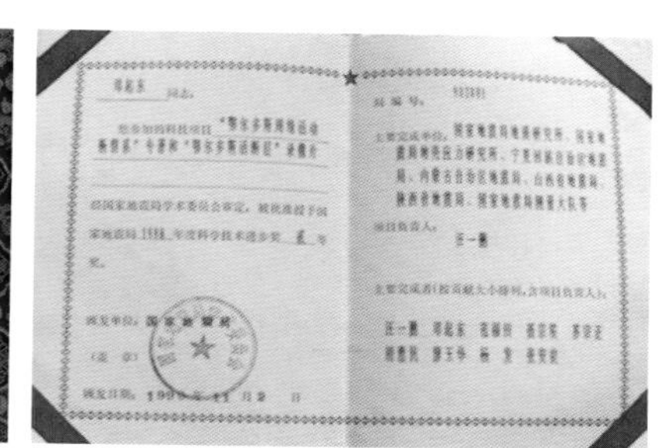

证书

获奖项目：

获奖单位：

奖励等级：

奖励日期：

证书号：

5. 富蕴地震断裂带. 国家科技进步奖评审委员会，国家科技进步奖三等奖，1989.7. 主要参加人，无排名，证书号：矿 -3-008-03 号。

6. 富蕴地震断裂带. 国家地震局 1988 年度科学技术进步奖一等奖，1988.12.2，主要参加人，排名第 7，证书号：880112 号。

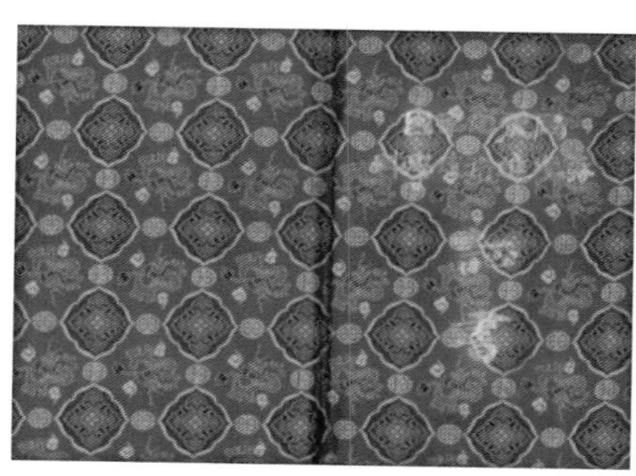

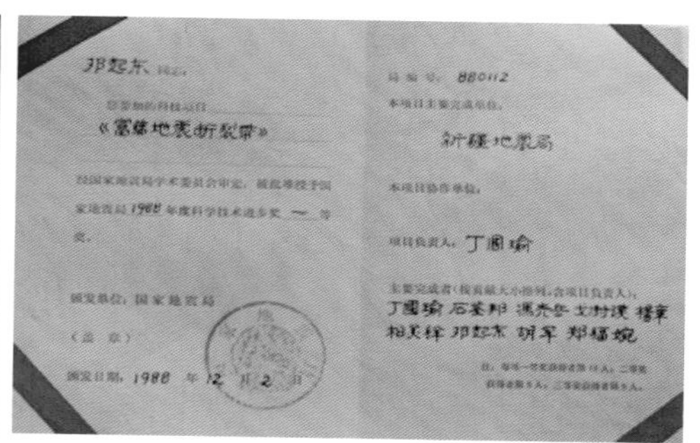
邓起东 同志：

《富蕴地震断裂带》

颁发单位：国家地震局

（盖章）

颁发日期：1988 年 12 月 2 日

局编号：880112

新疆地震局

项目负责人：丁国瑜

丁国瑜 石美邦 冯先岳 王树理 杨章 相关林 邓起东 胡军 郑福暇

7. 山西临汾地区地震区划与防震减灾规划，国家地震局科学技术进步奖一等奖，1995.10.27，第二主持人，排名第二，证书号：952803 号。

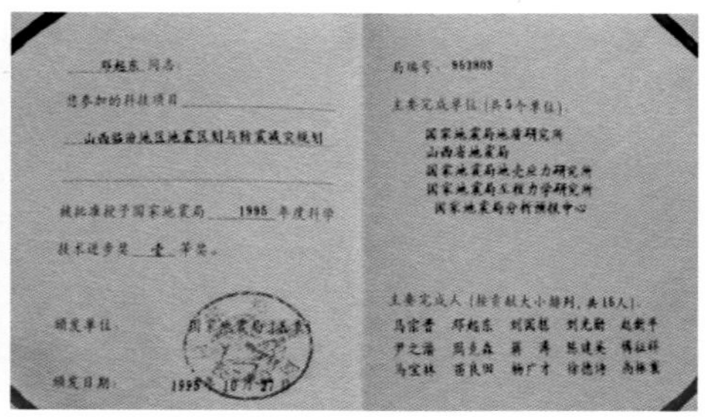
邓起东 同志：
您参加的科技项目
山西临汾地区地震区划与防震减灾规划
被批准授予国家地震局 1995 年度科学技术进步奖 壹 等奖。
颁发单位：
颁发日期：
局编号：952803
主要完成单位（共5个单位）：
国家地震局地质研究所
山西省地震局
国家地震局地壳应力研究所
国家地震局工程力学研究所
国家地震局分析预报中心
主要完成人（按贡献大小排列，共15人）：

8. 城市活动断层探测技术体系及其应用，2014 年获中国地震局防震减灾科学成果一等奖，排名第七，颁发单位：中国地震局，颁发日期：2015.1.14，成果编号：2014003。

证书
成果编号：2014003

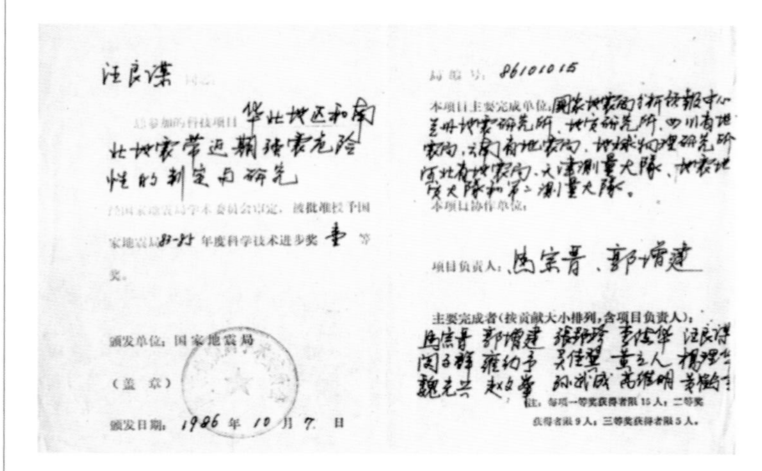
汪良谋 同志：
您参加的科技项目 华北地区和南北地震带近期强震危险性的判定与研究
经国家地震局科学技术委员会审定，被批准授予国家地震局 83-85 年度科学技术进步奖 壹 等奖。
颁发单位：国家地震局
（盖章）
颁发日期：1986 年 10 月 7 日
局编号：86101015
本项目主要完成单位：
本项目协作单位：
项目负责人：马宗晋、郭增建
主要完成者（按贡献大小排列，含项目负责人）：
注：每项一等奖获得者限 15 人；二等奖获得者限 9 人；三等奖获得者限 5 人。

9. 华北地区和南北地震带近期强震危险性的判定与研究，国家地震局 1983 — 1985 年度科学技术进步奖一等奖，主要参加者，无排名，1986.10.7 发证，证书号：86101015 号。

10.《青藏高原地震活动特征及当前地震活动形势》[地球物理学报，2014，57(07)：2025-2042]，荣获二〇一七年“陈宗器地球物理优秀论文奖”，中国地球物理学会二〇一七年十月十四日授予。F5OOO（领跑者 5000）中国精品科学期刊顶尖学术论文。该论文被评为 2016 年度 F5000 论文，中国科学技术信息研究所，2017.10.21。论文作者：邓起东、程绍平、马冀、杜鹏。机构：中国地震局地质研究所。

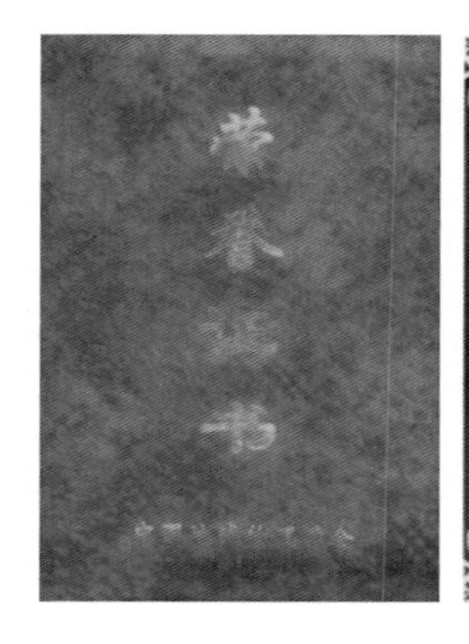

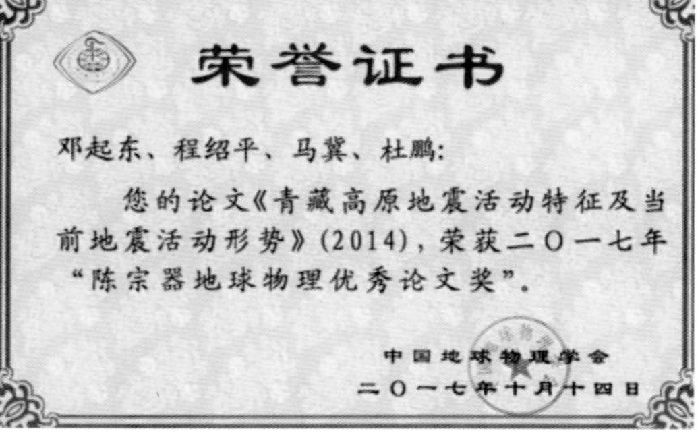
荣誉证书
邓起东、程绍平、马冀、杜鹏：
您的论文《青藏高原地震活动特征及当前地震活动形势》（2014），荣获二〇一七年“陈宗器地球物理优秀论文奖”。
中国地球物理学会
二〇一七年十月十四日

11. 中国地震烈度区划综合研究，国家地震局 1983 科技进步奖二等奖，主持人，排名第一，1983.7.18，证书号：7904；中国地震烈度区划的综合研究，1978 年全国科学大会奖，主持人，排名第一，奖状编号：0013482 号，1978。

12. 天山活动构造与地震危险性评价，2002 年度中国地震局防震减灾优秀成果，二等奖，主持人，排名第一，2002.10.30，证书号：200212801 号。

13. 中长期地震预测新方法及其应用研究，2003 年度中国地震局防震减灾优秀成果奖，二等奖，2003.11.12，排名第七，证书号：200312902 号。

14. 山东半岛北部近海地震区划，山东省 2008 年科学技术进步奖，二等奖，排名第三，2009.1.7 颁发，证书号：JB2008-2-53-3 号。

15. 断层崖研究及海原地震断层位移分布，1986 年国家地震局科技进步奖三等奖，主持人，排名第一，编号；86201010 号。

16. 石油天然气长输管道工程安全评价中的活动断层研究，1994 年国家地震局科技进步奖三等奖，主持人，排名第一，1994.10.27，编号：942803 号。

17. 西藏中部活动断层，1994 年国家地震局科技进步奖三等奖，排名第四，1994.10.27 发文，编号；942802 号。

18. 3 万年来临汾盆地古地理环境研究，1996 山西省科技进步奖三等奖，主持人之一，排名第二，山西省科学技术进步奖评审委员会，1996.10，编号：963125 号。

19. 山西裂谷系的新构造活动特征、地震活动性、地质灾害及其形成机制，1997 年国家地震局科技进步奖三等奖，主持人之一，排名第二，国家地震局，1997.9.17，编号：9712807 号。

20. 第四纪地层中活断层的显微构造标志、隐性活断层及其应用研究，2003 年山东省科技进步奖三等奖，山东省科学技术奖励委员会，排名第二，2003.11，编号：K2003-3-250-2 号。

21. 京津和华北地区地震地质研究，1978 年全国科学大会奖，主持人，排名第 1，奖状编号：0013482 号，1978。

22. 中国活动性构造与强震震中分布图（1 ∶ 300 万），1978 年全国科学大会奖，主持人，排名第一，奖状编号：0013482 号，1978。

23. 华北近期强震危险性判定与强震危险区划分研究，国家地震局《地震预报方法清理及近期强震危险性判定研究》科学技术专项奖，一等奖，排名第二，国家地震局，1985.7.26。

24. 华北地区新生代构造与地震构造基本特征，国家地震局《地震预报方法清理及近期强震危险性判定研究》科学技术专项奖，三等奖，国家地震局科技监测司，排名第一，1985.7.26。

荣誉奖

1.1991 — 1992 年度中央国家机关优秀共产党员（1991 — 1992），中共中央国家机关工委授予，1992.6.17 颁发证书。

2.1993 — 1994 年度中央国家机关优秀共产党员（1993 — 1994），中共中央国家机关工委授予，1994.6.28 颁发证书。

3. 第二届李四光地质科学奖，李四光地质科学奖委员会，1991 年 10 月，获奖证书、奖章一枚。

4. 中青年有突出贡献专家，中华人民共和国人事部，1992.12，证书编号：4190022 号。

5. 政府特殊津贴，中华人民共和国国务院（1992.10.1），证书编号：92419042 号。

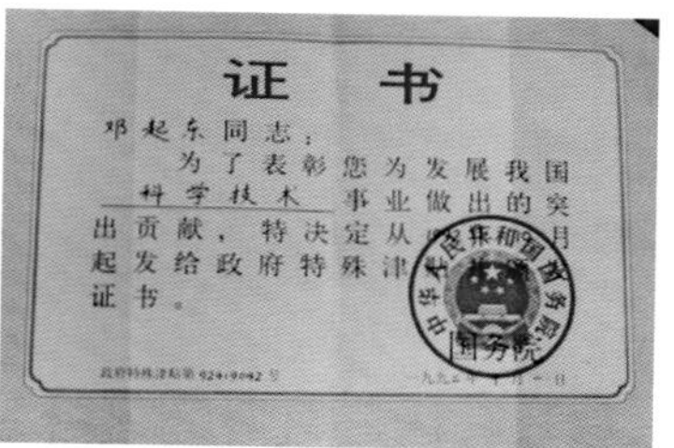

证　书

邓起东同志：

为了表彰您为发展我国科学技术事业做出的突出贡献，特决定从……起发给政府特殊津贴……证书。

国务院

6. 全国地震系统先进个人，国家地震局（1996.5）。

7. 中国地震局优秀研究生导师，中国地震局（1998.9）。

8. 中南大学第一届杰出校友，中南大学，2010.4.29。

9. 资深教育专家，中国科学院研究生院地球科学学院，2006.12.29。

10. 国家地震局直属机关优秀共产党员（1993 — 1994 年度），国家地震局直属机关党委，1994.6。

11. 国家地震局直属机关优秀共产党员（1995 — 1996 年度），国家地震局直属机关党委，1996.7.1。

12. 中国地震局直属机关优秀共产党员，中国地震局直属机关党委，2006.1。

13. 中国科学院大学地球科学学院“杰出贡献教师奖”，以表彰在地球科学院教学 20 年的突出贡献，2013.9.10。

第四章
上下探索　科学人生

在地震地质科学中不断攀登高峰的人[1]

—— 记荣获第二届李四光地质科学奖的地质学家邓起东

张　祥

1991 年 10 月 26 日，国家地震局地质研究所研究员邓起东荣获我国地质科学最高荣誉奖 —— 第二届李四光地质科学奖。当他从地矿部部长朱训同志手里接过奖章和荣誉证书之后，博得了热烈的掌声和赞许。

一

年仅 53 岁的邓起东是湖南双峰人，1961 年毕业于中南矿冶学院地质系普查专业，毕业后到中国科学院地质研究所从事构造地质研究工作。1966 年河北邢台地震发生后转向从事地震科学研究，1978 年到国家地震局地质研究所工作。至今，他已在构造地质和地震地质领域中奋斗了 30 年。

早在 1965 年之前，年轻的邓起东就表现了敏锐的科学研究能力，他在老同志的帮助下，涉足于当时构造地质的前缘课题，并在剪切破裂带研究中取得了领先的优秀成果，1966 年发表了剪切破裂带及其形成机制的系统论文。

1966 年邢台地震给人民的生命财产带来了严重损失。邓起东与许多同志一起积极响应周总理的号召，转向地震科学研究工作。此时，正是“文化大革命”开始，也是我国现代地震科学研究工作初步发展的阶段。这时的地震科研工作是在极其困难的条件进行的，每一项研究工作都要从头开始。邓起东认为，在这样特殊困难的条件下，要想在较短的时间里获得对地震研究的真正认识，就必须尽快地详细地解剖我国主要的地震带和大震区的地质构造。他先后深入邢台、河间和渤海等震区工作。并从 1967 年下半年开始，长期在山西省进行地震地质野外调查研究。从北起大同、南止渭河的每一个断陷盆地都留下了邓起东的足迹。经过三年多艰苦的实际工作，奠定了山西地震地质研究的基础，对秦晋地区汾渭地震带的地震活动特点获得了比较全面的认识，对地震发生条件提出了新概念。先后提出了

1. 载于1992年《群星灿烂》19—27页。

剪切拉张带的新概念和盆地形成的机制的新认识，打破了对山西断陷盆地带的传统观念。他的这项科学研究成果在1970年召开的全国地震地质工作会上交流后，引起了地震地质科学家们的注视。他写的论文在1973年复刊后的《地质科学》第一期上发表后，很快被美国全文译出。1974年，美国著名地质学家艾伦高度评价了这一论文，认为是我国地震方面最好的论文之一。

随着国民经济建设的蓬勃发展，我国急需有一张地震区划图，用来指导全国和各地区的建设规划和城市及工程抗震设计的依据。1972年，国家地震局决定尽快编制出全国地震烈度区划图。年仅34岁的邓起东被任命为全国地震烈度区划编图组组长。面对这既没有适合我国地震活动特点的理论，也没有较好的编图方法的科学难题，邓起东没有沿用其他国家现成的编图理论和方法，而是从我国地震活动的实际情况出发，创造性地总结了我国自己的地震区划理论和方法，主持编制出我国第一张1：300万地震烈度区划图。这是我国第一张经国家批准使用和出版的地震区划图，为国家经济建设急需要解决的抗震问题提供了标准，结束了我国没有地震烈度区划图的历史。

1979年，邓起东还主编了我国第一张正式出版的地震构造图，1：400万《中华人民共和国地震构造图》，它是我国地震地质研究的一次全面总结。图件一出版就销售一空，受到了国内外专业人员的欢迎，不少单位来人来函索取和要求再版。日本一家报刊曾介绍了该图及其作者，美国的科学家称赞此图对地震科学研究有很大的帮助。

邓起东长期坚持地震预报岗位，积极努力做好中期预报工作。1976年，唐山地震发生不久，他运用他自己提出的一个地震系列有一个共同的区域性前兆场、地震前兆场与地震后调整场有一定相互关系的新观点，第一个提出以唐山市为中心周围400～500 km范围内无大震的预报意见。根据这一理论，他还成功预报过1976年9月在内蒙巴音木仁发生的6.2级地震。这一创造性工作对国家地震局发布唐山地震后华北地区无大震的预报，对工农业生产进行和人民生活安定起了重要作用。

80年代初，他以主要精力开展活动断层的评价和深入研究工作，先后负责和参加了海原活动断裂带、鄂尔多斯周缘活动断裂带和新疆富蕴地震断裂带等研究工作。工作中，他一方面对各类断层的形成机制，尤其是在走滑断裂的几何学、运动学和动力学及其与大地震的关系方面进行了深入研究。另一方面，在活动断裂研究中，对断裂在全新世（1万年左右以来）的活动历史及活动程度的定量研究，如研究活动断裂的滑动速率、活动断裂全新世以来快速错动的历史及古地震等均有许多创造性的工作，从而为工程稳定性和地震危险性研究做出了新的贡献。

他所领导的海原活动断裂带研究既完成了关于走滑断裂结构和运动特征的全面总结，又开创性地综合构造地质、地貌和第四纪地质的理论和方法，形成活动断裂大比例尺地质填图的理论和技术，完成了第一份活动断裂1：5万地质图，全面地反映了全新世期间断裂活动的各种参数，并成为我国最近制订和颁布的活动断裂大比例尺地质填图工作大纲的基础。这一地质图和海原活动断裂带已成为我国走滑型活动断裂研究的范本，其理论和方法已应用在我国多条走滑型活动断裂研究工作之中。最近，美国地震和地质学家耶茨在看到这一图件后高兴地说：你们这是第一份活动断裂地质图，我们没有，只有你们中国有。并随即邀请邓起东同志参加明年将要举行的国际会议。现在他正以我国活动断裂地质填图专家组组长的身份，指导着我国活动断裂新的研究工作。在这一国家地震局“八五”计划重点项目完成后，我国活动断裂研究一定会获得新的研究成果，达到新的研究水平。

二

地震就是命令。每逢有大地震发生，地震科研人员必须迅速奔赴到地震现场。在进行紧张的工作中，既要严密监视，开展震后的余震预报，又要及时进行现场实际考察，全面搜集地震后的各种数据和资料，还要冒着随时可能出现的余震发生的房倒屋塌的危险，在高寒地区工作还要忍受寒冷的袭击和饥饿的痛苦。在各种困难险阻面前，更加激发了邓起东忘我的顽强工作精神。

1975 年 2 月 4 日春节前，辽宁海城发生了地震，邓起东和其他几位同志一起立即从北京出发，在当天夜里就迅速赶到了地震现场，第二天他就开始领导震后考察工作。在除夕夜晚，他在天寒地冻的野外奔波了一天之后，接到指挥部通知，有群众向政府反映辽河西岸某地出现地裂，引起当地群众极大恐慌，要求马上派人去现场调查。这时，已是天黑时分，邓起东心急如焚，顾不上吃饭和休息，立即驱车于深夜赶到了辽河东岸，辽河冰面上已有裂缝，汽车无法通过。邓起东为了早点过河察看情况，他手拿电筒，脚踏在喀喀作响有裂缝的冰面，一步一步地向辽河西岸走去。到达辽河西岸后，当地政府和群众看到邓起东不顾个人安危的行动深受感动，热情地拉着他的手，盛情地邀请他和群众一起过年，吃各地人民支援灾区的饺子。第二天，天色朦胧，邓起东赶到有地裂的现场进行细微的观察，最后确认这一地裂是因海城地震形成的震害，而不是新出现的地裂缝。邓起东耐心地向群众言传解释，消除了群众的恐慌情绪。

1984 年下半年，邓起东参加了川西高原上的鲜水河断裂考察，四川省地震局的同志照顾他和一些年老体弱的同志，不去高山考察 1973 年炉霍地震形成的地表破裂。邓起东同几位年轻人一起上山考察，他不顾高原反应，沿着地表破裂带追寻了十几公里，终于查看到了所需要的第一手材料。

1983 年，邓起东亲自去云南西部山区检查研究生的野外工作。其实通过航空照片和卫星影像判读完全可以清楚地看到高山上出现的最新构造现象，但是他不满足于遥感资料，带着研究生亲自登山考察，直到晚上九十点钟才下山。年轻的研究生看到导师不怕山高路险、深入实际调查的研究作风深受鼓舞。

多年来，邓起东外出开会，总要去野外考察。一次去西昌参加鉴定会，天下大雨，山路泥泞，同行劝他不要去野外了，他硬是打着雨伞爬上高山，坚持观察。当他回到驻地，全身都湿透了，简直就是一个泥人一样。

一次，邓起东到西北高原地区进行实地考察，由于山坡很陡，陡峭的山坡上只有山羊走过的小道，他手扶着陡坡也想试着走过去，没想到不小心从山上滑下去，身上摔伤了好几处，当同伴们将他搀扶起来，坚持要把他送回驻地去医院检查治疗时，他却说划破点皮算什么，没多大关系，仍然继续坚持考察。

长期紧张艰苦的科学研究和组织工作使得邓起东的身体过度疲劳。他于1985年6月不幸患脑血栓，幸亏及时被送进医院，在医生和护士的精心治疗和护理下，和领导同志们的关怀下，他的病情逐渐好转。身体刚刚恢复后，他从医院回到家里，就急不可待地翻阅有关资料，未等病情完全好转就上班了。同志们劝他不要急于工作，好好休养一段时间，等身体彻底恢复好了再工作。他不安地说："我是副所长，负责着全所的科研和科技开发工作，我这一病，欠的账太多了，要抓紧时间补上才行，我不能离开我的岗位……"他的一位研究生介绍说："邓老师这个人，工作起来简直就不要命。现在他名誉、地位、科研成果什么都有了，已经是一位在国内外享有很高声誉的地质和地震科学家了，按理说也该歇歇心了，清闲一阵了，可是邓老师总在告诫我们说，作为一个科学工作者，要时刻保持一种强烈的进取精神。是的，我们从他身上确实看到了一种为地质和地震科学研究事业献身的精神。"

现在，他的左手还没有完全恢复功能，可是他顾不上休息，仍然坚持野外地质考察和赶写学术论文。1989年，当他再次住院治疗期间，他边治疗、边工作，竟然用两个月时间完成了48万字的海原活动断裂带专著的改写和修订工作。同时，他还与别人合作编著了《鄂尔多斯周缘活动断裂带》和《海原活动断裂带》等专著出版，并获得国家和国家地震局科技进步奖。

三

辛勤的劳动结出了丰硕的果实。30年来，邓起东承担了一系列与国家经济建设密切相关的科学研究工作和构造地质、新构造及地震地质理论研究工作，为国家建设解决了一系列重大问题，在构造地质、新构造、地质力学、地震地质理论研究中做出了重大贡献。

自1961年以来，他先后完成著作190余篇，其中有130多篇已经或即将公开发表，包括有专著多册。这些著作在国内有广泛影响，同行们称他是一位才华横溢的、高产的地质学家。在他的著作中总是不断有新创造，在他的学术研究中，已有11项科研成果16次获得了我国国家级和部委级的科学技术进步和专项奖。

作为我国抗震标准应用于国家建设的《中国地震烈度区划图》，荣获1978年全国科技大会奖，参加了科学大会举办的重大科技成果展览，并向全国科技界和国民经济建设部门作了介绍。此图已成为我国建设部门必备图件之一。

由于中国地震区划在理论和方法上取得了较大进展，1983年国家地震局以中国地震区划综合研究为题，再次授予科学技术进步二等奖。获得1978年全国科学大会奖的还有邓起东主编的1∶300万《中国活动构造和强震震中分布图》及《京津和华北地震地质研究》等两项目。邓起东还是后一成果的负责人。他的《山西断陷带地震研究》《华北平原北部地震地质图》《华北地区地震地质图和地质危险区划》及《海域地震震源模式》四项成果正是《京津和华北地震地质研究》的主要组成部分。

为了更好地开展地震监视和预报工作，1984年国家地震局组织了华北最近十年地震危险性判定和强震危险区划分的重点研究项目。国家地震局地质研究所十分重视和认真组织了这一工作，邓起东是地质所这个项目的负责人之一。这一项目先后荣获国家地震局1985年《地震预报方法清理及近期强震危险性判定研究》科学技术专项奖一等奖。1986年，这项研究成果又作为《华北及南北带近期强震危险性判定和强震危险区划分》的主要部分，获国家地震局科学技术进步一等奖。

70年代末，邓起东参加了张文佑教授主编的《华北断块区的形成和发展》一书的编写，负责新生代和现代构造活动部分。80年代又参加了马杏垣教授主编的《中国岩石圈动力学图集》工作，参加华北地区动力学图的编制。这两项大的成果分别获得中国科学院1981年和国家地震局1986年科学技术进步一等奖。最近，中国岩石圈动力学图集又获得了国家自然科学三等奖。

自80年代以来，邓起东在活动构造研究方面所涉及的重要研究成果也多次获得奖励。他参加的富蕴地震断裂带研究获得1988年国家地震局科学技术进步一等奖，1988年又获得国家科学技术进步三等奖。邓起东作为负责人之一的《鄂尔多斯周缘活动断裂带》先后获得了1990年国家地震局科学技术进步奖二等奖和1991年国家科学技术进步二等奖。最近，他主持的《海原活动断裂带》专著和《海原活动断裂带地质图》(1∶5万)，也获得国家地震局1991年科学技术进步一等奖。

四

1979年3月，邓起东41岁时被破格提升为副研究员，是当时我国最年轻的副研究员之一。1985年受聘为研究员，曾任国家地震局地质研究所研究室副主任、计划科研处处长、副所长等职务。

他现在担任中国地震学会理事、地震地质专业委员会主任、中国岩石圈委员会地学大断面计划协调组副组长、《地震地质》副主编和《活动断裂研究》主编等职务。他是中国地质学会、中国地球物理学会、美国地球物理学会会员和中国灾害防御协会的高级会员。多年来，他培养了硕士、博士研究生十多名以及外国留学生。他们有的已成为我国地震科学研究的骨干。他是我国地震学和地震地质学中最年轻的博士生导师，并负责国家地震局地质研究所学位委员会的工作。

1974年，邓起东作为中国地震代表团十名成员之一，在中美建交前，以第二个科学代表团成员的身份访问了美国。他在美国除了进行地震地质方面的考察外，还编写了岩石力学方面的考察报告。回国后，第一次比较全面地介绍了美国岩石力学工作，对我国岩石力学研究工作的开展起了一定的推动作用。

邓起东与国外科学家有着广泛的联系，他先后访问过美国、日本和法国等国家，多次参加过美国地球物理学会，美国地质学会的年会、专题讨论会，日本构造物理研究会等国际会议。他与美国科学家合作的题目被我国国家地震局和美国国家科学基金会誉为中美地震科学合作中最好、最富有成果的项目。

他广览群书，经常注意国外最新资料，具有广阔的眼界和丰富的信息来源，他及时引进国外的一些新概念，以推动国内的研究工作。他在我国最早研究拉分盆地，并进一步发展提出了拉分盆地形成的新模式。80年代初，他就介绍了美国科学家关于低角度正断层和滑脱断层的概念，及时研究拉张构造区动力学过程的新认识。他不仅了解这一新的动向，而且在美国开展工作时，意外发现这些低角度正断层不仅存在于第三纪构造活动之中，而且存在于第四纪。1983年，当他在美国死谷发现第四纪滑脱断层和低角度正断层时，美国著名的地质学家伯奇菲尔伸出姆指极力称赞。1984年7月，他在贺兰山东麓断层进行工作时，在探槽中发现了属于断层最新活动产物的崩积物质。不久，他赴美国参加会议，得知美国科学家正在研究这一问题，并命名为崩积楔，他又及时在中国引入这一概念，推动了我国活动断裂全新世古地震研究工作。

邓起东在30年的构造地质和地震地质科学研究中取得了丰硕成果，对我国构造地质和地震地质学的发展做出了重大贡献，并因而受到国内外专家和同行们的赞赏，被美国、日本等国家的地质学家们誉为中国地震地质学中坚和中国可数的第一流活动构造专家。授予他我国地质科学的最高荣誉奖——李四光地质科学奖是当之无愧的。但是他十分谦虚，他说：在科学研究的道路上是没有尽头的，个人只是沧海一粟，今后要保持永远进取的精神，继续努力奋斗。他在颁奖大会上代表发言说：要在李四光教授毕生为之奋斗的地质事业中，继承和发扬李四光伟大的爱国主义精神，学习他热爱党、热爱社会主义事业的崇高品德，学习他严谨的科学态度和创造性的治学精神，要更加努力地工作，为祖国的社会主义现代化建设，为地质事业的发展做出更大的贡献。

面对地球的颤抖

——记中国地震局地质学家邓起东研究员

本刊记者 王继红

地震，大凡经历过的人，听到这两个字都会不寒而栗。多少年来，曾令多少人家破人亡，无家可归。

难道在这样一个强大的自然灾害面前人们就只有坐以待毙吗？不！虽然人们不能阻止地震的发生，但能不能对地球岩层的破坏和活动特征进行研究，科学地研究出地震的活动规律，从而做出准确预测，使人们能够避震和减轻灾害呢？无数的科学家为此而努力，把自己毕生的精力献给了地震研究。在我国，就有一位把地震研究当作生命的人，他就是我国老一辈的科学家，国家地震局地质研究所研究员，第二届李四光地质科学奖获得者邓起东先生。

最近，一张集20年我国活动构造定量研究之大成、汇总全国200多条活动构造的2000余个几何学、运动学参数的《1:400万中国活动构造图》全部绘就，将于年底出版。这张图被誉为"预警地球灾害的好帮手"。近日，本刊记者采访了绘制这张图的首席科学家——邓起东研究员。

一

邓起东，湖南双峰人，1961年毕业于中南矿冶学院地质系，毕业后到中国科学院地质研究所从事构造地质研究工作。1966年河北邢台地震发生后转向从事地震科学研究，1978年到国家地震局地质研究所工作。

早在1965年之前，年轻的邓起东就表现了敏锐的科学研究能力，他在老一辈地质工作者的帮助下，涉足于当时构造地质的前缘课题，并在剪切破裂带研究中取得了重大突破，发表了剪切破裂带及其形成机制的系统论文。

1966年河北邢台地震后，邓起东响应党和政府的号召，立即转向地震科学研究工作。他先后深入邢台、河间、渤海和海城等震区工作。并长期在山西进行野外考察，北起大同，南至渭河的每一个断陷盆地都留下他的足迹。经过三年多的艰苦努力，奠定了山西地震地质研究的基础，先后提出了该区构造性质转换、剪切拉张带的新概念和盆地形成机制的新认识，打破了对山西断陷盆地带的传统观念。他的这项科学研究成果在1970年召开的全国地震地质工作会议上交流后，引起了地震科学家们的注视。他写的论文在1973年复刊后的《地质科学》第一期上发表后，很快被美国全文译出。1974年，美国著名地质学家艾伦高度评价了这一论文，认为是中国地震研究优秀的论文之一。

随着国民经济建设的蓬勃发展，我国急需有一张地震区划图，用来指导全国和各地区的建设规划，作为城市及工程抗震设计的依据。1972年，国家地震局决定尽快编制出全国地震烈度区划图。当时，年仅34岁邓起东被任命为全国地震烈度区划编图组组长。面对这项崭新的任务，邓起东没有沿用其他国家现成的编图理论和方法，而是从我国地震活动的实际出发，创造性地总结出了适合我国地震活动时空不均一特征的编图原则和方法，主持编制了我国第一张1:300万地震烈度区划图(1977)。这是我国第一张经国家批准使用和出版的地震区划图，为国家经济建设急需要解决的抗震问题提供了标准，结束了我国没有地震区划图使用的历史。

1979年，邓起东还主编了我国第一张正式出版的地震构造图(1:400万)，它是对当时我国地震地质研究的一次全面总结。图件一出版，就受到国内外同行的肯定。美国和日本科学家称赞此图对地震科学研究有很大的帮助。

地震区划工作使邓起东体会到活动构造研究的重要。从20世纪80年代初起，他就把主要精力放在了活动构造研究工作上，先后负责了海原活动断裂带、鄂尔多斯周缘活动断裂带和天山活动构造等研究工作。他长期深入野外实际调查，坚持缜密的理论分析，一方面对各类活动构造的形成机制及大地震孕育和发生条件进行深入研究，尤其是对走滑断裂的几何学、运动学和动力学及其与大地震的关系进行了创造性的工作，提出崭新的概念和认识；

邓起东在他刚刚绘制完成的《中国活动构造图》前

注：载于《科学中国人》第九期，辑入《三湘院士风采录》228—234页。

另一方面，他领导全国活动构造1：5万地质填图和定量研究工作，对活动断裂在过去1－10万年以来的活动历史和活动程度开展定量研究。从而为地震危险性研究做出了新的贡献，并创造性地提出了评价活动断裂未来错动量的多种方法，解决了工程安全评价的关键问题。

他所领导的海原活动断裂带研究，既完成了关于走滑断裂结构和运动学特征的全面总结，又开创性地综合构造地质、地貌和第四纪地质的理论和方法，形成活动断裂大比例尺填图的理论和技术，完成了第一份1：5万活动断裂地质图，全面地反映了全新世1万年期间断裂活动的各种参数，并成为制订和颁布活动断裂大比例尺地质填图规范的基础。这一海原活动断裂带地质图和专著已成为活动构造研究的范本（我国前辈地质学家毕庆昌评价），其理论和方法已应用在我国多条走滑型活动断裂研究中。当时，美国地震和地质学家耶茨在看到这一图件后高兴地说：你们这是第一份活动断裂详尽的地质图，我们没有，只有你们中国有。

二

地震就是命令。每逢有大地震发生，地震科研人员就立即赶赴现场，严密监测，开展震后余震预报，同时又要及时进行现场实际考察，全面搜集地震的各种数据和资料。他们冒着随时可能出现的各种危险，在饥饿、寒冷甚至缺氧等条件下顽强工作。

1975年春节前夕，辽宁海城发生地震，邓起东和其他同志从北京出发，当天夜里就迅速赶到地震现场，随即就开始地震考察工作。大年三十晚上，当得知辽河西岸一处出现地裂，为了避免引起当地群众的极大恐慌，作为地震调查的负责人，邓起东心急如焚，不顾一天的劳累，立刻驱车赶往出现险情的地方。到达目的地已是深夜时分，由于辽河冰面已有裂缝，汽车无法通过，邓起东拿着手电筒，脚踏在咯吱作响、有裂缝的冰面，一步一步向辽河西岸走去。到达现场后，当地政府和群众深受感动。后来，经过他的仔细观察，确认这一地裂是海城地震形成的震害，而不是新出现的地裂缝。邓起东耐心地向群众解释，即时消除了人们的恐慌情绪，稳定了民心。

1970年，四川大邑发生地震后，邓起东又一次前往震区工作，在连续3天3夜没有合眼的情况下，又遭遇了车祸，但他和同事们仍不顾伤痛，开着那辆被撞坏的车继续上路工作。

一次，邓起东到西北高原进行实地考察，由于山坡陡峭，不留神他从山上滑下去了，摔得满身是伤，当同伴要把他送回驻地医院检查时，他坚持要留下来，跟同事们继续坚持考察。

多年来，邓起东无论到国内外访问还是开会，他总要去野外考察。在研究走滑断裂的时候，他考察过美国的圣安德列斯断裂和日本中部的许多断裂，为了对比正断裂和盆地，他去了美国盆地山脉区，在研究逆断层和活动褶皱时，他领着学生上了美国的横断山脉。在国内，他更跑遍了祖国的山山水水、海岛边陲。一次去四川西昌参加鉴定会，天下大雨，山路泥泞，同行劝他不要去野外了，他硬是打着雨伞爬上高山，坚持观察，当他回到驻地，全身湿透，已经跟泥人一般了。

由于长期艰苦的科研工作和繁重的研究所科研领导工作，使得邓起东的身体过度疲劳。1985年不幸患脑血栓住进了医院，病情刚有好转，他就回到研究所，急不可待地开始工作。1989年，他再次住院，即使在治疗期间，他还边治疗边写作，竟用两个月地时间完成了48万字的海原活动断裂带专著的改写和修订工作。

当年，在邓起东的背包里少不了这几件东西：罗盘、榔头、水壶、方便面和手电筒。这些是他每次外出考察时的必备物品。不知有多少日子邓起东是在野外用方便面充饥的。致使许多年后一见到方便面就觉着恶心。而那只时刻伴随他的罗盘，却成了他钟爱之物，邓起东会时不时地拿出来擦擦，因为是它伴随邓起东走过了人生的大半个旅程，是它和邓起东一道饱尝一个地震科学家的苦与乐。

三

经邓起东的手，创造过许多个第一，亲手绘制的第一张国家批准使用的地震烈度区划图；第一张全国地震构造图；第一张大比例尺活动断裂地质图；以及年初绘就的集20年我国活动构造定量研究之大成的《中国活动构造图》……这一张张图件凝聚了邓起东多少心血！而面对祖国和人民给予的奖励：国家科技进步二等奖、国家地震局科技进步一等奖、第二届李四光地质科学奖……邓起东却心如止水。

邓起东这辈子既不会下棋，也不会打牌。除了外出考察、开会外，每天，邓起东不在家就在办公室，两点一线，循环往复，连周末也不例外。他说在家不出"东西"，还是在办公室更有思考问题的气氛和空间，习惯了。现在年岁大了，很少去地震现场考察了，但还可以给去现场的同事一些指导和帮助。

1998年邓起东退休了，按理也该歇歇了，可还在他钟爱的地震地质领域中忙碌着。现在他正担任着国家发展计划委员会高新技术项目"中国主要大城市活动断裂探测和地震危险性评价"项目的总监理。这是一个关系到许多大城市经济发展和上亿人民生命安全的大事情，他不敢掉以轻心。同时，他还在探索活动构造的一个新的领域——海域活动断裂探测和古地震研究，希望进一步推动我国活动构造研究工作。他的思索依然在延展，他的探索依然在前进。

这就是邓起东，我国老一辈科学家，一个普普通通的地震地质工作者。采访完成时，记者被他对我国地震地质工作的执着精神所感动——"老骥伏枥，志在千里；烈士暮年，壮心不已"。■

1989年邓起东在新疆天山野外考察

1994年邓起东在美国加利福尼亚州进行活动构造考察

1993年在四川做野外考察

编辑/版式　刘东峰　2003 年 1 月 13 日　星期一

SCIENCETIMES

科学时报

纵　横

□关　注□

集 20 年来我国活动构造定量研究之大成、汇总全国 200 多条主要活动构造带现有 2000 余个几何学、运动学数据的《1:400 万中国活动构造图》目前绘就，可以满足现代地球动力学理论研究、大型工程设计及地区防灾规划等需要。

预警地球灾害有了“地图”帮手

□本报记者　刘英楠

最近，中国地震局地质研究所邓起东等研究人员宣布，反映我国 200 多条主要活动构造带活动构造情况、容纳 2000 余个几何学和运动学定量数据的《1:400 万中国活动构造图》编制成功，并已完成 50 余万字的《中国活动构造概论》书稿。

将由地震出版社近期出版的这一幅图、一部书，详尽地表示了我国活动断裂、活动褶皱、活动盆地、活动块体、火山和地震等不同类型的活动构造及其运动学参数，总结了中国活动构造的基本特征。可谓是我国活动构造研究进入定量研究阶段以来，最近 20 年间全部数据、成果之集大成者。

鉴于这一成果所具有的重要学术、工程及社会意义，记者日前就此采访了此图主编邓起东研究员。

集 20 年研究之大成

邓起东研究员介绍，活动构造是指 10 万~12 万年以来一直在活动、现在正在活动、未来一定时期内仍可能发生活动的各类构造，包括活动断裂、活动褶皱、活动盆地、活动火山及被它们所围限的地壳和岩石圈块体。这些构造活动形成的地震和地质灾害，常常给经济发展和人民生命财产安全造成巨大破坏，因此一直是地球科学家十分关注的问题。自 20 世纪初人们注意到地震与断裂的关系以来，活动构造研究在全球范围内取得了长足的发展。

他概括新中国活动构造研究的发展过程，认为：50 年代到 60 年代前期是我国活动构造研究的萌发期，研究重点是地震与断裂的关系；1966 年至上世纪 70 年代，我国大地震频频发生，促成了对全国许多重要地震构造带上的活动断裂进行普查研究，我国活动构造研究迈入普查和发现期；从 80 年代起，我国活动构造研究进入了定量研究的全新阶段。

活动构造研究涉及到最新地质作用的各个方面，如构造地质、地貌、沉积和新年代等。为了很好地完成这一复杂的研究工作，我国建立和发展了活动构造大比例尺地质填图技术，藉以获得各种活动构造的定量资料；建立了具有多种测年手段的新年代学实验室，以满足新年代测试的需要；采用了多种地球物理、地球化学新技术，对隐伏活动构造进行探测；开展了常规大地测量和 GPS 观测，以进一步获取现代构造活动状况；等等。

经过几十年，尤其是最近 20 年的工作，我国活动构造研究已积累了相当丰富的资料，已对数百条断裂、盆地和褶皱的晚第四纪活动性进行过研究，其中许多活动构造带获得了定量数据。

总结我国活动构造基本特征

“与以往的活动断裂和地震构造图不同，这次编成的《1:400 万中国活动构造图》力图详细地表示活动断裂、活动褶皱、活动盆地、活动火山、地震和活动块体等全面的活动构造内容。”邓起东研究员说。

在活动断裂方面，图上标示出了有充足地质地貌证据和年龄资料说明的 10 万~12 万年以来有活动的断裂，并尽可能详细地反映其分段结构及水平和垂直活动速率；其它断裂类型包括有第四纪活动过、但晚更新世以来活动情况不明的断裂，主要根据卫星影像和区域地质、地貌资料解释的青藏高原部分地区的活动断裂，平原或盆地地区的隐伏断裂，海域中的隐伏断裂等；断裂运动性质分为正断裂、逆断裂和走滑断裂；图上还标示出了现代和史前古地震地表破裂带。据介绍，图中共表示了以上各类活动断裂 800 余条，现代地震和古地震地表破裂带 80 余条，其中有近 200 条活动断裂的 400 多个滑动速率值，70 余条地震地表破裂带的大约 150 个同震位移参数。

中国活动构造（简图）

对于活动褶皱，由于只对其中一部分作过详细研究，编制者把它们表示为第四纪或晚第四纪活动褶皱，并将其数条归并，以“活动褶皱带”为单位进行编录。图中编录活动褶皱带 48 条，其中有部分给出了定量的水平缩短速率或褶皱隆升速率数据。

此外，活动构造图还编录了 300 余个大小不同的第四纪盆地及晚更新世以来开始发育的活动盆地，反映出盆地内的第四纪沉积等厚度线；表示了第四纪火山活动，对其中有确切年龄资料者还作出了进一步说明；列出了自公元前 780 年以来我国记录到的 6 级及 6 级以上地震 1100 余次；并在图件上标明了我国Ⅰ级活动块体的分区代号，另以“中国活动构造分区图”列出Ⅰ、Ⅱ级活动块体的划分情况。

学术、工程、社会意义不凡

板块边界构造带是最重要的活动构造带，形成现代活动造山带和强烈活动的地震带、火山带；板内，尤其是大陆板块内部，存在板内块体的相对运动，从而形成活动程度不同的活动块体和活动构造带。我国位于欧亚板块的东南隅，处于印度板块、太平洋板块和菲律宾海板块的挟持之中，是一个晚第四纪和现代构造活动强烈的地区。这一点明确地反映在“活动构造图”上。

“活动构造图”将我国分为喜马拉雅板块活动边界构造带、台湾板块活动边界构造带，和大陆板块内部的青藏、新疆、东北、华北、华南、南海等 6 个活动断块区；每个断块区内又可划分为若干Ⅱ级断块。图上数据明确显示，这些“活动块体”被众多的晚第四纪活动构造带，包括活动断裂、活动盆地、活动褶皱等分割和围限，说明了阐述为“大陆板块内部以块体运动为特征，断块活动是板块内部构造活动最基本的形式”的“断块”理论的正确性。

邓起东研究员指出，“活动构造图”为现代地球动力学研究提供了重要的基础数据，具有重要的学术意义。特别是，图上汇集我国科学家测得的活动构造运动学参数，表明活动块体的运动是一种有限制的、相对较低速率的岩石圈或地壳块体的运动，它有别于一些学者提出的大幅度、高速率运动的“逃逸理论”。

他表示，配合内容翔实、录有大量数据参数表的《中国活动构造概论》，“活动构造图”能为核电、油气输送管道、矿山等大型工程项目的安全设计提供依据，也能为城镇的防灾减灾工作提供科学的参考资料。

在科技创新道路上不断探索前行[1]

—— 邓起东院士科研工作业绩简介

张培震　徐锡伟　晁洪太

邓起东先生 1938 年生于湖南省双峰县。1956 年，怀着对大自然的迷恋和为祖国寻找宝藏的少年壮志，报考了中南矿冶学院地质系。1961 年大学毕业后，到了中国科学院地质研究所，在张文佑院士领导的研究室工作，开始了在地球科学事业上不断探索的征程。20 世纪 60 年代初期，他开始进行褶皱和断裂形成机制研究，并开始发表关于剪切破裂带形成机制的论文。1966 年，河北邢台 7.2 级地震发生后，他把研究方向转移到最新构造活动与地震的研究上。1967 年起领导山西地震带的地震地质调查，为全国范围内活动构造早期调查提供了一个良好的范例。70 年代初期，年仅 32 岁的邓先生担任了全国地震烈度区划编图组的组长，完成了中国第一份得到国家批准作为全国建设规划和抗震设防标准使用的中国地震区划图。从 1973 — 1979 年，邓先生即开始总结中国活动构造和地震地质特征，先后主持完成了一系列中国活动构造和地震构造全国性图件的编制。2007 年，又主持编制了新的中国活动构造图（1 ： 400 万）。从 1980 年开始，他将研究方向集中在活动构造定量研究上，率先把区域地质填图方法应用于活动构造研究，建立了活动构造定量研究所特有的技术方法，并作为专家组组长领导了全国活动构造带大比例尺地质填图和定量研究，促进了地震危险性评价工作，两次荣获国家科技进步二等奖。他还积极把地震科学研究服务于国民经济建设，先后主持完成了几十项城市和大中型工程的活动构造及地震安全性评价工作，为工程建设和经济发展的地震安全做出了重要贡献。

邓先生是一个在科学研究道路上不断探索的人。他认为：科学工作者的生命是有限的，但科学探索的道路是无穷无尽的。紧紧跟随国家和社会的需要，不断自觉地调整自己的研究方向和研究重点，使他在构造地质学和地震地质学的多个方面取得了新的进展和成就：

剪切破裂带理论研究。60 年代初期，他参与了褶皱和断裂形成机制研究，共同提出了剪切破裂带羽列新概念，并著文对剪切破裂带内不同结构面的力学机制和形成机理进行了理论分析，其相关内容被选编到构造地质学大学教材中，也为以后研究走滑断裂打下了良好的基础。

山西断陷带剪切拉张成因。他于 1966 年底开始对山西地震带展开研究，提出正断层控制的张性盆

1. 载于 2008 年《地震地质》30（1）1 — 2 页。

地的新认识，发现了后期正断层与前期逆断层的构造反转，研究了大地震与活动断陷盆地的关系，确定了带内大地震的发震构造，对断陷盆地带内构造活动的分段活动特征、地震活动的时空不均匀活动图像和地震活动趋势做出了分析和判断。这一研究工作不仅奠定了该地区地震地质工作的基础，还推动了中国的活动构造和地震地质工作。

海城地震及其发震构造模型。1975年辽宁海城发生了7.3级地震，他负责灾害评估和发震构造调查，广泛汇集了区域活动构造、深部构造、现代地壳形变、地震活动序列和各种宏观、微观前兆的时空分布资料，提出了海城地震的发震构造模型：区域构造背景为NE构造成条，NW构造分块，地震发生于NE向和NW向断裂汇而不交的构造部位，深部构造条件是震区位于深部莫霍面和上地幔高导层隆起之上，区域应力场作用的水平力和深部物质运动产生的垂直力的联合作用孕育了海城地震。

华北活动构造和动力学研究。早在20世纪70年代，他从新构造和活动构造角度研究了中国新构造应力场特征及其与板块运动的关系，提出了区域应力场的水平力与上地幔深部物质运动产生的垂直力的联合作用模式。其中，华北断块区区域构造应力场的主压应力方位为NEE向，主张应力方位为NNW向。区内NNE向断裂具有右旋走滑特征，NW向断裂则表现为左旋走滑断裂，但同时这些断裂均具有正断裂倾滑分量，控制张性断陷盆地。从深部构造特征来看，华北平原区和山西等断陷盆地带的莫霍面和上地幔高导层顶面均发生上隆，显示深部物质的上涌流动。

经国家批准使用的第一份全国地震区划图。20世纪70年代初，他主持全国地震区划工作。经过对中国地震活动的总结，提出了根据地震活动时空不均匀性来划分地震区带，估计不同地震区带的未来地震活动水平，根据地震发震构造条件来划分地震危险区，估计未来地震活动强度。1977年完成了中国地震烈度区划图，并成为中国第一份作为全国建设规划和抗震设防标准使用的地震区划图。

古地震研究。他与同事们从80年代初期就开始从事有关古地震理论和方法研究。在研究新疆1931年富蕴地震破裂带时，提出了古冲沟和古断塞塘沉积可作为古地震的识别标志。根据正断裂和走滑断裂的运动特征，提出了“充填楔”“构造楔”等新的古地震识别标志；还提出利用断裂多次活动形成的不协调褶皱及逆断裂崩积楔等识别古地震，强调要用多探槽对比来研究古地震及其活动历史。通过多探槽对比和三维组合探槽技术，系统研究宁夏海原走滑断裂和新疆北天山逆断裂等活动构造带的古地震历史，研究了北天山的古地震复发间隔，发现海原断裂带上的古地震具有丛集特征，丛集期外很少发生。

海原活动断裂带、拉分盆地、构造转换及平衡。他从1981年开始组织对海原活动断裂带的1∶5万地质填图和定量研究。发现海原断裂带早期以NNE方向逆冲为主，在早第四纪晚期转变为左旋走滑断裂，并在断裂带东南端形成近SN向尾端挤压构造区，且走滑量与缩短量相互平衡，这是对构造转换平衡最好的研究实例。发现海原走滑断裂带由多条不连续次级剪切断层组成，在其间的拉分阶区形成拉分盆地，挤压阶区形成推挤构造，在拉分盆地内发现了盆地内部张剪切断层。发现海原活动断裂带全新世左旋走滑速率<10 mm/a，这是国际上最早给出青藏高原主要走滑断裂的低走滑速率数据之一。

青藏高原运动学特征与块体低速率有限滑动模型。在海原活动断裂带定量研究的基础上，发现青藏高原主要活动断裂的运动是一种低速率的滑动，由北向南具有逐渐加大的趋势。他指出：作为板块构造的一个组成部分，大陆内部构造是由多级别、多层次的块体组成的；断块区和断块的边界由不同规模的活动构造带组成，成为主要应变释放带和构造活动带；陆内块体的运动是一种有限制的滑动，即小运动量、低速率的块体运动；下地壳、上地幔的流变与上地壳的脆性变形有着紧密的关系，板块驱动的水平作用力与陆内深部物质运动产生的垂直力的联合作用共同控制着板块内部的变形和构造活动。

天山活动逆断裂和活动褶皱、板内新生代再生造山带研究。他和同事们发现，天山的新生代构造变形以山体向南北两侧盆地的扩展为特征，山前逆断裂 - 褶皱带由前展式断裂扩展褶皱所组成，这些褶皱的发育受深部活动着的滑脱断裂和前缘逆断层断坡控制，随着深部逆断裂的演变和空间扩展，它们中的一些出露地表，另一些则仍然隐伏于地下呈“盲逆断裂”状态。1906 年玛纳斯 7.6 级地震即是沿北天山山前逆断裂 – 褶皱带产生的一次盲断裂型“褶皱地震”，这是中国大陆首次发现和研究的“褶皱地震”事件。他们还研究了天山晚更新世和全新世阶地的年龄及其变形，包括最新断裂活动和最新褶皱作用，计算了晚更新世和全新世活动逆断裂 - 褶皱带的变形速率，计算了天山不同构造段最新缩短速率及其分段变化。

城市和工程的活动构造与地震安全性评价。邓先生几十年来不仅活跃在活动构造学理论研究战线，而且还积极把理论研究成果应用于城市和工程抗震工作，先后完成几十个大城市和几十项核电、输油、输气管道等大中型工程的活动构造和地震安全性评价。他结合工程建设的要求和城市构造环境特点，不断提出新方法，解决新问题。

邓先生既为人热情、平易近人，又严于律己、踏实肯干。他既善于组织和协调各方面的力量开展大型科学项目的综合研究，又总是亲历亲为参与实际工作，并在实践中形成新的思想，提出新的认识；他敏锐地发现新线索，根据发现的科学问题，调整研究方向和重点，通过不断探索，使认识达到一个新高度；他积极参与国内外学术交流与深入的合作研究，因此，他能使科研工作站在活动构造学发展的前缘；他丰富的著述总能代表新水平、新高度，至今已在国内外发表了专著 13 部，论文 230 余篇，有 15 项科研成果先后 19 次获国家和省部级奖励，1991 年获中国地质科学最高奖 —— 李四光地质科学奖；他至今已培养了 20 多名博士和硕士，绝大多数都已成为科研和生产工作中的骨干或组织者 。科学探索的道路是艰苦的，它要求一种忘我的精神，一种长期坚忍不拔的毅力。由于工作的劳累，邓先生 47 岁患脑血栓，尚未痊愈就继续工作，一边打点滴，一边完成专著《海原活动断裂带》；50 多岁时他又做过两次大手术。但他仍以残弱之躯，继续开展野外工作，进行科学研究。如今他已年届 70，仍在努力学习和工作，要求自己不断进取，在新的领域里做出新的贡献。作为学生，我们衷心期望先生健康长寿，期望他能在更长的道路上引领后学，共同前进。

2008年3月19日

生命的年轮

施宝华　曹　勇

引　子

山崩地裂，风号海啸。千百年来，地震就如同一个凶残的恶魔，无情地吞噬着田地、村庄、房屋，威胁着人类的生命，把一个美丽的世界搞得千疮百孔，惨不忍睹。请看：1976年的唐山大地震，对于中国人来说，那真是一场永不愿再做的噩梦——断壁残垣，尸积如山。一个百万人口的工业城市，顷刻间变成了一片废墟。据国家地震局资料，唐山大地震使24万人死亡，80多万人无家可归。

地震给人类造成这么大的危害，难道人们就束手待毙吗？不会的！面对灾害，人们总会去不断研究它，寻找减轻和预防的方法，探索预测和预报的途径。许许多多的科学家为此而努力，把自己的一生献给了地震研究。在我国，就有一位把地震研究当作生命的人，他就是第二届李四光地质科学奖的获得者邓起东研究员。

有人说，邓起东是"中国当代地震地质和活动构造学研究的主要带头人之一"，我国现在地震地质和活动构造研究水平能和外国人站在同一条线上，就跟他的导向作用有关；

有人说，邓起东是个有功之臣，不但把我国的地震地质和活动构造研究向前推进了一大步，而且主持了很多大型工程的地震和活动构造安全评价工作，既保证了工程的安全，又为国家节省了大量的财力；

有人说，邓起东是个科研思想十分活跃的人，善于接受和发现新东西；

有人说，邓起东是个细人儿，工作起来特别仔细，一丝不苟；

有人说，邓起东是个拼命三郎，为了地震研究连生命都置之度外；

有人说，邓起东是个相当枯燥的人，除了抽烟之外别无所好，连舞都不会跳；

还有人说，邓起东是个傻人儿，傻得连衣服是什么料子做的都不知道；

……

笑团团的一张脸，扁圆的鼻子上架着一副近视眼镜，给人一种温和之感；走起路来微微地有点跛，左手也有些不方便，但这些丝毫掩不掉他那学者的气质；一口湖南腔的普通话，一件和岩石差不多颜色的西服；讲起话来三句不离本行；—— 这就是我们所看到的邓起东。

清代著名词人王国维说，做学问有三种境界 ——**“昨夜西风凋碧树，独上高楼，望尽天涯路”“衣带渐宽终不悔，为伊消得人憔悴”“蓦然回首，那人却在，灯火阑珊处”**。这正是三十多年来邓起东奋斗历程的写照。三十多年来，他取得了一个又一个的成就，获得了一个又一个的新认识，为中国的地震地质和活动构造研究做出了卓越的贡献；三十多年来，他不知道走遍了多少白山和黑水，不知道有多少次面对着生命的威胁，更记不清有多少个不眠之夜；作为一个父亲，他不能满足儿女的心愿，带着他们去逛一逛公园，或者一起去郊游度一个愉快的星期天 —— 他的字典里没有星期天，所有的星期天几乎都在加班；作为一个丈夫，他没能给妻子留下多少花前月下的浪漫回忆，有的只是大段大段牛郎织女般的分离时刻 …… 回顾过往的岁月，他不无感慨：人的一生是多么的短暂呵，而要有所成就，又是多么的不容易！他觉得，一个科学家的价值就在于不断地发现、不断地创新，一旦停止了发现和创新，他的存在也就显得毫无意义了。

一、少年初尝苦滋味

50年代中期，湖南长沙的一所中学里，戴着眼镜的地理老师用粉笔在黑板上画出几个图形，告诉他的学生们这是一个褶皱，这是一条断裂，它们的形成是由于地壳遭受力的作用而产生的变形 …… 同学们在他的带领下常常做模型和去野外采集标本。这其中，有一位学生被大自然的神秘深深地吸引住了，无数个问题缠绕在他的脑中：大自然为什么会是这个样子呢？各国的地质地貌为什么有这么大的差异呢？各种各样的矿产是怎么形成的？地球上又为什么要发生地震？高中三年的地理课外小组活动使他对地质学发生了浓厚的兴趣，在1956年毕业的时候他毅然报考了地质专业。

他便是邓起东。

那时候，正是国家大搞经济建设的时候，极需要地质方面的人才。李四光等老一辈地质学家在地质工作中做出的光辉业绩，在广大青年学生的眼前闪烁着耀眼的光芒。邓起东当时便想：要是我也能够像李先生那样去做出一番事业该多好呀！

“什么？身体这么瘦弱还要报考地质专业？！”家长不同意儿子的选择。在他们的印象中，搞地质工作就意味着翻山越岭，过着一种风餐露宿、有家归不得的流浪生活。天下父母心是一样的，好不容易把儿子拉扯大，只盼望着他能顺顺利利地考上大学，毕业后找一个舒适的工作，平安美满度过一生，把这个家撑起来，怎么能让他去吃苦？老师也劝他不要报考地质专业，原因是觉得他的文学功底不错，如果报考中文专业，进一步深造，发展下去很可能在文学上有所建树。在面临抉择的时候，邓起东深深地痛苦了：能忍心让亲爱的父母和老师担心和失望吗？但是，如果就这么放弃了自己的目标，又怎么能甘心！几经犹豫，他还是在志愿表上填写了“地质学”三个字。

他被录取了。

接到通知书的那天，他的父母亲却流下了眼泪。

几年的学习很快过去了。在大学学习中，他接受了我国著名构造学家陈国达教授等许多老师的教育。由于成绩优异，还未毕业他就被学校破格留下来当了一年的助教。一年后，他被分配到了中国科学院地质研究所。他庆幸能到我国最好的科学院研究所，在著名的张文佑教授的领导下学习做科学研究工作。

“天将降大任于斯人也，必先苦其心志，劳其筋骨，饿其体肤，空乏其身，行拂乱其所为，然后动心忍性，曾益其所不能。”1960年，他到广东地区去搞岩矿研究，看看那儿有没有可能形成一个矿床。这是他当助教后的第一次实践。初出茅庐，血气方刚。在那里，他开始尝到了地质工作的艰苦：没有交通工具，每天只好靠两条腿来回走几十里的山路，还要背上沉重的工具。工作中要用铁锹在水里采沙，然后用双手摇动沙盘去淘，以分析沙中矿石的含量。有一天清晨，山林中的雾还没有散去，他就和同伴出发了，结果迷失在一个山谷里，直到夜深。山高林密，寂寥无人，他们大声地喊叫：“有人吗？有人吗？”回答他们的是凄厉的鸟叫声。谷中到处是深潭，浓雾中又看不清楚，随时都有可能陷于万劫不复之境。进退两难，怎么办？他没有被吓倒，而是想：我一定要走出去，一定要把样取回来！他们折下树枝，像盲人一样探索着慢慢地前行……

经历了这一次实践，地质工作在他的眼里已不再是学生时期想象的那样充满了神秘和情趣，他深深地懂得父母亲当时为什么不同意他报考地质专业了。一想起父亲母亲那因担心而显得忧郁的眼睛，他的心就不由得揪得紧紧的：父亲，母亲，儿子不好，要让你们担心一辈子了！他暗暗地下定决心：既然选择了地质事业，就要全身心地投入，再苦再累也要咬紧牙关，一定要做出一番成就来，以慰父母之心、老师之恩，报答国家的培养。他更加忘我地工作和学习，在碰到问题百思不得其解的时候，点上一支烟，在袅袅飞散的轻烟中享受片刻难得的悠闲；在夜走野外的时候，放喉高歌，驱散寂寞恐慌和一天来的疲劳；在发现了一个新的现象或者解决了一个难题的时候，和同事们小酌一杯，分享那份喜悦之情……

生活是公平的，它不会让人历经磨难而看不到前进路上黎明的曙光。从1962到1966年，邓起东和同事们完成了一批研究成果，包括川中地区的油田构造和三峡地区的节理构造都获得新的进展，论文《剪切破裂带的特征及其形成条件》还在1966年“文化大革命”前的最后一期刊物上出版，获得了好评，这些研究成果在70年代被引用到大学的构造地质学教材里面。而且，他还获得了一次对他一生影响重大的学习机会：1962年，他带着几年来的实践经验被选派到地质力学创始人李四光教授亲自主持和执教的第一届地质力学进修班学习。一年多时间的学习使他初步掌握了地质力学的基本理论和方法，今后努力的方向也开始明确了。回地质研究所后他又被推荐去法国进行研究生学习，张文佑教授还为他选好了导师，并且开始了法语学习。可惜，1966年开始的那一场政治风暴使得他失去了这一次深造的机会。

二、无限风光在险境

正当邓起东踌躇满志、准备大干的时候，那场史无前例的大浩劫发生了。

一夜之间，科学院的墙上贴满了大字报，一些老科学家忽然变成了“牛鬼蛇神”，年轻的他也被认为是“走白专道路的修正主义苗子”，研究室被打散，研究人员都被编成了连队，而他，也许是由于他的才能，虽然不是“造反派”，也成了这样一个连队的副排长。

那时候，河北邢台发生了7.2级大地震，周总理指示：“要抓住邢台地震不放”“要保卫首都”。他奉命参加组织首都地区的地震地质工作。但正当他们准备召集人员去工作的时候，一些人却说他们以生产压革命，在革命最需要人的时候把人放走了。于是一个迫在眉睫的研究活动就这样无声无息地消失了，邓起东感到非常痛心。他攥紧了拳头，想往前走，却迈不开脚步；他想吼，想叫，却又发不出声音…… 星月无光的夜晚，只剩下他长长的叹息。

但他决不气馁，他脑中只有一个念头：搞科学研究不会有错，自己的专业决不能丢，地震工作决不能耽误。他利用一切时间潜心学习和研究。1967年，邓起东终于赢得了一个大展宏图的好机会：去山西搞野外工作，做地震地质研究。

山西中部是一个盆地带，以前没有人做过地震地质方面的工作，在地震地质方面可以说是一片空白。当时人们认为，山西的盆地是挤压性盆地，初次独挡一面的邓起东在经过大量的实地考察后发现，控制这些盆地的断裂却不是挤压性质的逆断裂，而是拉张性质的正断裂，原来是构造活动性质发生了转换；山西的地震都是发生在盆地中，在空间分布上还有相间跳跃的现象，在时间分布上也很不均匀——一个地震带的地震活动是一个起伏变化的过程，它既有活跃期，也有平静期，活跃期还有强弱之分——于是他大胆地提出：山西盆地的形成既有拉张性的原因，也有剪切性的原因，这是一条剪切拉张带控制的断陷盆地带和地震带。

为了获得大量的实地资料，他跑遍了每一个盆地及控制盆地的所有的断裂。在他的行李袋中，随时都放着必需的测量工具以及简单的换洗衣服，一旦有情况随时都可以出发。那时，山西正是全国“武斗”最厉害的地方。邓起东和同事们有时还不得不冒着生命的危险，在刀山枪林中穿行，也经常成为各派别的“俘虏”。有一次，他们开车到一个县城找住所，一进县城就被围住了，那些人怀疑他们是北京某一派派去支持他们的对立派的，于是把他们扣押起来。经过反复的解释和证件检查，他们虽获得自由可以上山考察，车却被扣了，并且还有两人跟在后面监视，不让他们与对立派“接头”。他们爬了一整天的山，那两人累得腿都发抖了，后来再也不愿跟随了。还有一次更为惊险：他们从太行山上下来，突然听到几声大喝：“停下！”荷枪实弹的“武斗”战士一拥而上，在他们的车上一阵乱搜后下令放行。惊魂乍定，他们才看清周围的情况：公路的当中摆着几个汽油桶，桶上挂着手榴弹；公路两旁是几个地堡，地堡里的机关枪正瞄准他们……

就是在这样的环境下，他和他的同事们在山西坚持搞了四年研究，奠定了山西地震地质研究的基础，对这个地震带的地震发生条件提出了全新的概念——先后提出了剪切拉张带的新概念、盆地形成机制和大地震形成条件的新认识。这些研究成果1973年在“文革”后复刊的第一期期刊上发表后，引起了国内外地震地质科学家们的关注。1974年中国地震代表团访美时，美国地震学会主席、著名地质学家艾伦高度评价了这一篇论文，认为是我国地震方面最好的论文之一，已在美国被全文译成英文。

地震就是命令，地震就是生命。如果说，少年邓起东对地质学的热爱是缘于对大自然奥妙的好奇，青年时期是缘于对问题的兴趣的话，那么，进入中年时期的邓起东已完全把地震地质研究当作了生命：只有在地震研究中他才感到自己的存在价值，只有在地震研究中他才感到快乐与安慰，只有地震研究才能使他充满青春和活力。几十年来，可以说是哪里有地震，哪里就有邓起东。无论是严冬还是酷暑，无论是饥饿还是疲劳，都不能动摇他的意志。在紧张的工作中，他既要及时进行现场实际考察，全面收集地震灾害和地震地质的各种数据和资料，还要冒着随时可能出现的余震发生房倒屋塌的危险。这些，更加激发了邓起东忘我的顽强工作精神。

1975年2月4日的夜里，一场大地震震惊了东北和渤海周围地区的人们，邓起东和他的同志们在第二天清晨就到达了地震区——辽宁海城。当时东北正处于滴水成冰的寒冷时节。他们到了之后，只见到处是砖头瓦片，房屋破坏得很厉害；地面上裂缝纵横，到处是地下喷出的砂和水……招待所的楼房也是一层砸一层，根本无法住了。他们只好去找汽车，在车上睡觉，如果汽车也没有了，就睡在冰冻的地上。就在大年三十的夜里，突然接到通知：田庄台发生地裂，老百姓人心惶惶。邓起东马上驱车从营口出发，到辽河时，河面的冰已裂开了，汽车无法通行。他心急如焚，跳下车来，一个人打着手电慢慢地走过辽河去，一步，两步，冰在脚下吱吱作响，岸边群众的心也跟着悬了起来……

邓起东在海城地震区负责地震宏观调查，做地震灾害和地震地质调查工作。人们一般都认为，地震发生在断裂带上。海城正是一个受北东方向断裂控制的山区，所以人们很轻易地就会相信：地震就发生在北东方向的断裂带上。但是，邓起东在考察中发现了几个令人吃惊的现象：第一，他们做出的第一个等震线图是北西方向的，和北东向断裂的方向正好正交；第二，余震观测得出的余震分布带也是北西走向的，方向也和北东向断裂的方向相反；第三，在地震区的东南部发现了一条近东西方向的5.5公里长的地表破裂带，位移量只有55厘米，再加上向西延伸的几条不连续的地震破裂带，它们的总方位也是北西方向的。根据这些现象，邓起东提出了一个新的假设：它是一条正在发展中的北西方向的新破裂带。于是，在以后的工作中他就有意识地根据这个论断作了一些工作布署：如看一看有没有几千年、几万年以来形成的北西方向的破裂或构造；海城地震的前兆现象如水位的升降等有没有北西方向分布的特点，等等。接着，又进一步地将眼光向地下纵深投去，发现地表以下的深处存在一个深部隆起。他认识到，十万年以来震区地表确实有一个北西方向缓缓隆升的隆起带，地震前兆也确实有一个北西方向的分布带。于是，他提出了一个水平力和垂直力联合作用的模型，用来解释这一条北西向新破裂的产生和海城地震的孕育和发生条件；到后来对比一下，这个模型也可用来解释邢台地震；再往大的方面扩展，整个华北地区一些盆地的形成也得到了解释。

在生与死的边缘，他又跨上了一个新的高度。

三、为伊消得人憔悴

中国的地震地质研究有很大的一个特点，就是它是与地震预测和预防紧密结合的，因为邢台等大地震给国家和人民造成的损失和伤害是无法估量的，国家建设需要一个能告诉人们未来可能发生多大地震的抗震标准。在一些工业化国家，搞经济建设都有一张地震区划图，上面分区表示出各个地区的地震危险程度，而我国一直到70年代还没有一张经国家批准，用于抗震设防的地震区划图，只好针对每一个大中型工程，一个地点一个地点地去解决：要到哪儿去做一个工程，就交给科学院去考察。这给国家的经济建设带来很大的困难。1970年国家地震局成立后，决定编制一张全国地震烈度区划图，任命邓起东为组长，主持这一工作。

当时最大的困难是，国内缺乏完整的理论和方法，除了50年代的初步工作外，没有什么可资借鉴的东西；又由于是在“文革”时期，全国各地的地震资料没有一个系统，很零散。怎么办？邓起东没有退缩，他想：外国人能搞出来，我们也能搞出来，而且一定要搞得更好。

于是，他一边组织全国各地的地震队伍搜集和整理所需要的各种资料，一边组织人力进行理论研究。他们对苏联、西方以及日本的地震区划图作了大量的研究，发现它们没有时间的概念，作图时只标出了没有预报时间观念的地震烈度。他们对我国的地震活动进行了资料分析和实地研究后得出的结论是：一、地震在时间上分布是不均匀的，表现为地震活跃期与平静期的交替，从时间演化和强度分布上看，历史上的地震活动有一个能量积累、释放和大释放的过程。不同的地震活动“期”和“阶段”，地震的危险性是不同的。二、地震的空间分布也是不均匀的，表现在板块边缘地带和内陆地区的强弱不同、内陆地区之间各断块区的强弱不同以及每个地震带内的各个段的强弱不同。于是邓起东以为，我们完全应该根据我国地震活动的这种时间和空间分布的不均匀性来进行地震区划。依据这一认识，他们确定了具有中国特色的地震区划方法：把地震区和地震带划分出来，对每个区和每个带的地震危险性进行分析，再把危险段、点找出来，利用地震分布在时间和空间上的不均匀性来进行地震危险性预测和区域划分。

他们成功了。1977年，国家正式批准把这张图作为全国抗震工程和经济建设应用的必备图，并在一年后荣获全国科技大会颁发的国家科学技术进步奖。

然而，成功的背后，不知凝聚了多少艰难和困苦。1972年，他和爱人刚刚结束了长期的两地分居生活，与两个孩子、一个老人挤在一间17平方米的小屋子里住着，屋子里除了床和书本之外就只有一张兼作读书和吃饭两用的小桌。他的堂兄曾经来看望过他，回去跟他父亲说：“邓起东在北京实在太可怜了，家里什么都没有……”1976年唐山大地震的时候，房屋晃动得厉害，幼小的孩子们非常害怕，却没有什么地方可躲。为了把区划图做好，他常常冥思苦想到深夜，妻子从梦中惊醒，少不了要埋怨几句，他总是笑着说："马上就完，马上就完。"但是，当东方发白，妻子起床时，他还在那狭小的二屉桌上伏案工作。

外国人做得到的工作他要做，外国人还没有做到的他也要做。地震区划工作一结束，1980年，邓起东感到用以前那种定性的方法来研究地震带的活动构造已经不可能做出更深入的研究结果了，也不符合地震危险性评价和地震预测工作的需要，必须用一种新的、完整系统的方法对活动断裂进行全面的、从定性走向定量的研究。因此他决定去尝试做一个崭新的、当时还没有做过的工作——1∶50000大比例尺活动构造填图。他找准了一个点——海原活动断裂带，这条断裂带长200多公里。他们要在这200多公里长的断裂带上做出每一条断层在过去、现在、未来时间里的活动情况以及发生地震的危险性，工作量的浩大和繁琐可想而知。他和他的同事和学生们一步一个脚印，从一个山头爬向另一个山头。有一段时间，他们连续几十天中午都吃方便面，以致于后来一看见方便面就头疼。经过实测填图，他对这一条走滑断裂的几何学特征、形成和破裂机制有了创新性的认识，通过断裂滑动速率、1920年地震同震位移分布和古地震及其重复间隔研究等推进了活动构造定量研究工作，对活动构造研究的发展具有重要的指导意义。美国和日本的科学家看了这份活动断裂地质图及论著之后说："中国的活动断裂研究已经大大地向前走了一步"：台湾老一辈地质学家毕庆昌教授来信说："《海原活动断裂带》这本书使我数十年来的疑难问题得到了解答"，"这本巨著在今后几十年内一定会被公认为范本，并被奉为经典"。邓起东又一次获得了国家科技进步奖二等奖。

1985年6月1日，北京医科大学第一附属医院。

洁白的病房里，邓起东望着伏在病床前睡着了的满脸担心和疲累的妻子，心里不住地说：原谅我，原谅我。周围的病床前清晰而又遥远地传来护士询问因患脑血栓而失语的病人的声音："饿了吗？"以及病人低低的含混不清的"啊，啊"声，他不禁问自己：我真的病了吗？我真的不能动了吗？不，我不能病，我能动，我的工作还没完成。他试着想抬起左手来，却毫无反应，就好像这只手已经不是自己的了：他想伸伸左腿，腿也不是自己的了。他心急如焚，却又无可奈何。他想起了那个可怕的早晨——像往常一样，他早早地就起来叫女儿上学。由于连日来晚上都加班到深夜，他实在感到太困乏了，一看时间还不到6点，就往床上一躺。结果在再醒来的时候，突然发现左手左脚不听使唤了，衣服怎么穿也穿不进去。后来，医生诊断：脑血栓。在转到中日友好医院做CT扫描时，医生轻轻地对背着他的同事说："小心，他随时都有可能死在你的背上！"

他又想起了女儿，一股歉意升上心头：今天是儿童节，自己好不容易答应了女儿的请求，要带她去看一个科技展览的，却没有想到……

静，静得可怕，静得心慌。在医院里，他整整有14天不能动弹。14天里，他头一回尝到了"静"的滋味——那是一种什么样的感觉呢！心里就像有千万只蚂蚁在不停地爬呀爬的，闭上眼睛，脑子里一会儿是惨烈的地震灾害，一会儿是正在活动着的断裂，他恨不能马上跳下床来，重新拿起那支磨秃了的笔，回到他的研究课题中去。他让妻子扶他坐起来，拿着材料和专业书让他看。病还未完全好，他就出了院，这给他留下了一个终生的遗憾：左手和左脚都不能用大的力气，左脚还微微有些跛。

两年之后，他的病再次复发。当时，他正在写《海原活动断裂带》一书的初稿，生怕被病耽搁了，这本书的完成变得遥遥无期，因此把材料都带到病房里，一边治病一边写作。医生不同意，说这样做病随时可以复发。同事也开玩笑地劝他：你的能量是愿意逐渐释放呢还是短暂释放？他说，我在这里无所事事，不能再耽搁了。就这样，在医院住了两个月，《海原活动断裂带》一书完稿了。而他，也博得了一个“拼命三郎”的雅号。

四、山外青山楼外楼

一个真正的科学家，总是自觉地站在当代科学的前缘，选择自己的研究方向，发现一些别人还没有认识到的新东西；不要固步自封，老是重复自己和别人的老路。

——邓起东

时光进入70年代末80年代初，国际上美国和日本对活动断裂的研究已开始进入了定量化研究阶段，内容主要是通过对活动断裂的滑动速率、古地震和断裂分段性定量研究来分析其地震危险性。而我国，还处于一种“确认活动断裂是否存在”的定性研究阶段。邓起东敏感地把握了这一新动向，在1980年把自己的研究方向主动转向了活动构造定量研究。

其实，他完全可以按70年代做地震区划图的方向得心应手地做下去的，同样会获得很高的成就和荣誉；他选择这个新的方向和课题是为了把我国活动构造研究的理论和应用推向一个新的高度和深度。

他首先把目光投向了新疆的阿尔泰山山区。

中蒙边境的阿尔泰山，从乌鲁木齐坐车到那儿要走两天。满目戈壁、荒漠和高山，常常是几公里、几十公里内看不见一个人影，荒凉极了。有时水壶中的水喝完了，不得已只好在山沟里一些浅浅的浮满了虫子的浅水槽中，用一根掐断了两头的空心草管伸到虫子下面的水中，眼睛一闭吸水解渴。他在这儿工作了近三个月，提出了一个新的理论——用走滑断裂枢纽运动模型来解释这种断裂上大地震的孕育和发生过程，他似乎清楚地看到了断裂的运动过程在地震中的作用。不仅如此，他还发现了关于古地震的新现象，找到了比较稳定的标志和确实的证据，并开始了拉分构造和断裂尾端破裂扩展的新的研究。

阿尔泰山山区富蕴地震断裂带的研究工作还没有结束，他就迫不及待地在我国最贫困的宁夏西海固地区开始了海原活动断裂带的研究。通过几年的研究，逐步建立和发展了活动构造1∶50000地质填图特有的理论、方法和技术，对这一条在1920年发生过20世纪全球最大的毁灭性地震的活动断裂带的几何学、运动学和动力学进行了全面的定量研究，得到了全国也是全世界第一份经过填图和实测的活动断裂带大比例尺地质图，提出了拉分盆地的新模式、走滑断裂尾端破裂扩展的新类型，并定量研究了构造转换平衡问题。

1988年，关于剪切性质的活动走滑断裂研究还没有完全结束，邓起东又在思索，活动构造研究中还有一个新的环节——挤压环境中的活动逆断裂和活动褶皱，这是一个有待开展的新领域。在这种活动构造分布的现代挤压造山带，大地震和各种地质灾害时常发生，但我们的理论却是那么苍白，还不清楚这种活动构造的最新活动机制，对它们的古地震确定标志还很模糊，更不明白它们对大地震的控制作用……一年后，他毅然带领学生们再上新疆，奔走于天山南北，开始了天山活动逆断裂和活动褶皱的研究工作。几年以后，他们出版了我国第一部关于挤压型活动构造的专著——《天山活动构造》。

为了使活动构造定量研究在全国更普遍、更深入地展开，在改革开放的20世纪90年代，他又一次担任了国家地震局组织的活动构造重点项目活动断裂专家组组长，领导全国活动构造带的大比例尺填图和研究工作，把他的理论和经验推广到全国中去。他不顾自己是有病之躯，亲自参加天山地区的野外工作，还奔走于大江南北，组织、指导、检查各个地区的工作。他随身带着硝酸甘油片等急救药品，坦然地面对可能突然加身的病魔的袭击。人生短暂，他不愿在科学的道路上稍作停留。

10年后，他的名字和我国的活动构造研究工作一起站到了世界的前列。

燃到尽头的香烟灼痛了手指，他一下子醒了过来。

桌上的台灯还亮着，而太阳已经悄悄地爬上了窗帘，又一个不眠之夜。

占据邓起东头脑的不仅是活动构造和地震地质的理论研究，需要不断开辟新的领域，他也不断地把这些研究成果应用于地震危险性分析和国家建设工程的安全评价工作，在活动构造理论的应用中发挥着重要作用。

1991年，国家决定在新疆至中国东部埋建一条3000公里的石油长输管道，把工程安全的一个关键性问题——求解断裂活动未来的位移量——交给了邓起东。3000公里长的地表，密密麻麻如蜘蛛网般地布满了断裂，哪是死的，哪是活的，它的位移量有多大，未来一定年限内的位移情况又怎样……当时，一般是不做这种长线状工程断裂未来位移量计算的，因为太困难了，没有一个科学而系统的方法可以把它计算出来，只能从宏观上对它的危害性进行大致的评估。为了攻克这个理论难题，他把自己关在了办公室里，把图铺在地上，整日冥思苦想，一日三餐都要妻子打电话催叫。在别人看来，他夹着香烟、皱着眉头踱来踱去的样子非常可笑，他想问题想到深处那目光定定的样子真是显得有些痴呆。已经关了好几天了，烟灰缸里的烟头早已堆满了，仍然没有想出一个可行的办法来，他的眉头拧成了一个大结。

他想到了最近十几年来活动构造定量研究的成果，一个模糊的轮廓开始在心中建立起来：啊，对了！为什么不通过古地震和滑动速率的方法来求解断裂未来的位移量呢？他与同事们进行讨论、切磋，结果证明这个方法完全可行！苦恼了一个多星期的问题终于迎刃而解，他高兴得一下子跳了起来。以后，他经过类推，又确定了其他几种方法，提出用古地震法、非完全古地震法、滑动速率法、断裂长度转换法和预测地震转换法等多种方法来综合求取断裂未来一定时期内的位移量，以满足工程安全计算的需要，同时也将活动构造定量研究推到了一个新的高度。

接过我国地质科学最高荣誉奖——李四光地质科学奖，邓起东的眼前簇满了鲜花和掌声。1991 年 12 月 26 日，对邓起东来说，是一个永生难忘的日子：30 多年来在崎岖道路上所作的努力终于使他攀上了人生的一处高峰。

30 年来，他先后完成了数十项重要的研究课题，完成了 200 多篇论文和专著及几十份研究报告；早在 70 年代，他就被日本科学家誉为中国地震地质学的中坚（日本朝日新闻），80 年代被美国科学家称为中国数一数二的活动构造专家。作为硕士和博士研究生导师，他还培养了十多名杰出的人才，使他们成为中国地震地质学和活动构造学研究的骨干。国家和人民没有忘记他，曾经 16 次给予他国家及部委级奖励，授予他国家级有突出贡献专家的称号，并享受政府特殊津贴。

“在我的有生之年，一定要把中国的地震地质和活动构造研究向前再推进一大步！”站在领奖台上，邓起东暗暗地想。

将奖章轻轻地锁进小皮箱里，让昨日的成就成为一个美好的回忆。在他的眼前，鲜花和掌声正汇集成一条崭新的、看不见尽头的路……

后　记

从第二届李四光地质科学奖颁奖到现在已过去十几年了，十几年前的这篇纪实作品随着邓起东年龄的增长而显得已经老旧，但纪实的文字并不惧怕陈旧，我们还是让它保持原来的面貌。到新的世纪，邓起东已经步入了老年，又多种疾病缠身，但他没有停止科学研究探索的道路。十多年来，他在不断总结和归纳我国活动构造研究的方方面面，引领和伴随年轻一代科学家前进；他自己还不断在新的领域里探索，在对陆上活动构造研究的同时，他开始组织和参加对我国海域活动断裂的探测；他支持和参与把活动构造定量研究理论和方法应用到大城市活动断裂探测与地震危险性评价工作，为城市公共安全环境创造条件，减轻可能发生的地震灾害。2008 年汶川 8.0 级地震发生后，他不顾 70 余岁的高龄，多次到震区观察和调查，提出自己的思考和认识。他已是中国科学院院士，仍要求自己不断努力工作，生命不息，探索不止！

求　　索

——邓起东院士自述

邓起东（1938 年 2 月 23 日出生），湖南湘乡（今双峰）人。地质学家。2003 年当选为中国科学院地学部院士。

1956 年，我怀着对大自然的迷恋和要为祖国寻宝藏的少年壮志，报考了中南矿冶学院地质系。1961 年，我完成了大学学业，时年 23 岁，从长沙来到北京，跨进了久已向往的中国科学院这一科学研究的殿堂，记得家里的兄弟姐妹们在送行时专门拍照，题词为“送起东上北京”。

很庆幸，从大学到中国科学院地质研究所的初始阶段，我有机会得到许多我国最著名的构造地质学大师们的教导，他们把毕生努力得到的经验和知识无私地授予了我们这些后辈。在中南矿冶学院，陈国达院士亲自授课，把一群年轻人领进了地学的大门，地洼学说吸引了年轻学子的心。在大学四年级，我们几个同学还被直接抽调到地质系不同研究室以助教身份协助老师们开展科研工作，在科学研究中得到了初步的训练。到了中国科学院地质研究所，一直在张文佑院士领导的研究室工作，并直接跟随当时还很年轻的马宗晋院士和马瑾院士从事构造力学研究。一方面学习断块构造理论，另一方面开始在构造破裂理论方面进行探索。1963 年，我又参加了中国地质科学院地质力学研究所由地质力学创始人李四光院士亲自主持的第一届地质力学培训班学习，直接聆听院士和专家们的讲授和指导。此时为 20 世纪 60 年代，又是地球科学板块构造理论创建和大发展时期，中科院地质所尹赞勋院士最早把板块构造理论介绍到中国，使我们又得以学习国际上正在发展的新理论。回首往事，我在青年时期有幸从大师们的教导中吸收新知识，学习新理论，在多方面经受锻炼，为一生在科学道路上探索打下了最重要的基础。

然而，一帆风顺的我遇到了逆风。1965 年，正当我一心想报考研究生的时候，张文佑先生已为我选定了法国导师，推荐我去法国进行博士研究生学习，并安排我到中国科技大学学习法语。但是，1966 年开始的“文化大革命”使这一计划中断了，我失去了一次进一步深造的机会。不过，这时由于邢台地震的发生，我虽然未能得到研究生学习的机会，却进入了一个新的攀登过程。

1966 年 3 月，河北邢台发生了 6.8 级和 7.2 级大地震，给人民的生命财产造成了巨大的损失。震后不久，周恩来总理亲临震区，并指示中国科学院等单位组织人员开展地震预测和地震科学研究。作为一个构造地质学工作者，我们责无旁贷，立即投入了这个新的领域，把自己的研究方向转移到最新构造活动与地震的研究上，从此，开始了几十年的地震地质和活动构造研究。

我们的工作涉及地震地质学的各个方面，活动构造的鉴别及其与地震的关系，地震孕育和发生的构造条件，地震的发震构造和震源构造模型，地震发生地点判定和地震危险性评价，地震活动图像与活动构造的关系，地震孕育过程中前兆场与活动构造的关系等都是我们研究中最突出的问题。由于以往在这些方面的研究基础十分薄弱，我们又是开始一个新领域的工作，初期的研究是非常困难的，只能一边学习一边积累经验，在实践中摸索前进。

在 10 年"文化大革命"的动荡中开展这些工作自然是更不容易的，可以说，我们遇到了各种各样的事件及它们带来的困难。我曾经受命参加组织北京地区的地震地质工作，但好不容易才组织起来，转眼就被"不许以生产压革命"的口号冲击掉。当我们在山西开展活动构造野外调查时，由于被怀疑是来自北京的前来串联的"对立派"而被扣留。有一次，当我们通过"武斗"场地时，不仅被持枪的武装人员勒令停车接受检查，还不得不在公路两旁铁丝上挂着手榴弹的通道中穿行。但为了获取第一手资料，我们仍然在不同地震带和大地震区坚持开展野外调查工作。

在 1966 ~ 1976 年我国地震活动高潮中，不同地震区和地震带连续发生大地震，它们给了我们巨大的压力和动力。我们真的没有多少喘息的机会，也没有可能在混乱和困难中退缩。我们更加紧迫地在不断发生的大地震和各个地震带的地震地质和活动构造工作中吸取营养，积累经验，获得新的认识。我们也放开眼界不断吸收各个多地震国家的经验。1974 年，我参加了中美建交前继中国科学家代表团访美之后的第二个代表团 —— 中国地震代表团访问美国，我是这一代表团中两个最年轻的成员之一。这既使我了解到美国当时地震研究的各个方面，开阔了眼界，学习了新的知识，还结识了许多站在地震研究前列的科学家，他们中的一些人几十年来一直是我交流和合作的伙伴。我们在这种交流中，不仅获得了资料和经验，更重要的是既可以从在中国进行的野外工作中获得认识，还可以从国外不同条件的地震区和活动构造带的实际观察中取得经验。实际工作多了，资料积累多了，将各种认识加以对比，人变得聪明了，思想更加宽阔了，新的认识也就随之涌出。

在大地震调查中，我们总是最早到达震区，一方面开展余震监测和预报，另一方面详尽地调查与地震有关的资料，包括地震破坏、地震的发震构造 和地震前兆等，这就是所谓震后"宏观考察"。1975 年 2 月 4 日晚，辽宁海城发生 7.3 级大地震，我们于 5 日凌晨到达海城震区。我在震区负责宏观考察工作，虽然冰天雪地，只能在外面露天过夜，但一切都有条不紊地进行着。为了解决地裂引起群众的不安定问题，我们甚至在黑夜依靠一支手电筒微弱的光亮，徒步走过已经有裂缝的辽河冰面，到达裂缝区进行观察并及时做好向当地民众解释的工作。在 1970 年四川大邑地震调查时，我们已连续几天得不到睡眠，在震区的山间公路上，一场车祸震醒了在车上睡觉的我们，所幸并无大伤，使我们能继续赶赴地震中心区。

20 世纪 60 年代，华北地区的多次强震使我们的地震地质和活动构造工作首先集中于华北地区，河北邢台和河间地震后，第一份华北平原地震构造图诞生了。1966 年，我们忙于北京地区地震地质调查和地震基本烈度评定工作。1966年年底，我们开始进入山西地震带开展地震地质工作。从1967年开始，我开始领导山西地震带的工作，直到1970年工作结束。我们北起大同盆地，南至山西运城和河南灵宝盆地，并延伸到了陕西渭河盆地。逐一研究每一个盆地、每一条断裂带的活动和每一个大地震的发震构造。可以说，当时我们对地震地质和活动构造的认识还处于初期阶段，但通过几年的工作，我们对这一条盆地带的性质和演化过程，不同震级大地震的发震条件和发震断裂、地震活动的时空分布和演化特征等均有了许多崭新的认识，从而打下了这一地震带地震地质和活动构造研究的基础。以后，又把这些认识扩展到整个鄂尔多斯及周缘多条断陷盆地带，从而大大加深了我们对华北西部地区的地震构造特征及动力学的认识。1970年，我们完成了山西断陷盆地带地震地质特征和地震活动趋势的论文，首先在一次全国会议上交流。当1973年全国恢复专业刊物出版时，在复刊的《地质科学》第一期上即公开发表了这一汇集多年工作成果的论文。1974年，当我们到美国访问时，美国著名的地震学家、美国地震学会主席——C · R · 艾伦教授说，这是一篇地震构造研究的最优秀的论文，美国已经把它全文翻译出来了。此后，在20世纪80年代，我们发表了关于鄂尔多斯周缘断陷带的论文及专著，获得国家科学技术进步二等奖。

国家建设工程需要按照一定的标准来进行抗震设防，这可通过地震区划来实现。我国虽然在20世纪50年代曾开始对地震区划进行过探索，但始终没有国家批准的地震区划图。70年代初期，为国家建设规划和抗震设防编制全国地震区划图的任务下达了。地震部门组织全系统的研究所和各省地震局来共同完成这一任务，还成立了全国地震烈度区划编图组来领导这一工作，并把这一重担放到了我的肩上，要求当时年仅34岁的我来担任这个组的组长，主持这一工作。面对重担，我们开始了一个新的探索过程。经过对我国地震活动的总结，我们发现我国的地震活动在空间上是不均匀的，不同级别地震区和地震带的地震活动水平不同，不同地区和不同地点的地震危险性不同，而且，发震构造的尺度和性质与地震震级、地震类型和发震地点等均密切相关，因而发震构造是确定地震危险区的重要标志；另一方面，地震活动的时间分布也是不平稳的，时起时伏，同一条地震带在地震活动的活跃期和平静期地震活动的频度和强度不同，在一个地震活动周期的不同阶段的地震危险性也不相同。立足于地震活动这种时空不均匀性的区划新思想产生了。在这种思想和原则的指导下，我们在1977年完成了我国地震区划图，并得到国家批准，成为我国第一份作为全国建设规划和抗震设防标准使用的地震区划图，结束了我国没有地震区划图使用的历史。

科学研究是一个不断求索的过程，是科学家不断提出问题、研究和解决问题的过程，只有这样，研究工作才能不断前进，不断深入。在这里，科学家的主动精神是最为重要的。在完成了全国地震区划图以后，我决意回到活动构造研究第一线，因为我们在这一方面的研究还只是走了很小的几步。这时，我开始思索新的工作方向，决定在对华北张性构造区活动构造研究的基础上，把自己的眼光转向另一种与大地震密切相关的剪切构造——走滑断裂带。

于是，在我从事科学研究的第三个10年，我开始了剪切型活动构造及其与地震关系的研究。我选择了控制我国甘宁地区 1920 年海原 8.6 级大地震发生的海原断裂带作为走滑断裂研究的突破口。与此同时，还参加了新疆阿尔泰 1931 年富蕴 8 级地震剪切型地震破裂带及其他一些走滑断裂带的研究工作。这时，“文化大革命”前我所从事的关于剪切破裂形成机制的研究在剪切型地震破裂带研究中得到了很好的应用，在海原走滑断裂带研究中又得到了进一步发展。

我国 20 世纪 60 — 70 年代的活动构造研究处在一种普查阶段，这一阶段的工作主要是确认活动构造的存在，研究大地震的活动构造背景和发震构造条件，尚处于定性研究阶段。科学研究的发展过程是一个从定性研究走向定量研究的过程，此时，国际上也开始了活动构造定量研究的新动向，可以预计，80 年代的活动构造学将是定量活动构造学。所以，当 1981 年我们开始进行海原活动断裂带研究时，我就在思考应该如何打好定量研究的基础，如何获得广泛的可靠的反映构造最新活动的定量资料。于是，我们决定把区域地质填图方法应用到活动构造研究中，建立活动构造定量研究所特有的技术。我们组成了专题研究组，并与国外地球科学家们合作，甘于清贫和寂寞，在我国最贫穷的西海固地区扎扎实实进行野外工作，用了 7 年左右的时间完成了海原活动断裂带大比例尺地质填图，详细地实测了基础地质地貌、活动断裂几何学和不同时期的位移分布及同震破裂和同震位移，研究了这一条活动断裂带的演化过程和转换平衡关系，得到了 1 万年以来这一条活动断裂带的滑动速率，发现了多次古地震事件，并计算了其复发间隔，研究了这一条断裂带分段破裂过程等，根据这些定量数据，可以更好地评价这一条活动断裂带未来地震危险性。不久，相继出版了地质图和专著。由于这是对活动断裂带第一次完成比例尺为五万分之一的地质图，在走滑断裂几何学、运动学和形成机制等方面都有许多新的认识，取得了距今 1 万年以来活动断裂的各种定量数据，促进了地震危险性评价工作，在理论和技术上都有新的发展和创造，1992 年荣获了国家科技进步二等奖，获得了地球科学界的好评。美国著名地质学家 R · S · 耶茨教授赞扬这是第一份活动断裂带详尽的地质图。台湾已故毕庆昌教授曾致函称这一著作“在今后数十年内一定会被公认为范本，并被奉为经典”。海原活动断裂带的研究带动了全国活动构造定量研究工作。以此为基础，我国制定了活动构造填图规范，我也作为专家组组长领导了全国活动构造带地质填图和定量研究工作。

20 世纪 80 年代末期，当海原活动断裂带工作完成后，我开始了新的思考，继完成对张性和剪切活动构造研究工作后，挤压型活动构造与地震问题摆在了我的面前。1989 年，我和我的研究生们走向了天山，开始了天山南北挤压型活动构造的研究。90 年代，一个新的 10 年又开始了，一个新的工作又开始了，但这已经是我从事科研工作 30 年以后的事情了。人的生命是短暂的，科学探索的道路是没有止境的，我和我的同事们共同奋斗在这充满荆棘的道路上，不断求索，不断前进。我常想，一个人的力量是有限的，一个人的一生也只能完成有限的几项研究。但是，作为科学家的梯队可以形成永无止境的力量，科学的发展是无穷的。

2009 年

在求索与拼搏中攀登

—— 记中国科学院院士邓起东研究员

陈树岩　刘　萍

震惊世界的 2008 年“5 · 12”汶川大地震猝然袭来，大地颤抖，山崩地裂，断壁残垣……就在余震不断发生的危险情况下，人们几次发现出现在灾区废墟中的一位老先生：他年逾七旬，左腿走路不便，左手不灵活又骨折绑着绷带，拖着孱弱之身却目光炯炯有神地与青年人一起仔细观察着讨论着……他就是曾患过脑血栓、心脏病，患过肾癌并切除了左肾……却以惊人的毅力一次次战胜病魔，并至今仍顽强地拼搏在科研第一线，为地球科学发展及国民经济建设做出杰出贡献的我国最著名的地震地质和活动构造专家邓起东院士。

一、我国现代活动构造学的主要学术带头人和引领者

54 年前，风华正茂的青年邓起东，怀着对大自然的迷恋和为祖国寻找宝藏的壮志于 1956 年考入中南矿冶学院地质系。1960 年由于成绩优异，他在地质系先当了一年助教，1961 年又分配到他所向往的科学殿堂——中国科学院地质研究所，开始了在地球科学事业上不断探索的征程。1966 年河北邢台 7.2 级地震发生后，他响应周恩来总理的号召，把自己的科研重点转移到最新构造活动与地震研究方向上，从此开始了地震地质和活动构造科学研究。上世纪 80 年代晋升为研究员，90 年代成为国务院学位委员会批准的博士研究生导师，2003 年当选为中国科学院院士。

邓起东院士曾任国家地震局地质研究所副所长，研究所学位评定委员会主任、荣誉主任。他一直活跃在科学研究的各条战线，曾担任国际岩石圈委员会任务组成员，中国岩石圈委员会地学大断面任务组副组长、编辑委员会副主编，国家地震局全国地震烈度区划编图组组长，国家地震局全国活动断裂工作专家组组长，中国地质学会理事，中国地震学会理事，地震地质专业委员会主任，《地震地质》副主编，《活动构造研究》主编。直到现在，他虽已 70 高龄，仍然奋斗不止，任中国地震局地质研究所研究员，博士生导师，中国地震局科学技术委员会副主任，中国地震预报评定委员会委员，国家地震烈度评定委员会委员、国防科工委高放废物地质处理专家组专家，他还是中南大学荣誉教授，南京大学和浙江大学兼职教授。

邓起东先生从大学毕业至今，已在科学研究领域奋斗了近50个春秋。50年来，他凭着对科学事业的挚爱和对国家及人民生命财产高度负责的精神，坚韧不拔、忘我拼搏，在地球科学研究道路上取得一个又一个重要成果，获得一个又一个新认识，不断地攀登新的科学高峰，成为我国地震地质学主要学术带头人，把我国活动构造研究从定性研究发展到定量研究，成为我国现代定量活动构造学的引领者和奠基人之一。

他先后在国内外发表论文240余篇，专著13部，其中SCI收录30篇，SCI统计引用1649次，有16项科研成果先后20次获国家级和省部级奖励，其中国家级科技进步奖二等奖2项、三等奖1项，省部级一、二等奖各5项。1991年荣获中国地质科学最高奖——第二届李四光地质科学奖；1992年被评为国家级有突出贡献的中青年专家，享受国务院政府津贴。1991—1992年度和1993—1994年度两次被评为中央国家机关工委和国家地震局系统优秀中共党员。

二、从构造系统论出发，对不同类型活动构造的形成机制和大地震发震构造模型进行理论探索

早在上世纪60年代初期，他就与同事们一起开始了褶皱和断裂形成机制研究，他对破裂过程和机制研究尤其深入，与同事共同提出了剪切破裂羽列和张性破裂侧列新概念，并著文对剪切破裂带结构及其形成的力学机制进行了理论分析，相关内容被编入到构造地质学大学教材中；80年代，通过对新疆富蕴、甘宁地区海原断裂及其他一些走滑断裂带的研究工作，系统研究了走滑断裂带的结构和形成机制；完成了我国第一个拉分盆地的研究工作，发现了拉分盆地内部张剪切断层，研究了它的力学成因及其在拉分盆地演化过程中的作用，提出了拉分盆地演化新模式；注意破裂扩展的构造转换，对走滑断裂带尾端破裂扩展进行了新的研究，发现了走滑断裂带尾端挤压构造变形，研究了其形成条件和断裂走滑量与尾端挤压量的转换平衡关系；提出了走滑断裂枢纽作用及其引起的构造变形和应力–应变条件。由此，他成为国内外研究剪切破裂带和走滑断裂带最知名的专家，不仅在国内应邀参加科学会议和发表论文，国外期刊和学者也专门邀请撰写关于走滑断裂的论文，参加相关的科学讨论会。地质专业报刊还专门报道他与他的学生发现和研究我国第一个拉分盆地的工作。他在这方面的著作被国内外广泛引用，为深入研究剪切构造和走滑断裂打下了良好的基础。

在研究剪切构造的同时，他也不断关注张性构造。上世纪60年代，他在“文化大革命”期间极不安定，甚至“武斗”的条件下，深入华北和山西开展野外工作，奠定这些地区地震地质和活动构造研究的基础。他特别注意构造活动的演化过程，发现华北和山西断陷盆地带中新生代构造属性的反转，提出了两个变形阶段构造反转的概念；进而发现山西断陷盆地带新生代和第四纪是一条右旋剪切拉张带，断陷带南北两端均存在尾端张性构造区，形成局部盆岭构造，而鄂尔多斯块体在青藏高原北东向水平挤压作用下，其活动受周围发育的共轭右旋和左旋剪切拉张带所控制，提出该地区构造活动的挤压-剪

切模式；提出了华北东部平原盆地和西部断陷盆地带经受着区域水平应力场产生的水平力和深部物质上涌形成的垂直力联合作用的动力模式。在这方面的论文和专著中，《鄂尔多斯周缘活动断裂系》获国家科技进步奖二等奖。

在对走滑和张性构造进行了多年系统研究后，他又系统地开展了挤压构造活动逆断裂和活动褶皱新的研究。80 年代末至 90 年代，他重点进行了天山和龙门山等挤压型活动构造带的对比研究，提出了再生造山带新概念，获得新生代再生造山带山前挤压构造存在两种变形类型的新认识，即山前坳陷内由逆断裂 – 背斜带及滑脱面组成薄皮构造，山前坳陷外由高角度逆断裂及其控制的逆冲楔组成厚皮构造；对断裂扩展褶皱的二维、三维几何学及其与滑脱面 – 断坡系统的关系进行了新的研究；最早定量实测了晚更新世和全新世活动褶皱变形，获得了其变形速率；得到了天山不同构造段第四纪以来的缩短量和缩短速率；根据新认识对天山和龙门山挤压构造带的变形动力学和地震危险性进行了新的评估。完成了国内第一本挤压活动构造专著。

邓起东院士特别注重把构造地质学理论研究与地震发震机理研究结合起来，他应用这些理论，对不同构造性质的大地震孕育和发生条件提出新的震源构造模型。在张性构造区海城地震研究中，提出了海城 7.3 级地震汇而不交的发震构造模型及地震孕育和发生过程中水平力和垂直力联合作用的力学模式；在富蕴、海原等走滑型 8 级地震研究中提出了走滑断裂枢纽运动发震模型，在走滑断裂枢纽运动阶段，在枢纽轴部积累应变，当枢纽轴部被突破，产生大位移时发生大地震；对挤压构造带天山玛纳斯 7.7 级地震研究中，提出了挤压构造带中震源断层 – 水平滑脱面 – 前端断坡的组合模型。这些关于震源构造的信息对预测大地震发生地点、发震构造及地震危险区具有重要意义。现在，这些概念和模型常见于有关文献中。

三、从定性到定量，使我国现代活动构造学发展到定量研究阶段

上世纪前半叶，我国活动构造研究尚处在定性研究阶段，调查工作尚停留在鉴定活动断裂的存在。70 年代初，我国提出了“由老到新，由浅入深，由静到动，由定性到定量”的地震地质和活动构造研究的基本原则。当时急需贯彻这一原则的具体技术。邓起东院士即借鉴区域地质测量的原则和方法，结合活动构造的特点，通过上世纪 80 年代海原活动断裂带 1 ∶ 5 万地质填图，建立和发展了活动构造大比例尺填图技术，对海原活动断裂带的几何学、分段性、运动学参数和古地震学进行定量研究，完成了具有创新意义的第一份活动断裂带 1 ∶ 5 万地质图和专著。这一工作在国内外同行中产生了很大影响，以后日本等国也开始制作同类图件，台湾老一代地质学家毕庆昌教授专门来函称赞这一著作，“在今后数十年内一定会被公认为范本，并被奉为经典”。该成果 1991 年获国家地震局科技进步奖一等奖，1992 年获国家科技进步奖二等奖。90 年代，我国又将这一工作向全国推广，制定了活动断裂大比例尺填图规范，邓起东院士又领导了全国活动构造 1 ∶ 5 万地质填图和定量研究工作，获得了全国主要活动

构造带多种运动学参数，促进活动构造学走上了定量研究的新阶段。这不仅对研究我国现代构造活动和动力学起了引领作用，据此还提出了活动断裂地震危险性和未来错动量定量评估方法，现已在全国推广使用，广泛应用于重大工程和城市地震安全性评价和活动构造定量评价工作中。

活动断裂分段性和破裂过程研究是对活动断裂进行地震危险性研究中一个十分重要的问题。90年代初，邓起东院士首先在活动断裂年会上对这一问题进行了论证，进而专文讨论活动断裂分段的方法和标志、地震震级与活动断裂分段长度、位移量大小的关系等，并进一步总结了断裂破裂过程是一个多重破裂的活动过程，从而研究了它的不确定性。

在活动构造定量研究中，古地震研究是一项新发展的极其重要的工作。从上世纪80年代初期，邓起东先生就开始从事古地震理论与方法研究。1981年在研究新疆富蕴地震破裂带时，首先提出了古冲沟和古断塞塘沉积可作为古地震识别标志。在进一步研究中，根据正断裂和走滑断裂的运动特征，他提出了“充填楔”“构造楔”和“断塞塘堆积楔”等新的古地震识别标志；提出了利用断裂多次活动形成的不协调褶曲及逆断裂崩积楔等识别挤压构造的古地震；特别倡导和运用大型探槽和组合探槽及多探槽对比来研究古地震，取得了好的效果；通过多探槽对比及三维组合探槽技术，系统研究了宁夏海原走滑断裂和天山逆断裂等活动构造带的古地震历史和古地震复发间隔，发现了古地震具有丛集特征，丛集期外很少发生大地震；提出用多重破裂过程来解释地震重复的非特征模型；提出区域古地震研究的新方向，发现区域古地震的不均匀丛集模型；此外，还进一步开展了探槽中隐性活断层及其与古地震关系的研究。这些新的工作与方法为地震危险性定量评价打下了基础，越来越在相关领域广泛使用。

四、从我国第一份活动构造图到反映定量参数的最新活动构造图

邓起东院士不仅脚踏实地，亲自参加实际野外观察研究工作，而且善于总结和综合研究。不同的阶段，他都会及时在工作过程中系统总结我国活动构造特征，编制我国和不同地区的活动构造图，藉以归纳和发现问题，明确工作方向。从上世纪60年代起到现在，他系统编制了全国或外围不同地区的活动构造图，早在1967年他就与同事们一起编制了华北平原地震构造图（1 ∶ 100万），1976年首次主编完成了我国第一张活动构造图（1 ∶ 300万），1978年完成了我国新生代构造应力场图（1 ∶ 600万），1979年完成了第一份中国地震构造图（1 ∶ 400万）。1986年完成了华北地区活动构造图（1 ∶ 300万），1989年与同事共同完成了华北地区岩石圈动力学图（1 ∶ 500万）。进入新世纪，他又主编了新的中国活动构造图（1 ∶ 400万）。该图集我国20多年来活动构造定量研究之大成，反映了全国1000多条活动构造带，包括200多条主要活动构造的2000余个几何学、运动学方面的定量数据，详尽地表示了活动断裂、活动褶皱、活动盆地、活动块体、活动火山和强烈地震及地震地表破裂带等不同类型的活动构造及其运动学参数，总结了中国活动构造的基本特征。该图为现代地球动力学研究提供了重要的基础资料。同时，也为大型工程项目的安全设计提供依据，为城镇防震减灾工作提供科学的参考资料。

因此，不仅地震出版社出版了该图，《中国科学》发表了论文，《科学时报》还专门发文介绍它是《预警地球灾害有了地图帮手》。

早在上世纪70年代，他在总结编图过程中，特别注意对我国现代构造动力学进行研究，他编制了中国晚第三纪－现代构造应力场图，在总结了全国应力场及其分区特征的基础上，从新构造和活动构造角度研究了中国新构造应力场特征及其与板块运动的关系，提出了印度板块和太平洋板块共同作用的动力学模式；研究了华北张性构造区深浅构造条件，提出了板块间相互作用的区域水平力与深部物质上涌引起的垂直力联合作用动力学新模式；80年代，与美国麻省理工学院的P. 莫尔纳（P.Molnar）合作，依据近代地震破裂参数，定量计算了东亚和中亚地区各活动构造带的变形速率，并研究了其动力学机制，该论文在SCI统计引用达227次。

五、主编完成我国第一份经国家批准使用的全国地震区划图

国家建设工程需要按照一定标准进行抗震设防，这可通过地震区划来实现。我国虽然在上世纪50年代曾对地震区划进行过探索，但直至60年代也一直没有国家批准使用的地震区划图。70年代初，年轻的邓起东即勇挑重担，担任全国地震烈度区划编图组组长，主持全国地震区划工作，并于1977年完成了中国地震烈度区划图（1 ： 300万），这是我国第一份经国家批准作为全国建设规划和抗震设防标准使用的地震区划图，它结束了我国没有地震区划图使用的历史。工作中提出的在地震区划中根据地震活动时空不均匀性来划分地震区、带，估计不同地震区、带的未来地震活动水平，根据地震带内的地震发震构造条件来划分地震危险区及估计未来地震活动强度，这从理论和方法上对地震区划工作做出了重要贡献。

地震区划主要用于全国和地区建设规划及中、小型工程的抗震设防，对重大工程和大城市抗震设防则要开展专门研究，邓起东院士不仅注重开展地震地质和活动构造基础研究和理论研究，也更加注重国家建设急需的重大工程安全和城市建设环境工作。他先后主持完成了近40项大中型工程地震安全评价工作和20多个大城市的活动构造评价工作。特别是自2004年以来，他担任国家“十五”重大建设项目包括北京、天津、上海、南京等20个大城市的活动断裂探测与地震危险性评价项目的总监理，倾注了他全部心血，从设计到野外考察和检查，从解决工作中产生的问题到工作质量的保证，他不知付出了多少心血，他兢兢业业，努力工作，为城市安全及经济持续发展做出了新的贡献。

六、培养人才竭尽全力，为科研队伍建设做出杰出贡献

“人才培养是科学研究，尤其是前沿学科发展的第一要务，如果我们不能培养和建设一支高水平的勇于创新的人才队伍，我们就不可能攻克地震科学难关。”为此，他在不断深入进行科研工作的同时，时时注意人才培养工作。作为研究生导师，他尽全力培养了一批高质量的研究生。他是国家地震局系

统首批硕士研究生导师，也是国务院学位委员会批准的博士研究生导师。他先后培养了 20 多名博士生和硕士生；他言传身教，精心指导，特别注重培养研究生挖掘潜力、适应未来科学研究的创新能力；他首先提出研究生要做好开题报告、读书报告、野外实习和中间检查，要求学位论文必须有扎实的野外工作基础和具有特色的创新性要求；他培养的研究生学位论文质量普遍较高，其中一名博士生的关于古地震研究的论文被评为第一届全国优秀博士论文。他的研究生绝大多数取得了好的成绩，成为科研骨干，有的成为 973 项目或国家重大项目的首席科学家，有的担任研究所所长、副所长、中国地震局的司长和省地震局局长。

邓院士长期担任研究所学位评定委员会主任，他高度重视研究生培养质量的提高，特别强调管理部门把好三关：即“入学关”“野外实习关”和“论文选题关”。特别难得的是，他虽然工作十分繁忙，但只要可能，他总要亲自参加命题、面试、开题报告会、中间检查会和学位论文答辩会。正因为如此，他能准确地了解研究生培养情况、存在问题，并找到解决问题的办法。

作为研究所和研究室的业务工作领导，他不断地为提高研究团队的战斗力和影响力而努力，他不仅潜心搞好自己的研究工作，而且要花许多精力做好一个研究所和研究室的学科发展工作，要将研究所和研究室建设成为国内一流水平、国际先进水平。他密切与其他领导配合，做好科研工作的组织工作和科研发展工作，从而使得我们的研究所能站在全国和同行业的前列，一直成为全国活动构造研究的带头单位。他不仅努力做好研究所、研究室的科研组织工作和自己的科研工作，为了培养下一代，他还尽力抽出时间，到兼职大学、兄弟单位去作学术报告，进行学术交流。他最早在中国科学院研究生院开设《地震地质学》课程，至今还是《构造地质学进展》系列讲座中的主讲之一，以致早期的研究生现在见到他总是自我介绍说：“邓老师，我在研究生院听过您讲授的课程。”

七、一位具有令人敬重的优秀品质和高尚精神的科学家

为什么邓起东先生能取得一系列创新性成果当选为中国科学院院士？为什么他能赢得不同行业、不同单位人的敬重和信任？这是由于他具有优秀科学家的许多品质。

首先，他具有从事科学和地震事业很强的驱动力。这个动力来源于对地震科学事业的挚爱，对国家和地震灾区人民的高度责任感。上世纪 60 — 70 年代一系列地震，包括邢台地震、海城地震、唐山地震……给他的震撼是无与伦比的，巨大的灾难使人心碎，使人认识到责任，也坚定了“把地震科学研究作为毕生事业”的决心，把“减少灾害和挽救人民的生命”作为最大追求。他不断奔赴地震现场，冒着随时可能出现的余震和各种危险，在饥饿、寒冷甚至缺氧等条件下顽强地工作着。1975年初，寒冬腊月，他在地震发生的当天夜里就到达了海城地震现场。最初，他们夜晚不得不站在冰天雪地的广场，白天进行地震考察。大年三十晚上，当得知辽河西岸出现地裂时，为了避免引起群众的恐慌，作为考察队负责人的他立刻赶往险情地点。由于辽河冰面已有裂缝，汽车无法通过，他就拿着手电筒，脚踏在吱

吱作响的冰面上，一步一步向辽河西岸走去。到达现场后，当地领导和群众深受感动。他精细观察后，确认不是新出现的地裂缝，从而稳定了民心。1970年，四川大邑发生地震后，在连续3天3夜没有合眼的情况下又遭遇了车祸，但他和同事们不顾伤痛，坐在那辆被撞坏的汽车里继续上路工作。2008年“5·12”汶川大地震震撼了邓起东这位老地震学家，尽管他年事已高和行动不便，但他还是多次出现在灾区的废墟中，拖着孱弱之身与青年人一起仔细观察发震断层，即使由于跌了一跤，左手骨折，仍不停工作，使人深受感动。

他充满务实与不断求索的精神。听过邓院士讲课、报告或讨论发言的年轻人，都会发出这样的赞叹：“邓老师的脑子好像是个喷泉，里面怎么会装有那么多知识和资料！”他们说：“邓老师就是一个活动构造数据库，不管你问到哪条断裂，他都能说得条条是道！”这其中的主要原因，就是他总是亲自到野外观察、不断探索的结果。他认为：“自然界是一个极其复杂的系统，要认识它必须到大自然中去获取第一手资料。”“地学是一门实践性很强的科学，研究基础在野外。”他提倡年轻的地质学者一定要真正把一个地区的地质学做深、做透，作为认识世界的基础。他在山西地震带工作了4年，在海原活动断裂带做了7年研究，在天山做了6年研究，最后在每一个断裂带都出了大成果。几十年来，他的足迹从华北、东北到西南和华南，从天山、阿尔泰山到青藏高原，可以说他是在实践中把中国活动构造装到自己的脑子里了。

他是一个思维敏锐和锐意创新的人。他说：“一个真正的科学家总是自觉地站在当代科学的前沿，选择自己的研究方向，发现别人还没有认识到的新东西，不要固步自封，重复自己和别人的老路。”“一个科学家的价值就在于不断地发现，不断地创新，一旦停止了发现和创新，他的存在也就显得毫无意义了。”他是这么说，更是这么做的。他思想活跃、思维敏锐，善于在实践中发现新现象，提出新问题，分析新线索，并根据新发现的科学问题，调整自己的研究方向和重点。通过探索，使认识达到一个又一个新高度。正因为如此，他才创造出我国地震学界许多第一：亲手绘制出第一张国家批准使用的全国地震区划图、第一张全国地震构造图、第一张大比例尺活动断裂地质图、第一张中国活动构造图，等等。

他具有忘我舍己和不断拼搏的精神。他是一个“工作狂”，干起工作来简直不要命，这也是同事们对他的主要评价。上世纪70和80年代，他既要负责研究所或研究室的科研领导工作，又要亲自承担国家或国家地震局的多项重点科研项目，还要亲自投身到业务工作中去。他主持完成了我国第一张经国家批准使用的地震区划图，主持完成了海原活动断裂带和鄂尔多斯周缘断裂系的研究工作，还去野外进行活动断裂填图，大地震调查……可以说他不是双肩挑，而是多肩挑。由于长期超负荷工作，身体极度透支，病魔多次袭击他。1985年，他年仅47岁时就患脑血栓，身体左侧偏瘫，他放不下工作，尚未痊愈又继续开始工作；1989年，他再度住进医院，可在治疗期间，他一边打点滴一边完成了几十万字专著《海原活动断裂带》的改写和修订工作；他58岁患冠心病，不得不做动脉支架手术；又因心脏动脉造影发生造影剂过敏，以致得了肾病并引发癌变，在59岁时不得不切除了左肾。由于脑血栓后遗症，左手不灵活，左腿走路不方便，又继发了糖尿病，但他仍以残弱之躯，不断地“挺立”在野外勘探现场或地震废墟中，完成理论上的多项发现，为国家解决了各种急需的问题。他直面病魔，以顽强抗争和坚韧不拔的毅力，生命不息奋斗不止的忘我拼搏精神，在科研道路上一步步获得成功。

他具有认真与严谨的科学作风。大凡认识邓院士的人都知道，他非常“较真”，对工作认真负责，搞科研一丝不苟。这是他一贯的工作作风。他常告诫自己和年轻人“做学问来不得半点马虎，要经得起推敲和时间考验”。绘制的活动构造图件一定要有野外实地探察的翔实数据；科学研究结论一定要有足够的证据；论文和报告绝不能马虎，一字一句要细心推敲，绝不挂名，绝对要认真负责。几十年来，大家都有一个共识：“交他办的事情，可以一百个放心。”就连送阅一篇文章、一个工作报告，他都会十分用心，总是一字一句地修改，认认真真提出意见。2008 年，本文第一作者在负责《兰州市活断层探测与地震危险性评价项目纪实与成果》多媒体宣传片时，请他审查，他看完一遍又看一遍，就连字幕也不放过，短短 30 多分钟的片子，他一直看了 4 个多钟头！然后用他那犀利的目光，中肯地提出了十分重要的修改意见，如此认真的审查是多么难得啊！

从 2004 年开始，他担任我国重大工程项目——“大城市活动断裂探测与地震危险性评价”项目总监理，这是一个关系到 20 个大城市经济发展和上亿人民生命安全的大事情，他不敢掉以轻心。为了工程不出现差错，他认真审查每个探测城市的项目设计、实施方案和总结报告，仔细察看每一个探测成果。年近七旬身体残弱的他，不论酷暑严寒，跑遍了每个探测城市，实地检查各项工作。

他平易近人，为人低调与平实。近 50 年在科学道路上的艰苦跋涉，邓院士成绩卓著，成果丰厚，但他一直保持着谦虚、谨慎，为人低调、平实的中华传统美德：在学术讨论、项目评审、研究生答辩会议上，他既是一位严谨治学的专家，又是一位热心指点迷津的智者。有人告诉他：“你主编的活动构造图还没有出版，就已被别人在网上公开了。”他笑着说：“编图就是为了应用，公开了就公开了。”在研究生面前，他既是一位严格的导师，又是一位鼎力相助的伯乐，发现学生论文有缺陷，他会毫无保留地把他的认识相告，哪怕学生把他的看法写进了论文中他也不计较。在同事面前，他既是一位德高望重的科学家，又是一位平易近人、性格豪爽、谈吐幽默、热心助人的老人家，他所到之处，总是传来阵阵爽朗的笑声；在年轻人面前，他既是一位学识渊博、令人敬佩的老先生，又是一位虚心好学的“老学生”，他总是及时了解国内外的学术动态，紧跟时代前进的步伐，在地震科研的前沿领域，不断地、辛勤地耕耘着，收获着，快乐着……

邓起东，一个在我国地震和地质科学界耳熟能详的科学家，他用诸多的心血与汗水甚至难忍的艰辛与痛苦，践行了我国古代伟大诗人屈原用心血吟出的不朽诗句：路漫漫其修远兮，吾将上下而求索。求索——拼搏，拼搏——求索，在求索与拼搏中不断攀登地震科学高峰，这就是这位杰出科学家的科研与人生轨迹。

邓起东院士的骄人业绩使我们看到一位优秀科学家对国家对人民对科学事业发展的价值，他的优秀品格和高尚精神带给我们“如何才能成为真正有价值科学家”的思考与启迪。

与大地结亲的科学家

—— 记中国科学院院士邓起东

邓玉青

一个真正的科学家，总是自觉地站在当代科学的前缘，选择自己的研究方向，发现一些别人还没有认识到的新东西；不要固步自封，老是重复自己和别人的老路。

—— 邓起东

简历

邓起东（1938—）湖南省双峰人。研究员，博士生导师，2003年当选中国科学院院士。1961年毕业于中南矿冶学院地质系，先后在中国科学院地质研究所和国家地震局地质研究所从事科研工作。现任中国地震局科学技术委员会副主任，中国地震预报评定委员会委员，国家地震安全性评定委员会委员，国家地震活动断裂研究中心和中国地震局活动构造和火山重点实验室学术委员会主任，国防科工委高放废物地质处置专家组专家，中南大学荣誉教授，南京大学和浙江大学兼职教授。曾任国家地震局地质研究所副所长，地质研究所学位委员会主任、荣誉主任，中国地质学会和中国地震学会理事，中国地震学会地震地质专业委员会主任，李四光地质科学奖基金会理事会理事和李四光地质科学奖委员会委员。研究领域为构造地质学，主要从事活动构造、地震地质、地球动力学和工程地震研究；对我国活动构造和地震构造有深入的研究，对走滑、挤压和拉张等不同类型构造的几何学、运动学和形成机制有创新发展，建立发展了活动构造大比例尺填图技术，发展了古地震学研究，领导了全国活动构造地质填图和研究工作，推进和发展了定量活动构造学研究，系统编制了我国活动构造图，总结了我国活动构造和构造应力场特征，提出了新的运动学和动力学模式，主持完成了我国第一份经国家批准使用的地震区划图，作为全国抗震设防的标准，完成了大量城市和大中型工程活动构造和地震安全性评价工作，为我国经济持续发展做出了重要贡献。

荣誉和奖项

在国内外发表论文240余篇，专著13部，其中SCI收录30篇，SCI统计引用1649次，代表性著作有《海原活动断裂带》《天山活动构造》和《中国活动构造图》等。有16项科研成果先后20次获国家级和省部级奖励，其中国家科技进步二等奖2项，三等奖1项，省部级科技进步一等奖3项，二等奖5项。1991年获第二届李四光地质科学奖。1992年被评为国家级有突出贡献中青年专家，享受国务院政府特殊津贴。已培养博士和硕士研究生20余名，其中1篇博士论文1999年被评为首届全国优秀博士学位论文。1991—1992年和1993—1994年两次被评为中央国家机关工委优秀共产党员。

学生们这样评价邓起东院士：他既是一位严格的导师，又是一位鼎力相助的伯乐。在同事面前，他既是一位德高望重的科学家，又是一位平易近人、性格豪爽、谈吐幽默、热心助人的老人家；在年轻人面前，他既是一位学识渊博、令人敬佩的老先生，又是一位虚心好学的“老学生”。

挖掘地球上下求索

邓起东毕业后最初在中国科学院从事地壳岩石变形研究，钻研岩石破裂和褶皱形成机理。因为邢台地震的发生，在周恩来总理的号召下，开始转向地震研究，从此就一直在地震领域钻研下去。全国各地时常有大大小小的地震发生，一旦发生大地震，他就要去现场考察，1966年到1976年是中国地震高发期，他先后深入河间、渤海、海城、松潘－平武和大邑等震区工作，并长期在山西进行野外考察。经过三年多的艰苦努力，邓起东先后提出了该区构造性质转换、剪切拉张带的新概念和盆地形成机制的新认识，打破了对山西断陷盆地带的传统观念。他的这一研究成果引起了地震科学家们的注视。他撰写的论文在《地质科学》上发表后，很快被美国全文译出。1974年，美国著名地质学家艾伦高度评价了这一论文，认为是中国地震研究最优秀的论文之一。

时光进入70年代末80年代初，国际上美国和日本对活动断裂的研究已开始进入定量化研究阶段，内容主要是通过对活动断裂的滑动速率、古地震和断裂分段性定量研究来分析其地震危险性。而我国，还处于一种“确认活动断裂是否存在”的定性研究阶段。邓起东敏感地把握了这一新动向，在1980年把自己的研究方向主动转向活动构造定量研究。

中蒙边境的阿尔泰山，从乌鲁木齐坐车到那儿要走两天。满目戈壁、荒漠和高山，常常是几公里、几十公里内看不见一个人影，荒凉极了。有时水壶中的水喝完了，不得已只好在山沟里一些浅浅的浮满了虫子的浅水槽中，用一根掐断了两头的空心草管伸到虫子下面的水中，眼睛一闭吸水解渴。他在这儿工作了近三个月，提出了一个新的理论——用走滑断裂枢纽运动模型来解释这种断裂上大地震的孕育和发生过程。面对这一条180公里长的断裂带，他似乎清楚地看到了断裂的运动过程在地震中的作用。不仅如此，他还发现了关于古地震的新现象，找到了比较稳定的标志和确实的证据，并开始了拉分构造和断裂尾端破裂扩展的新的研究。

通过在西部贫困地区的不断实践，通过几年的研究，他逐步建立和发展了活动构造 1 ∶ 50000 地质填图特有的理论、方法和技术，对海原走滑断裂带这一条在 1920 年发生过 20 世纪全球最大的毁灭性地震的活动断裂带的几何学、运动学和动力学进行了全面的定量研究，得到了全国也是全世界第一份经过填图和实测的活动断裂带大比例尺地质图，提出了拉分盆地的新模式、走滑断裂尾端破裂扩展的新类型，并定量研究了构造转换平衡问题。

风雨不歇展蓝图

邓起东 1938 年出生于湖南省双峰县滩头湾世祜堂，幼时曾在家乡私塾读书，1949 年插班长沙市豫章小学五年级，初中就读于长沙市雅礼中学，高中毕业于长沙市第七中学。高中期间，王希愚老师讲授的地理课程和参加地理课外小组活动使他对地球和地球科学发生了浓厚的兴趣。1956 年，怀着对大自然的迷恋和为祖国寻找宝藏的少年壮志，报考了中南矿冶学院地质系。大学期间有幸得到陈国达院士等名师教导，学业优异，1960 年被学校选调到地质系任助教，在岩矿研究室进行科研工作。

1961 年完成了大学学业后，他跨进了久已向往的中国科学院这一科学研究的殿堂，到了中国科学院地质研究所，一直在张文佑院士领导的研究室工作，一方面学习断块构造理论，另一方面开始在构造破裂理论方面进行探索。1963 年，他参加了中国地质科学院地质力学研究所由地质力学创始人李四光院士亲自主持的第一届地质力学培训班学习，直接聆听院士和专家们的讲授和指导。此时，上世纪 60 年代，正是地球科学板块构造理论创建和大发展时期，又及时学习到国际上正在发展的新理论。虽然由于“文化大革命”的开始，他去国外进行研究生学习的语言准备不得不终止，失去了一次进一步学习提高的机会，但回首往事，他在青年时期有幸从大师们的教导中吸收新知识，学习不同的理论，在多方面经受锻炼，为一生在科学道路上探索打下了最重要的基础。60 年代初期，他开始进行褶皱和断裂形成机制研究，并开始发表关于剪切破裂带形成机制的论文。

l966 年 3 月，河北邢台 7.2 级地震发生后，他响应国家号召，把自己的研究方向转移到最新构造活动与地震的研究上，从此开始了几十年的地震地质和活动构造研究。河北邢台和河间地震后，他参加了第一份华北平原地震构造图的编制，并在北京和山西地区开展地震地质调查和地震基本烈度评定工作。1967 年，他开始领导山西地震带的地震地质调查工作，逐一研究带内每个盆地、每一条断裂的活动和每一个大地震的发震构造，直到 1970 年工作结束。当时，我国对地震地质和活动构造的认识还处于初期阶段，山西地震带的工作既为全国范围内活动构造早期调查提供了一个良好的范例，也为其后他们在 70 — 80 年代在华北和鄂尔多斯地区开展张性构造研究，并完成鄂尔多斯周缘断裂带研究打下了基础，这一项经过长期努力获得的工作成果在 1991 年获得了国家科技进步奖二等奖。

1975 年，辽宁海城发生 7.3 级强震，邓起东负责地震灾害和地震地质调查工作。他发现海城地震的发震构造是一条走向北西西向的新破裂，与地表北东方向断裂不一致，提出该区最新构造“北东向成条，北西向分块”的活动样式，指出海城地震发生于一个北东向和北西向断裂汇而不交的构造部位，并提出了一个水平力和垂直力联合作用模式来解释海城地震的动力学成因。他还研究了海城地震前发生的多种地震前兆与地质构造的关系，提出了海城地震孕育的多个阶段，论文在美国发表后，日本和意大利等国要求他去访问和工作，以吸收这些成功的经验。

把握方向深思创新

1988年，他关于剪切性质的活动走滑断裂研究还没有完全结束，邓起东又在思索，活动构造研究中还有一个新的环节——挤压环境中的活动逆断裂和活动褶皱，这是一个有待开展的新领域。在这种活动构造分布的现代挤压造山带，大地震和各种地质灾害时常发生，但我们的理论却是那么苍白，还不清楚这种活动构造的最新活动机制，对它们的古地震确定标志还很模糊，更不明白它们对大地震的控制作用……一年后，他毅然带领他的研究团队再上新疆，奔走于天山南北，开始了天山活动逆断裂和活动褶皱的研究工作。他们在国内最早研究了断裂相关褶皱，研究了地下盲断裂与地面活动褶皱的关系，研究了这种新的活动构造类型与地震孕育和发生的关系，研究了褶皱型古地震的识别，研究了如何评价这种挤压型地震发震构造和危险性的方法，等等。几年以后，他们出版了我国第一部关于挤压型活动构造的专著——《天山活动构造》，以总结新的认识，推广新的经验。

为了使活动构造定量研究在全国更普遍、更深入地展开，在改革开放的20世纪90年代，他又一次担任了国家地震局组织的活动构造重点项目活动断裂专家组组长，领导全国活动构造带的大比例尺填图和研究工作，把他的理论和经验推广到全国去。他不顾自己是有病之躯，亲自参加天山地区的野外工作，还奔走于大江南北，组织、指导、检查各个地区的工作。他随身带着硝酸甘油片等急救药品，坦然地面对可能突然加身的病魔的袭击。人生短暂，他不愿在科学的道路上稍作停留。

多年后，他的名字和我国的活动构造研究工作一起站到了世界的前列。

新世纪开始后，他仍然在为自己钟爱的地震地质工作忙碌着。邓起东应邀担任国家发展计划委员会高新技术项目“中国主要大城市活动断裂探测和地震危险性评价”项目的总监理。这是一个关系到许多大城市经济发展和上亿人民生命安全的大事情。同时，他还在探索活动构造的一个新的领域——海域活动断裂探测和古地震研究，希望进一步推动我国活动构造研究工作。他的思索依然在延展，他的探索依然在前进。

有人说，邓起东是“中国当代地震地质和活动构造学的主要带头人和引领者”，我国现在地震地质和活动构造研究水平能和外国人站在同一条线上，就跟他的导向作用有关。

有人说，邓起东是个有功之臣，不但把我国的地震地质和活动构造研究向前推进了一大步，推向了定量研究新阶段，形成了定量活动构造学，并把它应用于城市和工程环境安全评价。

勤恳耕耘收获硕果

70年代初期，为满足国家建设规划和抗震设防的需求，国家要求编制全国地震区划图，当时，年仅三十二三岁的邓起东担任了全国编图组的组长，主持这一工作。他们总结我国地震活动和地震地质的特点，提出了反映地震活动时空不均匀性的区划新思想。1977年完成了我国地震区划图。该图成为我国第一份得到国家批准作为全国建设规划和抗震设防标准使用的地震区划图，结束了我国没有地震区划图使用的历史。

从1973—1979年，邓起东即开始总结我国活动构造和地震地质特征，先后主持完成了《中国活动性构造和强震震中分布图》（1：300万，1976年）、《中国地震构造图》（1：400万，1979年）和《中国新生代构造应力场图》（1：600万，1978年）等全国性图件，出版了相关论文。这是我国最早出版的有关活动构造和地震构造的图件和著作。2007年，在我国活动构造定量研究获得了大量成果后，他又主持编制了新的中国活动构造图（1：400万），汇集了数千个活动构造定量参数，进一步总结了我国活动构造特征，这是防震减灾的一份重要基础图件。经邓起东的手，创造过许多个第一，这张图被誉为“预警地球灾害的好帮手”。

从1980年开始，邓起东将自己的研究方向集中在活动构造的定量研究上，并将研究方向由张性构造转向了走滑断裂。他选择了青藏高原东北缘，并把1920年发生海原8.6级大地震的海原断裂带作为走滑断裂研究的突破口，与此同时还参加了新疆阿尔泰1931年富蕴8级地震剪切型地震破裂带及其他一些走滑断裂的研究工作。他率先把区域地质填图方法应用到活动构造研究中，建立了活动构造定量研究所特有的技术，出版了活动构造大比例尺地质图和专著，在走滑断裂几何学、运动学和形成机制方面有许多新的认识，在理论和技术上都有新的发展和创造，促进了地震危险性评价工作，1992年荣获国家科技进步二等奖。我国前辈地质学家、台湾毕庆昌教授1991年专门来函评价《海原活动断裂带》

"这本巨著在今后数十年内一定会被公认为范本，并被奉为经典"。海原活动断裂带的研究带动了全国活动构造定量研究工作，以此为基础，我国制定了活动构造填图规范，邓起东作为专家组组长领导了全国活动构造带大比例尺地质填图和定量研究工作。

80 年代末期，当海原活动断裂带工作完成后，继完成对张性和剪切活动构造研究工作，他又把研究目标转向挤压型活动构造与地震问题研究，开始了天山活动构造研究工作。

他积极把地震科学研究服务于国民经济建设，几十年来，先后主持完成了几十项城市和大中型工程活动构造及地震安全性评价工作，为工程建设和经济发展的地震安全做出了重要贡献。

直面病魔无畏献身

1985 年 5 月的最后一天，他组织全国各地同行完成了一个大项目，和大家一起去北海公园调整休息了一天。但是，就在长期紧张后突然放松的时候，不幸发生了。第二天他像往常一样，早早起来叫女儿上学。由于连日来晚上都加班到深夜，他感到实在太困乏了，一看时间还不到6点，就又往床上一躺。结果再醒来的时候，突然发现左手左脚都不听使唤了，衣服怎么穿也穿不进去。后来，医生诊断：脑血栓。在转到中日友好医院做 CT 扫描时，医生轻轻地对背着他的同事说："小心，他随时都有可能死在你的背上！"

洁白的病房里，邓起东望着伏在病床前睡着了的满脸担心和疲累的妻子，心里不住地说：原谅我，原谅我。不禁又问自己：我真的病了吗？我真的不能动了吗？不，我不能病，我能动，我的工作还没完成。他试着抬起左手来，却毫无反应，就好像这只手已经不是自己的了：他想伸伸左腿，腿也不是自己的了。他心急如焚，却又无可奈何。他恨不能马上跳下床来，重新拿起那支磨秃了的笔，回到他的研究课题中去。

当时他正在完成著作《海原活动断裂带》一书，生怕被病耽搁了，这本书的完成变得遥遥无期，因此把材料都带到病房里，一边治病一边写作。医生不同意，说这样做疾病随时可能复发；同事也开玩笑地劝他：你的能量是愿意逐渐释放呢还是短暂释放？他说，我在这里无所事事，不能再耽搁了。就这样，他在医院住了两个月，尚未痊愈就继续工作，把《海原活动断裂带》一书完稿了。而他，也博得了一个"拼命三郎"的雅号。然而这也给他留下了一个终生的遗憾：左手和左脚都不能用大的力气，左脚还微微有些跛。

瘫痪在床 14 天的痛苦经历，并没有打败他终身为地质事业献身的决心，他更加精心于自己的事业。可是 10 年后，即 1996 年 6 月病魔又一次侵蚀他的心脏，鲜活的心脏里病魔凶狠作梗捣乱，不得不借助高难度专业手术给拳头大的生命中枢支架搭桥，以恢复健康的血液循环。在检查过程中，做心脏造影还发生了严重过敏，他不住地抽搐，四个人死死按住他的身体，按住胳膊和两腿才渐渐趋于停止。躺在病床上 18 天他体会到生命的无情，更感叹还有许多科学研究需要他来完成，人生的逆境需要坚强挺住。紧接着更大的不幸来临。由于整个生命循环系统损伤，手术一个月后，他身体左侧的肾脏产生病变，左肾积水并出现萎缩，左侧泌尿系统已有不畅，专家会诊后确定切除脏器内占位性病变，当时已经发生癌变，十分危险。1997 年 1 月 27 号切除一个左肾及左路泌尿系统，手术及时准确阻止了病变的发展，这一回，又是九死一生。

虽是九死一生，但这场病症和手术对身体的损害极大，元气损失很多，心脏频频报告危险，几年间出现三次房颤：2005 初次房颤，心脏驱动出现紊乱，一会儿快一会儿慢，特别难受。初次治疗比较容易，只借助一种药物，打针输液，两天就好转过来。但第二次 2007 年房颤，住院花了一个星期时间才算转危为安。第三次房颤，经历时间较长，也比较复杂。后来经过专家治疗，在短暂休克下，靠电击才复转过来。

明天依然奉献

科学人和常人一样吃饭生活衣食住行，但他们与我们相比却有明显差别，他们不会像我们一样追随潮流享受生活，唱歌张不开嘴，跳舞抬不起腿，打牌钓鱼更不沾边，赛车、高尔夫更没时间，只有专业无限宽广，驰骋不尽，乐趣无穷。经过疾病折磨的科学家，深深懂得健康的重要，身体是革命的本钱，拥有健全的体魄，才能在科学上兢兢业业，不断为地球人造福谋利。尽管体力较弱，但他依然早起锻炼，有时练太极有时散步，一走就是三公里，几年来未曾间断。可最近又遇到麻烦，他的双腿出现退行性关节炎，现在走路也不能超过强度，生命处处受阻碍，对于科学事业依然深爱不言弃。

癌变切割，病痛折磨，增加生命的严峻考验。人，尤其是攀登科学的人要有一种抵御精神，否则磨难太多。人生依然要继续，笑对未来，才能不辜负光阴和事业。邓院士的心中依然有一轮太阳升起在山巅，享受阳光深入开拓，推陈出新启迪来者。

一辈子从事地质学研究，他与它生死相依永不分离。经过几十年春秋风雨抵砺，邓教授告诫青年，坚持科研不是容易的事，要做出成绩更不是容易的事。一个好的科学家要具备三个条件：一、志，“有志者事竟成”。这是基本的。只有有了明确的志向，才能具备真正为科学献身的精神，可以说为科学献身是科学研究的第一条件。二、必须有明确的方向，要“设计人生，努力奋斗”。要善于调整自己的研究方向，站在科学前沿，选择各阶段的出击点，混沌是科学研究的大敌，努力实现每一次突破，才有可能获得最后成功。他回忆自己的科研生活，就是一个从张性，到剪切，再到挤压构造的研究过程，踏踏实实地做好了这三件事，包括了地震所有类型的探索。三、“多思、勤奋、求实、创新”是科学人的成功之路。只有不断思考，才能发挥自己的主观能动性，才能发现待解决的科学问题，才能抓住解决科学难题的钥匙；只有勤奋努力，才能知难而进，不断积累；只有充满求实的精神，才能取得求是之果，创新才是科学研究的根本。

邓起东院士是一个在科学研究道路上不断探索的人。他认为：科学工作者的生命是有限的，但科学探索的道路是无穷无尽的。科学家要“设计人生，努力奋斗”。尤其是地球科学家，在自然界这一复杂的系统中，只有不断地发现问题，调整自己的研究方向，才能有所前进。即使是微小的成功，也需要“多思，勤奋，求实，创新”才能取得。紧紧跟随国家和社会的需要，不断自觉地调整自己的研究方向和研究重点，使他在构造地质学和地震地质学的多个方面取得了新的进展和成就。

一个人的力量是有限的，一个人的一生也只能完成有限的几项研究。但是，作为科学家的梯队可以形成永无止境的力量，科学的发展是无穷的。

编者语：他是一个专注事务敏于思考的人，比约定时间晚到30分钟的我很惭愧又紧张，耽误了一位科学家的时间，可他没有在乎这琐碎小节。虽然初次见面，但并未觉得陌生，他温和亲切，还给我泡了一杯美丽的绿茶。在这个阳光灿烂的冬日，陌生费解的地球学和地质结构图呈现在我面前，他耐心地把我奇怪不懂的问题认真仔细解述。我有点不相信自己，但确实的是眼前的这位科学家，他用他真切的语言和行为，在两个小时的时间里展示出他的世界。那半天，大地和岩石，断裂和褶皱，挤压和剪切一点点活络起来，僵硬的土地有着他奇特的生命，大地也有柔软的特别一刻，邓院士把握得最准确。他有一颗博大包容的心怀，爱地震学研究，爱惜每一个生命，尤其是岩石和大地。

科学家讲故事，给每个人触碰尖端科学的机会[1]

本期主讲：本刊荣誉顾问 地质学专家——邓起东

近些年来，世界各地大地震频繁发生，给人民的生命和财产带来了重大损失，地震的阴云总是笼罩在人们的心头。据统计，自2001年以来，全球已先后发生7～7.9级地震200余次，其中包括8～8.9级地震13次，9级及9级以上地震2次。在此期间，中国就已发生7级以上地震5次，最大震级8.1级。继5年前的四川省汶川“5·12”8.0级大地震后，2013年4月20日在四川省雅安市芦山又发生7.0级强烈地震。那么，大地震为何会频繁发生呢？人类面对地震方面还有着哪些困惑呢？

地球一直在颤抖

海城，唐山，汶川。新中国地震史上三个最刻骨铭心的结点。

从大喜到大悲

1975年2月4日0点30分，辽宁省地震办公室在中期预测的基础上，根据2月1—3日营口、海城两县交界处出现的小震活动特征及大面积宏观异常增加，多种异常出现突跳的情况下，做出了带有临震预报性质的地震预测，预测即将有较大地震发生。2月4日10时30分，辽宁省政府向全省电话通知，发布临震预报。此后，各级政府纷纷采取紧急防震措施，甚至连电影院都贴出了公告，要求大家都出来看露天电影，千万不要在屋子里待着。寒冬腊月，民兵们逐家上门把不愿出门的老人们背了出来。果然，当晚19时36分，海城、营口县一带发生了7.3级强震。

作为地震宏观考察队的负责人之一，我和同事们当晚即乘专机出发，并于5日清晨到达海城，开始了我们的工作。精准的地震预报出乎所有人的意料，连美国都派出地震代表团来取经。当时，人们都在为世界上第一次成功预测、预报了7级以上地震，并取得实效，大大减少了人员伤亡而欢欣鼓舞。

然而，仅仅一年多以后，唐山大地震突如其来，带来巨大灾难，令所有中国地震工作者从大喜急

1. 载于2013年6月《青年科学》4—8页。

坠至大悲。对于地震工作者来说，面对每一次强震的束手无策，都是一场凌迟和耻辱。32 年后，这种锥心之痛再次降临。汶川大地震并没有遵循学界认可的规律，震前当地也没有出现学界认可的前兆，即使存在某些异常，也是出现在远离震区的外围。

我国大规模地震预测研究还是1966年3月邢台发生大地震以后开始的。在1966—1976年的10年间，我国大陆地区先后发生了 9 次 7 级以上地震。正是在对这些大地震的研究和预测工作中，我国地震工作者不断总结经验，对地震预测形成了一套长、中、短、临的地震预测技术、方法和制度。不断在“时间、地点和强度”三要素预测中积累经验，吸取教训，取得进展。

目前的地震预测系统主要是利用地震活动的时空活动特征及地震发生前多种前兆异常变化来进行的。这个系统还只是一种经验总结和统计方法，并不是一种有明确物理意义的预测。这些前兆异常可能是震前地震孕育和发生过程中的反应，但它们相互间并不是唯一对应的关系，有时在大震前异常变化强烈，有时震前前兆不清楚，也可以异常变化大，其后并无大地震发生，因而会形成地震的虚报、漏报和错报，更何况各种异常可能由地下多种因素引起，它们在时间和空间上也可能多变，以致在地震监测过程中很难掌握。地震发生在地下深处，对它的孕育和发生过程我们其实认识还很肤浅，对震前多种物理的、化学的变化过程都不易掌握，要真正全面掌握这一过程，并真正用来预测地震还有很长的路要走。

要了解地震，就要认识它是如何发生的

地震发生在地下深处。其实，地下深处也不平静，也在不断地运动，并在运动中受力发生变形，在变形中发生破坏。地震其实就是这种过程的产物。弹性回跳理论认为地震是地下岩石中的应变缓慢积累 — 快速释放的过程。不同性质的变形构造会产生不同类型的地震，如有挤压、拉张和剪切（走滑）作用产生的地震。地球表层的地壳或岩石圈也不是铁板一块，它是由多个地壳或岩石圈板块组成的，在这些板块之间的边界构造带上由于受力性质的不同也会有不同的构造作用，有的是相互聚合的边界，有的是相互分离的边界，有的是相互错动的边界。这些活动着的板块边界正是大地震反复发生的地方，形成大地震发生带，环太平洋地震带和地中海 — 喜马拉雅（欧亚）地震带就是地球上最大的地震带。全球板块构造是最大一级的块体，在板块内部，无论是海洋板块，还是大陆板块内部都存在多级断块，它们的边界构造带，尤其是正在活动的边界断裂带也是大地震的发生带。

明白了这个道理，我们就知道为了要减轻地震灾害，减少地震给我们人类造成伤亡，做好地震预测工作，我们一定要抓住地震之源，即要把发生地震活动的构造带，如活动断裂带、活动褶皱带、活动盆地带和活动断块边界构造带找出来，尤其是要把现在正在活动的这些构造带找出来。经过几十年的努力，我们已经取得了一些进展。早在上世纪 80 年代，我们最早完成了海原活动断裂带 1 ： 5 万比例尺的地质填图，全面获得了最近 1 万年以来的断裂活动的各种参数，被国外同行称赞为最重要的“唯

一可靠的数据”，被老一辈地质学家夸为“经典”和“范本”。然后，我们把这一工作推广到全国，并取得了许多重要的进展。目前，我们正在全国开展这一工作，第一阶段即涉及到全国几十条活动构造带。我们决心不仅要把露出地表的活动构造带搞清楚，也要把隐藏在地下的活动断裂带找出来。为此，地质工作者、地球物理工作者正在通过地质地貌调查和地球物理勘探等多种方法把它们一一加以查明。既要查明它们的活动参数，又要查明它们的深部构造面貌，以便更好地进行地震危险性分析，寻找可能发生大地震的危险地段，更好地进行地震的中长期预测。汶川和芦山地震就是发生在我们在震前划出的地震危险区内。

现在，我们已做出了我国的活动构造图，已经和正在完成许多活动构造带的大比例尺地质填图。21世纪以来，我们还把这一工作应用到全国许多大城市，开展了城市活动断裂探测与地震危险性分析，为的是要把被城市高楼大厦掩盖的活动构造带和深部活动断裂带找出来，制定安全对策，做好减灾工作。与此同时，这些活动构造成果已被广泛地应用到重大工程安全评价工作中，以确保工程安全。在地震短临预测中，越来越全面注意活动构造因素，从发震构造角度来进一步做好重点监视防御区工作，鉴定可能发生大地震的危险地段，把活动构造图像与前兆场的演化结合起来，更好地认识地震的孕育和发生过程，等等，相信这些工作必将进一步促进我国的地震预测工作。

一次新的全球性地震活动高潮

近年来，在全球多个板块边界活动构造带和大陆内部活动断裂带上连续发生巨大地震，其主要活动特征为：震级高、频度大，地震能量在短时间内连续释放；地震既发生于环太平洋板块边界构造带，也发生于地中海－喜马拉雅板块边界构造带，更发生于大陆板块内部；不同板缘边界构造带与板内大陆内部地震活动同步起伏，表现出明显的相关性。这一次地震活动高潮开始于2001年，发生了2001年秘鲁8.4级地震，其后，在环太平洋地震带和地中海－喜马拉雅地震带已先后发生了15次等于和大于8.0级的地震，其中包括2004年苏门答腊9.0级地震，2011年东北日本9.1级地震。此外，还有2010年智利8.8级及苏门答腊两次8.6级地震，其应变总量达9.5×10^{18}焦耳，年应变释放率达到7.9×10^{17}焦耳/年。

值得注意的是，这一巨大地震丛集现象在上世纪50—60年代也曾在全球板块边界构造带和板内活动构造带上出现过。在那一地震活动高潮阶段，自1950年我国西藏察隅8.6级地震开始，至1965年大鼠群岛8.7级地震结束，16年内发生过13次等于和大于8.0级巨大地震，其中等于和大于9.0级地震有：1960年智利9.6级地震、1964年阿拉斯加9.2级地震和1952年勘察加半岛9.0级地震。此外，还有我国西藏察隅和阿留申大鼠群岛等4次8.6～8.7地震，其应变总量达2.5×10^{19}焦耳，年应变释放率达到1.6×10^{18}焦耳/年。

若把全球板块边界构造带的地震活动与青藏高原地震活动相比较，则可发现，青藏高原1997年以来 7.0 级地震活动与全球板块边界构造带及其中的苏门答腊构造段同一时期地震活动高潮的对应性很好。1997 年以来，青藏高原 7.0 级地震均发生在高原中部巴颜喀喇断块周缘活动断裂带上，其中包括 2001 年昆仑山口西地震、2008 年于田地震和汶川地震及 2010 年玉树地震。在同一时期，青藏高原南部还发生了一些震级为 7 级左右的地震，如攀枝花、改则、日喀则、丽江和耿马等地震，所以，我们当时曾估计青藏高原中部巴颜喀喇断块周围及高原南部还会发生 7 级左右地震。果然，2011 年又在中缅边境地区发生了缅甸 7.0 级地震，2012 年在新疆于田发生 6.2 级地震。最近，于今年 4 月 20 日又在四川芦山发生 7.0 级地震，后二者都发生在巴颜喀喇断块周围边界活动断裂带上。

从这两个地震活动高潮历时的简单对比来看，我们现在正在经历的新的地震活动高潮还可能延续一定的时间，例如 5 年左右或略长的時间；虽然从地震次数来看，我们正在经历的最新地震活动高潮中发生的 8.0 级地震的次数已不少于上世纪 50 — 60 年代地震活动高潮，但从释放总应变来看，本期释放的总应变仍小于上一次地震活动高潮。更重要的是，在现在这一次活动高潮中等于和大于 8.0 级地震仍在连续发生，并无结束迹象。2012 年 4 月在苏门答腊地区又连续发生两次 8.6 级和 8.3 级地震，作为在这一次地震活动高潮期中青藏高原地震活动主体地区的中部巴颜喀喇断块周缘地震活动也仍在连续发生过程中。所以，从全球范围来说，本次最新地震活动高潮不仅将延续一定时间，而且可能有 8.0 级地震发生；其次，从前述板块边界构造带地震活动与大陆板内地震活动的相关性分析，在我国青藏高原和南北构造带中南部今后几年中也可能发生 7 级左右地震。所以，我们仍必须加强对大地震的监测，防止它们的突然袭击。

继续向前进

东汉张衡发明地动仪，中国成为最早研究地震的国家。上世纪 20 — 30 年代，翁文灏等地质学家开始对我国大地震进行调查，提出地震带皆有大断裂，发生大地震的断裂时代都比较新，水平动断层和垂直动断层皆能发震。1966 年河北邢台发生大地震，周恩来总理亲赴灾区考察震情，并提出发扬独创精神来努力突破科学难题，研究出地震发生的规律。以李四光为代表的一大批科学工作者奔赴地震研究、地震预测、预报第一线，逐步建立了全国地震和前兆台网，开展地震和地应力等多种手段的观测，总结出地震长、中、短、临预测理论和方法。开始大规模活动构造研究，提出“由老到新，由浅入深，由静到动，由定性到定量”的工作原则，随着海原活动断裂带研究等奠基性工作的完成，实现了由定性到定量研究的跨越。实现了海城、松潘 — 平武地震等多次大地震的预测、预报。

然而，地震发生在地下深处。由于现代科学的发展，人类已经实现了上天、下海，但对入地仍未真正解决。地壳震源深处的难入性是人类共同面临的难题。目前，人类完成的最深钻探也只达到 12000 余米，而且，得到的也只是一孔之见。我们已能运用多种不同的方法研究地下不同深度的物质、结构和变形，地震波可以使我们了解地球最深处的概况，但它们大多是间接的探测方法，不确定性很大。

所以，可以说，人类对地球内部，对地球表面以下的深处还知之甚少，且知之不确，对发生在地下深处的地震，对它的孕育条件、形成机制、发生发展过程均知之甚少，也知之不确。对它不断深入进行研究，了解它，认识它，最后实现预测它，减轻灾害，减少伤亡，这是我们的目标，我们的责任，也是我们要努力为之奋斗、付出一生的动力。

当然，对地震，除了实现预测、预报，减少伤亡，减轻灾害以外，也要做好抗震工作，预测和抗震这是减灾的两个重要的方面，两条重要路子，都要尽可能做好。为了做好抗震工作，国家采取了多种方法，制订了多种规范，编制和不断更新地震区划，提出多种加强抗震的技术方法和措施。针对广大农村民居的现状，我国提出和实现农村安居工程，并在多处取得实效。国内外在这方面也有实现减灾的实际例子。南美洲智利是一个多地震国家。1960年，智利发生全球至今最大的地震，震级达到9.6级，地震破坏严重，人员伤亡很重，但震后至今，坚持人才培养，加强抗震，几十年过去了，抗震能力大大加强。2010年，智利再次发生8.8级大地震，极少发生房屋倒塌，人员伤亡亦大大减少。在我国最近的芦山7.0级地震中，位于Ⅷ度区的芦山县人民医院门诊楼由于采用了橡胶隔震垫、阻尼器等抗震新技术，建筑物经地震后完整无损，连窗户玻璃和楼顶招牌都完好无缺，据说仅掉块墙上贴的墙砖，震后大楼完全正常使用，在救灾工作中发挥了极大的作用。

所以，做好地震预测和加强抗震是减轻灾害两个重要的方面，可以说，这两手都要抓。

地震是人类社会不得不面对的巨大灾害，为了人类的安全，我们有责任实现对它的全面认识，做到能预测，能抗震。今后，人类仍然要面对这种灾害，不得不与之共处。为了实现人类社会安居乐业，我们已往为之做出的努力是值得的，今后仍然应该付出更大的努力来实现这一目标。

邓起东小传

湖南省双峰人，1938年生，1961年毕业于中南矿冶学院（现中南大学）地质系，先后在中国科学院地质研究所和国家地震局地质研究所从事科研工作。主要从事活动构造和地震地质研究，建立和发展了活动构造大比例尺填图技术，推进了活动构造定量研究和古地震研究，对构造地质学和地震地质学有新的发展，最早主编了《中国活动构造图》和《中国地震构造图》，完成了第一份经国家批准作为抗震设防标准使用的《中国地震烈度区划图》。

曾任国家地震局地质研究所副所长，中国地震局地质研究所学位委员会主任、名誉主任，研究员，博士研究生导师，现任中国地震局科学技术委员会副主任，中国地震局活动构造与火山重点实验室学术委员会主任，教育部有色金属成矿预测重点实验室学术委员会主任。2003年当选中国科学院院士。

邓起东院士在国内外发表论文250余篇，专著13部，SCI收录30篇，SCI引用1649次，其中他引1511次；有16项科研成果先后20次获得国家级和省部级奖励，其中包括国家科技进步奖二等奖2项，省部级科技进步奖一等奖3项、二等奖5项，1991年获第二届李四光地质科学奖。

20 世纪中国知名地质学家 —— 邓起东[1]

张培震

摘要：

邓起东，男，地质学家，中国地震局地质研究所研究员，博士生导师，中国科学院院士。曾任国家地震局地质研究所副所长，学位评定委员会主任、荣誉主任，现任中国地震局科学技术委员会副主任，中国地震预报评定委员会委员，国家地震安全性评定委员会委员，南京大学、浙江大学兼职教授，中南大学荣誉教授。曾任中国地质学会理事，中国地震学会理事，地震地质专业委员会主任，《地震地质》副主编，《活动构造研究》主编。邓起东长期从事构造地质学、活动构造学、地震地质学、地球动力学、地震区划和工程地震研究，对我国活动构造和地震构造有深入的研究，对走滑、挤压和拉张等不同类型构造的几何学、运动学和形成机制有创造性发展，建立和发展了活动构造大比例尺填图技术，发展了古地震学研究，领导了全国活动构造地质填图和研究工作，推进和发展了定量活动构造学研究，系统编制了我国活动构造图，总结了我国活动构造和应力场特征，提出了新的运动学和动力学模式，主编完成了我国第一份经国家批准使用的地震烈度区划图，成为全国抗震设防标准，完成了大量城市和大中型工程活动构造及地震安全性评价工作，为经济持续发展做出了重要贡献。至 2007 年止，先后在国内外发表论文 230 余篇，专著 13 部，有 15 项科研成果先后 19 次获国家级和省部级科学技术奖励，其中国家级科技进步奖二等奖 2 项、三等奖 1 项，省部级一、二等奖各 5 项，1991 年获中国地质科学最高奖 —— 第二届李四光地质科学奖。

一、简历

邓起东 1938 年出生于湖南省双峰县滩头湾世祜堂，幼时曾在家乡私塾读书，1949 年插班长沙市豫章小学五年级，初中就读于长沙市雅礼中学，高中毕业于长沙市第七中学。高中期间，王希愚老师讲授的地理课程和参加地理课外小组活动使他对地球和地球科学发生了浓厚的兴趣。1956 年，怀着对大

---

1. 见 2013 年科学出版社出版的《20 世纪中国知名科学家学术成就概览》《地质学分册》（2）675 — 691 页。

自然的迷恋和为祖国寻找宝藏的少年壮志，报考了中南矿冶学院地质系。大学期间有幸得到陈国达院士等名师教导，学业优异。1960年被学校选调到地质系任助教，在研究室进行科研工作。

1961年完成了大学学业后，他跨进了久已向往的中国科学院这一科学研究的殿堂，到了中国科学院地质研究所，一直在张文佑院士领导的研究室工作，一方面学习断块构造理论，另一方面开始在构造破裂理论方面进行探索。1963年，他参加了中国地质科学院地质力学研究所由地质力学创始人李四光院士亲自主持的第一届地质力学培训班学习，直接聆听院士和专家们的讲授和指导。此时，上世纪60年代，正是地球科学板块构造理论创建和大发展时期，又及时学习到国际上正在发展的新理论。虽然由于“文化大革命”的开始，他去国外进行研究生学习的语言准备不得不终止，失去了一次进一步学习提高的机会。但回首往事，他在青年时期有幸从大师们的教导中吸收新知识，学习不同的理论，在多方面经受锻炼，为一生在科学道路上探索打下了最重要的基础。60年代初期，他开始进行褶皱和断裂形成机制研究，并开始发表关于剪切破裂带形成机制的论文。

l966年3月，河北邢台7.2地震级发生后，他响应国家号召，把自己的研究方向转移到最新构造活动与地震的研究上，从此开始了几十年的地震地质和活动构造研究。河北邢台和河间地震后，他参加了第一份华北平原地震构造图的编制，并在北京和山西地区开展地震地质调查和地震基本烈度评定工作。1967年，他开始领导山西地震带的地震地质调查工作，逐一研究带内每个盆地、每一条断裂的活动和每一个大地震的发震构造，直到1970年工作结束。当时我国对地震地质和活动构造的认识还处于初期阶段，山西地震带的工作既为全国范围内活动构造早期调查提供了一个良好的范例，也为其后他们在70—80年代在华北和鄂尔多斯地区开展张性构造研究，并完成鄂尔多斯周缘断裂带研究打下了基础。这一项经过长期努力获得的工作成果在1991年获得了国家科技进步奖二等奖。

1975年，辽宁海城发生7.3级强震，邓起东负责地震灾害和地震地质调查工作。他发现海城地震的发震构造是一条走向北西西向的新破裂，与地表北东方向断裂不一致，提出了该区最新构造“北东向成条，北西向分块”的活动样式，指出了海城地震发生于一个北东向和北西向断裂汇而不交的构造部位，并提出了一个水平力和垂直力联合作用模式来解释海城地震的动力学成因。

70年代初期，为满足国家建设规划和抗震设防的需求，国家要求编制全国地震区划图，当时，年仅三十二三岁的邓起东担任了全国编图组的组长，主持这一工作。他们总结我国地震活动和地震地质的特点，提出了反映地震活动时空不均匀性的区划新思想，1977年完成了我国地震区划图，成为我国第一份得到国家批准作为全国建设规划和抗震设防标准使用的地震区划图，结束了我国没有地震区划图使用的历史。

从1973—1979年，邓起东即开始总结我国活动构造和地震地质特征，先后主持完成了《中国活动性构造和强震震中分布图》（1∶300万，1976年）、《中国地震构造图》（1∶400万，1979年）和《中国新生代构造应力场图》（1∶600万，1978年）等全国性图件，出版了相关论文。这是我国最早出版的有关活动构造和地震构造的图件和著作。2007年，在我国活动构造定量研究获得了大量成果后，他又主持编制了新的《中国活动构造图》（1 ∶ 400 万），汇集了数千个活动构造定量参数，进一步总结了我国活动构造特征，这是防震减灾的一份重要基础图件。

从 1980 年开始，邓起东将自己的研究方向集中在活动构造的定量研究上，并将研究方向由张性构造转向了走滑断裂。他选择了青藏高原东北缘，并将 1920 年发生的海原 8.6 级大地震的海原断裂带作为走滑断裂研究的突破口，与此同时还参加了新疆阿尔泰 1931 年富蕴 8 级地震剪切型地震破裂带及其他一些走滑断裂的研究工作。他率先把区域地质填图方法应用到活动构造研究中，建立了活动构造定量研究所特有的技术，出版了活动构造大比例尺地质图和专著，在走滑断裂几何学、运动学和形成机制方面有许多新的认识，在理论和技术上都有新的发展和创造，促进了地震危险性评价工作，1992 年荣获国家科技进步二等奖。海原活动断裂带的研究带动了全国活动构造定量研究工作，以此为基础，我国制定了活动构造填图规范，邓起东作为专家组组长领导了全国活动构造带大比例尺地质填图和定量研究工作。

80 年代末期，当海原活动断裂带工作完成后，继完成对张性和剪切活动构造研究工作，他又把研究目标转向挤压型活动构造与地震问题研究，开始了天山活动构造研究工作。

他积极把地震科学研究服务于国民经济建设，几十年来，先后主持完成了几十项城市和大中型工程活动构造及地震安全性评价工作，为工程建设和经济发展的地震安全做出了重要贡献。

二、主要科学研究成就、学术思想及影响

邓起东是一个在科学研究道路上不断探索的人。他认为：科学工作者的生命是有限的，但科学探索的道路是无穷无尽的。科学家要“设计人生，努力奋斗”。尤其是对地球科学家，在自然界这一复杂的系统中，只有不断地发现问题，调整自己的研究方向，才能有所前进。即使是微小的成功，也需要“多思，勤奋，求实，创新”才能取得。紧紧跟随国家和社会的需要，不断自觉地调整自己的研究方向和研究重点，使他在构造地质学和地震地质学的多个方面取得了新的进展和成就。

（一）主要科学研究成就

剪切破裂带理论研究

60 年代初期，邓起东开始了褶皱和断裂形成机制研究，他和同事们奔走于三峡水电枢纽、四川油田、北京西山等不同地区，开展深入的野外观察，在实验室开展模拟实验，对不同性质断裂的几何学和运动学特征进行对比、分析，甚至即使在北京的公园和现代化建筑物里，面对岩石台阶和墙面上的裂缝也要仔细揣摩。辛勤的工作使他们在剪切破裂带方面形成了新的思想，提出了剪切破裂带羽列的新概念，对剪切破裂带形成机制进行了新的论述。他们先后发表了有关论文，并在“文化大革命”开始前的最后一期科学期刊上发表了《剪切破裂带的特征及其形成条件》，对剪切破裂带的结构和构造组合

进行了新的研究，对剪切破裂带内不同结构面的力学机制和形成机理进行了理论分析，其相关内容被选编到构造地质学大学教材里面，也为以后研究走滑断裂打下了良好的基础，成为国际期刊相关专集的约稿论文。

山西断陷带研究——剪切拉张成因、断裂分段活动

控制中国华北地区强震的地质构造是具有拉张和剪切共同作用的活动断裂，这类断裂的地震构造特征是什么？其活动的动力机制是什么？是当时急需解决的关键问题。邓起东在对华北平原地震构造研究的基础上，1966年底开始了对地表出露好、历史地震活跃的山西地震带开展研究，并于1967年开始领导了这一工作，直到1970年工作结束。此时，正值“文化大革命”最混乱的时期，邓起东与他的同事们在社会情况十分复杂的条件下，甚至是在“武斗”动荡的环境中研究了山西断陷盆地带这一活动构造带和强震活动带。在4年的野外工作中，他们北起大同盆地，南至运城和灵宝盆地，对每一个断陷盆地，对每一条控制盆地的活动断裂，对发生在断陷盆地带中每一个大地震进行了详细的实地考察和深入的理论分析，终于使一条鲜活的活动断裂带和地震带呈现在人们的眼前。他们纠正了当时山西断陷盆地带被认为是挤压性构造盆地的说法，提出是正断层控制的张性盆地的新认识，发现了后期正断层与前期逆断层的构造反转，研究了大地震与活动断陷盆地的关系，确定了带内大地震的发震构造，对断陷盆地带内地震活动的时空不均匀活动图像和地震活动趋势做出了分析和判断。这一研究工作奠定了这一地区地震地质工作的基础，又推动了我国的活动构造和地震地质工作。论文在1973年复刊后的《地质科学》第一期科学杂志上发表后，美国地震学会主席C.R.Allen认为这是一篇最好的地震地质学论文，并在美国被全文翻译。此后，他们又不断对山西断陷盆地带深入开展研究，有了一系列新发现，确认了这是一条右旋剪切拉张带，中段为北北东向以右旋剪切为主的活动断裂控制的断陷盆地带，南北两端为北东东向正断层控制的盆地－山岭构造组成的尾端拉张构造区，剪切段走滑断层的地震活动水平和最大潜在地震震级要大于尾端拉张区的正断层及断陷盆地。这种活动构造带分段活动特征和地震活动强度差异是活动断裂分段性最早期的研究成果。在山西活动构造带得到的断裂滑动速率和古地震及其复发间隔等参数也是我国活动构造最早得到的活动构造定量研究成果。

海城地震及其发震构造模型

1975年2月4日晚，辽宁海城发生了7.3级地震，邓起东作为工作队成员，当晚即登上了专机，2月5日凌晨即赶到海城。作为宏观调查队的负责人，他主要负责灾害评估和发震构造调查。由于海城地震实现了成功预报，人员伤亡大大减少，但建筑物破坏依然严重。时值严寒的东北地区，滴水成冰，加之有余震威胁，震后开始几天物资供应困难，每晚只能露宿广场。天寒地冻，调查工作十分不易。然而，在考察队员的努力下，科学调查工作不断取得进展，地震破坏状况不断得到统计，等震线图逐渐完整，宏观地震前兆不断被研究，北西西向地震地表破裂带被发现，震区构造逐渐得到认识。宏观调查结束后，他们又对海城震区地震构造进行了进一步研究，广泛汇集了区域活动构造、深部构造、现代地壳形变、地震活动序列和各种宏观、微观前兆的时空分布资料，1976 年提出了海城地震的发震构造模型：区域构造背景为北东构造成条，北西构造分块，地震发生于北东向和北西向断裂汇而不交的构造部位，发震断层为一条北西西向新生破裂，破裂由东向西扩展，终止于一条北北东向断裂；深部构造条件是震区位于深部莫霍面和上地幔高导层隆起之上；区域应力场作用的水平力和深部物质运动产生的垂直力的联合作用孕育了海城地震。此外，他们还根据各类地震前兆的时空分布提出了地震孕育和发生过程。

华北活动构造和动力学研究

在华北平原、山西断陷盆地带、邢台和海城地震等大地震研究的基础上，邓起东把眼光瞄准了华北区域活动构造及其动力学问题研究。

早在上世纪 70 年代，邓起东从新构造和活动构造角度研究了中国新构造应力场特征及其与板块运动的关系，对我国大陆板块内部不同构造区的应力场进行了总结，对它们与我国周缘板块运动的关系进行了分析。其中，华北断块区区域构造应力场的主压应力方位为北东东向，主张应力方位为北北西向。在这一应力场的控制下，区内北北东向断裂具有右旋走滑特征，北西向断裂则表现为左旋走滑断裂，但同时这些断裂均具有正断裂倾滑分量，控制张性断陷盆地。从深部构造特征来看，华北平原区和山西等断陷盆地带的莫霍面和上地幔高导层顶面均发生上隆，显示深部物质的上涌流动。从整个华北断块区来看，断裂水平运动分量仍然大于垂直运动分量，单一的动力作用不能解释活动构造的这种复合运动性质。1984 年，在大陆地震与地震预报国际会议上，邓起东提出了区域应力场的水平力与上地幔深部物质运动产生的垂直力的联合作用模式。这一动力学模式为更好地认识华北新构造和活动构造打下了理论基础。

在上述研究工作的基础上，邓起东在上世纪 80 年代初倡议对华北和鄂尔多斯地区的活动构造及其动力学进行综合研究，并亲自主持了从 1983 年开始的鄂尔多斯活动构造总结工作。不幸的是，由于长期劳累，1985 年，年仅 47 岁的他突患脑血栓，不得不由其他同事来组织完成，但他仍作为负责人之一，继续参与组织工作和实际工作，直到专著完成。1985 年，邓起东还发表论文，总结鄂尔多斯地区的活动构造，提出了在青藏高原的推挤作用下，鄂尔多斯地区活动构造的共轭剪切及水平力和垂直力联合作用模式。1988 年，鄂尔多斯周缘活动断裂系专著出版，并于 1991 年荣获国家科技进步二等奖。

经国家批准使用的我国第一份地震区划图

国家建设工程需要按照一定标准来进行抗震设防，这可通过地震区划来实现。我国虽然在上世纪 50 年代曾对地震区划进行过探索，但始终没有国家批准的地震区划图。上世纪 70 年代初，全国地震区划图任务下达了，国家地震局组织全系统的研究所和各省地震局来共同完成这一任务，还成立了全国地震烈度区划编图组来领导这一工作，邓起东担任这个组的组长，主持这一工作。经过对我国地震活动的总结，发现我国地震活动在空间上是不均匀的，不同地震区和地震带地震活动水平不同，不同地区和不同地点的地震危险性不同，发震构造的尺度和性质与地震震级、地震类型和发震地点等密切相关，因而发震构造是确定地震危险区的重要标志。另一方面，地震活动的时间分布也是不平稳的，时起时伏，同一条地震带在地震活动活跃期和平静期地震活动的频度和强度不同，在一个地震活动周期的不同阶段的地震危险性也不相同。针对中国地震活动在时间和空间上不均匀的特性，他和同事们提出了在地震区划中要根据地震活动时空不均匀性来划分地震区带，估计不同地震区带的未来地震活动水平；要根据地震发生的发震构造条件来划分地震危险区，估计未来地震活动强度。在这种新的地震区划思想和原则的指导下，他们在1977年完成了《中国地震烈度区划图》，并经国家批准成为第一份作为全国建设规划和抗震设防标准使用的地震区划图，结束了我国没有地震区划图使用的历史，为国家改革开放以来大规模的经济建设提供了服务。

古地震研究

古地震研究是通过保存在晚第四纪沉积物中的位错及其他与地震有关的地质和地貌证据来识别发生在有历史记载之前的史前地震及其年代、频率与强度，是认识断裂长期活动习性和在更长时间范围内研究强震活动规律的重要内容，被认为是20世纪80—90年代活动构造研究和地震危险预测中最有成就的前缘领域。邓起东与同事们从70年代末期、80年代初期就开始注意和引进有关古地震研究的理论和方法，并根据大陆内部不同性质活动断裂的特点研究古地震识别标志和古地震活动历史。1981年在研究新疆1931年富蕴地震破裂带时，发现走向滑动断裂水平错动对水系堵塞所形成的古断塞塘及其伴随的沉积物和断裂古沟槽沉积物，提出了古断塞塘沉积形成的楔状堆积及古地震沟槽堆积可作为古地震的识别标志。1982年在研究宁夏1739年平罗地震破裂带时，他敏锐地认识到探槽中近断层处的粗颗粒堆积就是美国科学家刚刚开始讨论的代表古地震事件的崩积楔，利用该标志对古地震事件进行了划分。与此同时，他根据正断裂和走滑断裂的运动特征，提出了“充填楔”“构造楔”等新的古地震识别标志。上世纪90年代初，他又对新疆北天山山前逆断裂的古地震开展了研究，提出利用断裂多次活动形成的不协调褶皱及逆断裂崩积楔等识别古地震事件的新标志。他还提出要用多探槽对比来研究古地震及其活动历史，他应用这些标志和方法对宁夏海原走滑断裂和新疆北天山逆断裂的古地震开展了系统研究，发现北天山的古地震具有4000年左右的复发间隔，西段最晚一次古地震事件的年龄至今已经超过4000年的复发间隔，具有很强的地震危险性；海原断裂带上的古地震具有丛集特征，古地震事件主要发生在距今1000—3000年和5000—7000年的两个时段内，丛集期外很少发生；而且在丛集期开始和结束的时候，往往是整个断裂带都发生破裂，从集期内则只是某一两个段落破裂。因此，提出多重破裂概念，断层破裂和错动的历史是一幅多重破裂的历史。这些研究推动了我国古地震学研究，对认识强震复发规律、评价活动构造的地震危险性具有重要意义。

海原活动断裂带、拉分盆地、构造转换及平衡

海原活动断裂带是青藏高原东北缘的一条主干断裂，1920年沿该断裂带发生了8.6级强烈地震，造成20多万人的死亡。作为走滑断裂研究最重要的实例，邓起东从1981年开始组织了对海原断裂带的系统研究工作，通过大比例尺地质填图，对断裂带几何学、运动学和拉分盆地进行了研究，对断裂带分段和各断层段全新世1万年以来的滑动速率进行了测定，对古地震开展了研究，对海原地震地表破裂带及同震位移分布进行了测量等。研究工作历时7年，在上述各方面取得了系统的定量研究结果，为中国活动构造定量研究提供了范例。他们最早完成了1 ： 5万比例尺活动断裂带地质图，他们发现海原断裂带早期以向北北东方向逆冲为主，上盘形成背驮式褶皱和向南逆冲的反向断层系统，在早第四纪晚期转变为走向北西西的左旋走滑断裂，实现了断裂带演化过程中的反转。在海原走滑断裂带东南端形成近南北向逆断裂和挤压褶皱组成的尾端挤压构造区，它们本身又被左旋扭曲，其变形幅度和变形时代与走滑断裂的演化密切相关，他们定量地研究和对比了走滑断裂带走滑量与断裂带尾端挤压区缩短量的平衡关系，这是对构造转换平衡问题的最早也是最好的研究实例。他们研究了海原走滑断裂带的结构和几何学特征，确定了海原走滑断裂带由多条次级剪切断层组成，这些次级剪切断层与整个断裂带走向有极小的交角，羽列排列是其基本特征。他们发现在不连续次级剪切断层之间的拉分阶区形成拉分盆地，在挤压阶区形成推挤构造。他们通过填图，详细研究了带内多个拉分盆地，在拉分盆地内发现了盆地内部张剪切断层，这是随着沿断裂带走滑位移不断积累，拉分盆地被贯穿消亡时产生的一种新的类型的构造。据此，他们提出了拉分盆地形成新模式，这是我国第一次研究拉分盆地，也是研究得最好的一批拉分盆地。他们研究了海原活动断裂带及带内各次级剪切断层的运动学定量参数，即断裂全新世滑动速率，得到海原活动断裂带全新世左旋走滑速率小于10 mm/a，而且，断裂带各段的滑动速率不同，具有分段活动特点。这是国际上最早给出青藏高原主要走滑断裂的低走滑速率数据之一，不仅与以后查明的青藏高原主要走滑断裂全新世活动水平一致。也与20年后利用GPS获得的断裂现今滑动速率一致。通过多探槽对比和三维组合探槽研究，他们研究了海原活动断裂带的全新世古地震及其活动历史，不但发现了断裂带古地震的丛集活动特征，分析了丛内和丛间古地震活动间隔不同，前者小，后者大，还提出了海原活动断裂带的古地震具有多重破裂的特征。根据古地震重复间隔的不同，海原活动断裂带可分为3个破裂段，有时在一次古地震事件中只是其中的一个断层段或两个断层段发生破裂，有时是全带3个断层段同时破裂，前两种破裂事件的震级要小于后者，后者是活动断裂带上震级最高的大破裂，在海原活动断裂带内发生在地震活动丛的最后阶段。这是我国最早利用多探槽对比和三维组合探槽研究古地震，最早发现古地震丛集和断裂多重破裂特征的研究实例。海原活动断裂带研究，不仅给出了一个走滑断裂带最典型的实例，是对构造地质学和活动构造学研究的重要贡献，引起了国内外的重视，被国际杂志走滑断裂专集约稿发表论文，其相关专著被专家称为“范本”和“经典”（毕庆昌语），而且荣获1992年国家科技进步二等奖。

青藏高原运动学特征与块体低速率有限滑动模型

海原活动断裂带大比例尺地质填图及所取得的成果推动了我国活动构造定量研究工作，相继在全国近20条主要活动构造带上开展了大比例尺填图和定量研究。邓起东领导了这一工作，并在海原活动断裂带定量研究的基础上，进一步研究了青藏高原范围内多条北西西向活动走滑断裂带的活动特征及其间的北西西向条状块体的运动特征。指出：高原断块区被多条活动断裂带划分为多个次级断块，断块区和次级断块边界的活动构造带既是主要的应变释放带，也是强震活动带；这些边界活动断裂的滑动速率是一种低速率的滑动，从海原断裂带向南，直至青藏高原中部的鲜水河断裂，北西西向断块边界断裂均作左旋滑动，其滑动速率由北向南逐渐加大，由每年几毫米加大到每年十几毫米，说明高原内部次级块体的东向滑动速率由北向南加大，至鲜水河－玛尼断裂以南的羌塘－川滇块体滑动速率最大；正是由于青藏高原中部羌塘－川滇块体向东南运动最快，该块体南侧的红河断裂带和班公错－嘉黎断裂带转变为右旋走滑断裂，其滑动速率与鲜水河断裂的速率相当；高原和高原内部次级块体的这种块体运动主要来源于印度板块的向北碰撞和推挤，其中这种挤压作用在东西喜马拉雅构造结的阿萨姆和兴都库什地区形成强烈楔入，引起楔体周围地区强烈的变形，高原和高原内部次级块体则以不同的速度向东南滑动，其中以中部羌塘－川滇块体滑动速度最大。这些关于青藏高原晚第四纪活动断裂和块体运动学的认识在1984年喜马拉雅地质学国际讨论会上发表后，受到欢迎，也为邓起东提出青藏高原和高原内部块体的运动学模型——低速率有限滑动模型打下了基础。该模型指出：作为板块构造的一个组成部分，大陆内部板块是由多级别、多层次的块体组成的，即断块区和断块；断块区和断块的边界由不同规模的活动构造带组成，成为主要应变释放带和构造活动带，断块内部可能有一定水平的构造活动，但其强度小于块体边界构造带；陆内块体的运动是一种有限制的滑动，即小运动量、低速率的块体运动；下地壳、上地幔的流变与上地壳的脆性变形有着紧密的关系，板块驱动的水平作用力与陆内深部物质运动产生的垂直力的联合作用共同控制着板块内部的变形和构造活动。多级别、多层次块体变形和块体低速率有限滑动模型可以更好地理解青藏高原的前述构造活动和运动学特征。

天山活动逆断裂和活动褶皱、板内新生代再生造山带研究

横跨中亚大陆腹地的天山是地球上最典型的大陆内部新生代复活再生造山带，目前仍在持续隆起并向两侧扩展，不断形成新的活动逆断裂和褶皱带，并伴随着强烈地震的发生。天山不仅是研究大陆内部地球动力过程和内陆强震的“天然实验室”，也是研究活动逆断裂和褶皱带的理想场所。邓起东等在完成了海原走滑断裂带研究后，把新的研究转向了这一条再生造山带，对天山挤压型活动构造进行了研究。他们发现，天山的新生代构造变形以山前向南北两侧盆地的扩展为特征，使得两侧新生代地层逐渐褶皱成山，形成多排逆断裂－褶皱带，北天山山前逆断裂－褶皱带的形成年龄由南向北越来越新，南天山则由北向南迁移，天山的新生代构造活动是一种扇形的双向逆冲增生过程。他们还发现，天山山前逆断裂－褶皱带由前展式断裂扩展褶皱所组成，并对断裂扩展褶皱的二维和三维几何学、形成机制及其与滑脱面－断坡系统的关系进行了研究。这些褶皱的发育受深部活动着的滑脱断裂和前缘逆断层断坡控制，随着深部逆断裂的演变和空间扩展，它们中的一些出露地表，另一些则仍然隐伏于地下

呈“盲逆断裂”状态。1906年玛纳斯7.6级地震即是沿北天山山前逆断裂–褶皱带产生的一次盲断裂型“褶皱地震”，由于震源发生在深部盲断坡上，盲断坡向上的滑动通过近水平滑脱面向北传递，以致震中区只发生地表破坏而不产生地表构造变形，而在其北远离震中区的活动逆断裂–背斜带形成褶皱隆起和破裂出露地表形成断层陡坎。这是中国大陆首次发现和研究的“褶皱地震”事件。他们还研究了天山晚更新世和全新世阶地的年龄及其变形，包括最新断裂活动和最新褶皱作用，计算了晚更新世和全新世活动逆断裂—褶皱带的变形速率，计算了天山不同构造段最新缩短速率及其分段变化。有关天山新生代构造变形的研究不仅对于阐明这一条板内再生造山带的地球动力学有重要意义，还对天山两侧沉积盆地的油气资源勘探起着指导作用。

系统编制全国活动构造图

活动构造是确定未来强震可能发生地点的重要依据，也是地震灾害防御、区域建设规划制定和建筑抗震设计不可缺少的基础资料。早在1976年邓起东就在当时全国活动构造初步调查和研究的基础上，主编完成了我国第一张《中国活动构造图》(1∶300万)，1978年完成了《中国新生代构造应力场图》(1∶600万)，1979年完成了《中国地震构造图》(1∶400万)，发表了有关论文。这些图件和论文不断深入地揭示了中国大陆活动构造、构造应力场和地震构造活动图像和特征，在促进我国地震灾害防御和科学研究上发挥了很大作用。最近20多年来，中国的活动构造进入了定量研究阶段，并取得了很大进展。2007年邓起东又及时总结这些定量研究结果，重新编制和出版了新的1∶400万中国活动构造图，详尽地表示了活动断裂、活动褶皱、活动盆地、活动块体、活动火山和强烈地震及地震地表破裂带等不同类型的活动构造及其运动学参数，总结了中国活动构造的基本特征。他们指出，喜马拉雅和台湾现代板块活动边界构造带变形强烈，断裂滑动速率大于20 mm/a；大陆板块内部地区的构造活动以块体运动为特征，可以划分出不同级别的地壳和岩石圈块体，其中以青藏、新疆和华北断块区的现代构造活动最为强烈；不同区域内200多条活动构造带的2000余个运动学参数表明，大陆板内构造活动是一种有限制的低速率块体运动，块体边界构造带的水平滑动速率一般小于10 mm/a，我国活动构造的实际资料不支持高速率、大滑动量的刚性块体逃逸理论。

城市和工程的活动构造和地震安全性评价

邓起东几十年来不仅活跃在构造地质学理论研究战线，还根据国家建设的需要，积极把理论研究成果应用于城市和工程抗震工作。他与同事们先后完成几十个大城市和几十项大中型工程的活动构造和地震安全性评价工作。既有核电等电力建设工程，又有长线状输油、输气管道工程；既有大城市活动断裂探测与地震危险性评价工作，又有大中型工程的地震安全性评价工作。他在这些活动构造应用研究中，结合工程建设的要求和城市构造环境特点，把活动构造理论研究成果与建设工程的实际需要结合起来，提出新方法，解决新问题。1991年，他在最早从事我国长线状输油管道活动断裂安全性评价工作中，根据工程需要对活动断裂未来错动量做出预测的要求，应用定量活动构造学理论研究成果，提出多种活动断裂未来错动量评价方法，为工程特别是长线状工程抗震和抗断设计提供了必需的参数，为活动断裂安全性评价开辟了新的途径。在大城市隐伏活动断裂探测与地震危险性评价工作中，他不但明确地提出了这一项工作的核心科学问题和技术路线，成为完成这一工作的指导思想，还针对不同阶段工作中遇到的实际问题提出解决的关键技术和方法，先后发表了多篇有关城市活动断裂探测技术和方法的论文，用以指导对城市直下型活动断裂和直下型地震的探测和评价工作。

严于律己，积极培养人才

邓起东既是一个为人热情、平易近人的人，又是一位严于律己、踏实肯干的人。他既善于组织和协调各方面的力量开展大科学项目的综合研究，又总是亲历亲为，亲身参与实际工作，并在实践中形成新的思想，提出新的认识；他能敏锐地发现线索，并积极思索，根据发现的问题，调整自己的研究方向和研究重点，不断探索，通过多年辛勤的工作，使认识达到一个新的高度；他积极参与国内外科学交流，开展深入的合作研究，所以，他能使他的科研工作站在活动构造学发展的前列；他著述丰富，却并不漂浮，他要求其著作能代表新水平、新高度。这种积极努力和严格要求正是他走上成功之路的原因。

邓起东总是热情帮助与他共同工作的同事和年轻学子。他不仅与他们共同开展野外调查，也与他们开展深入的讨论。他可以放弃自己去国外工作的机会和缩短在国外考察的时间，使年轻同事和研究生得到出国锻炼的机会。他努力创造条件送学生们出国深造，并鼓励他们学成回国为祖国贡献力量。他至今已先后培养了 20 多名博士和硕士，绝大多数都已成为科研和生产工作中的骨干或组织者，有的成为 973 项目和国家级科学工程的首席科学家，有的走上了研究所所长、副所长，司局长等领导岗位，更多的作为研究员、副研究员成为科研的骨干力量，不断创造新的科研成果。

（二）学术思想及影响

作为一位构造地质学家和活动构造专家，邓起东通过多年科研工作，逐渐形成了其独特的学术思想，主要表现在以下诸多方面：

构造系统论

构造变形可以有连续变形和非连续变形，虽然本身非常复杂，但每一个个体都不是孤立存在的，它们是在一定力学环境下形成彼此有机联系的一个整体。在进行构造变形分析时，必须从系统论的角度对它们进行评价，而不能孤立地去分析各个个体。邓起东在走滑断裂带研究中，从剪切作用条件下去认识整个走滑断裂带的变形，包括次级剪切断层的形成，拉分和推挤阶区的变形，不连续阶区的发展，变形的集中和断裂的贯通，走滑断裂的枢纽作用及其引起的断裂两侧的变形，破裂的发生和发展，尾端破裂的扩展等不同方面对整个走滑断裂系统进行全面的分析，对该系统在空间上的变形关系及时间上发展演化进行整体分析。在活动断裂与活动褶皱关系研究中，他抓住断裂和褶皱活动引起最新河流和冲洪积扇的变形，通过变形实测和年龄测定，既获得逆断裂的最新活动参数，也获得了活动褶皱变形的运动学信息，对二者的相互关系做出了深入的研究。把这种思想应用于大陆构造和区域构造研究，从不同类型构造及其相互关系分析和运动学研究出发，认识板块构造和板内断块构造的关系，认识中国大陆活动构造的断块构造特征，并特别研究了构造活动的反转及转换。

任何构造活动过程都不会是一成不变的，会随着时间的发展而变化，在一个阶段表现为挤压型逆断裂作用，在另一个阶段，由于应力状态的变化，力学性质可能发生变化，既可以转变为张性正断裂，也可转变为走滑断裂，变化是常态，总是存在的，不变是相对的，继承性总是有限制的。他在研究复杂的构造活动过程时，特别注意构造的反转。在上世纪60年代，当他们在研究山西断陷盆地带时就发现该构造带早期的挤压构造在后期反转为张性构造，后期正断裂切断早期逆断裂、逆掩断裂和推覆构造，并于70年代初期发表了构造反转的著名剖面，从而对山西断陷盆地带带来了全新的认识。后来的进一步研究说明，这种构造反转存在于鄂尔多斯，乃至整个华北构造区，从而引起人们的更加重视。80年代，他们在海原活动断裂带研究工作中，再次发现了构造反转，这次是海原活动断裂带在早更新世早中期是一条逆冲断裂及其控制的背驮式背斜，但在早更新世晚期，断裂带性质发生了变化，反转为一条左旋走滑断裂，开始了新的活动阶段。这种反转后来在青藏高原多条活动断裂带的研究中被发现，只是不同地区构造反转的具体情况可能有所不同。

构造转换及其相互平衡关系是构造地质学中另一个重要问题。在空间上一幅繁复的构造活动图像中，不同构造带或不同构造段之间的转换是常见的。而且，相互间应该是平衡的，不平衡是不合理的。上世纪80年代，他们在青藏高原东北边缘地区北西西向海原左旋走滑断裂带的东端发现了近南北向的六盘山和马东山等以逆断裂和褶皱为特征的挤压构造带，通过活动构造地质填图，他们计算了走滑断裂的走滑量和逆断裂—褶皱带的地壳缩短量，二者是平衡的。以后人们在阿尔金走滑断裂带东北端和鲜水河断裂东南端都发现了这种转换和平衡关系。即使是在区域构造研究中，人们也经常碰到同样的问题，如龙门山构造带的缩短与其西一系列左旋走滑断裂的活动及巴颜喀喇断块的向东南运动之间的关系，等等。

由此可见，构造变形总是由不同种类和不同级别的个体组成一个有机联系的系统，构造活动在时间过程中的反转和在空间关系上的转换平衡是整个构造系统中重要一环，是一个构造地质学家和活动构造学家必须面对的重要问题。

板块构造和板内断块构造

板块构造是全球大地构造新的理论，但大陆地区经历复杂的活动历史和构造作用，具有更加不均匀的物质成分，其构造活动图像和运动性质也更加复杂，因此，板块构造常被指为不适合理解大陆内部繁复的板内构造活动。其实，中国科学家早年提出的断块构造就是解释大陆板块内部构造活动的很好的理论。邓起东等根据张文佑院士提出的断块构造理论，对中国大陆地区不同级别、不同层次的活动断块区和断块及其构造和地震活动特征，不断深入地进行总结，多次出版了中国活动构造和地震构造图件及相关论文、专著。他们还根据全国活动构造带的运动学定量参数提出了板内断块区和断块的运动状况和模式。这些活动构造研究结果，不仅为理解我国大陆内部构造活动和地震活动提供了理论基础，也为进一步提出板内低速率有限制的块体运动模型提供了构造框架。

联合作用的动力学模式

构造运动和构造活动的动力学问题是构造地质学和活动构造学中的一个核心问题。人们常常根据各自掌握的资料和对资料的理解，提出对动力学的回答，有的人从板块运动、从区域应力场作用等出发，提出一个地区构造活动的动力学模式，印度板块对欧亚板块，对中国大陆的碰撞和推挤作用成为中国构造活动的主要动力来源；有的人强调太平洋板块和菲律宾海板块在中国大陆东部的俯冲成为中国大陆，尤其是东部地区构造活动的动力因素；有的人认为裂谷来源于区域水平应力场作用和破裂的产生，深部物质的均衡调整，即所谓的被动裂谷型；有的人强调深部物质垂直作用引发地壳的破裂和断陷作用的发生，即所谓的主动裂谷作用。邓起东等研究了中国的盆地和大地震形成的地震构造特征及深部构造背景，在研究 1975 年海城 7.3 级地震发震模型时率先提出了区域构造应力场水平作用力和深部构造向上隆起，深部物质向上运动产生的垂直力的联合作用控制了海城地震的发生。他还把这一联合作用动力学模式推广到鄂尔多斯盆地带和华北平原盆地区，提出这些新构造时期形成的盆地区是在这种联合作用动力学模式控制下发展形成的。从而认识到这一模型构成了张性构造区盆地形成、大地震孕育和发生的动力学条件。

变形局部化与地震孕育、发生和发震构造

板块构造和板内断块构造控制着地震活动和地震带的分布。地震带发生于不同性质的现代板块和现代板内断块的边界活动构造带。这些边界活动构造带可以由活动断裂带、活动盆地带和活动褶皱带组成，他们是现代活动板块和现代活动断块在运动过程中应变积累和集中释放的地带。我国大陆地区绝大多数 7 级以上地震及大多数 6 级地震都发生于Ⅰ级断块区和Ⅱ级断块活动边界构造带，它们是地震的发生带。在边界活动构造带上还可以发现地震常孕育、发生于其中某些特殊的构造部位，这就是人们总结的各种大地震的发震构造条件和发震构造模型。邓起东等根据不同性质边界活动构造带的具体条件，提出在不同条件下应变在活动构造带上集中和释放，变形在不同性质断裂带上局部化，从而为块体活动边界构造带上认识发震构造和强震危险区创造了条件。如对海城地震区的共轭剪切破裂，由于深部物质上隆减低地壳上部破裂面上的正应力而发震；在活动走滑断裂带上，由于走滑断裂带或走滑断裂带内次级剪切断层的枢纽作用，在枢纽轴部挤压作用持续增强，应变不断集中而形成一种所谓“运动闭锁”，当走滑作用进一步发展，枢纽轴部被突破，即沿走滑断裂发生大位移，爆发大地震；对于一条复杂的走滑断裂系统，次级剪切断层的枢纽作用控制着大地震的发生，是主要的发震构造和发震构造段，拉分阶区常常发生中等强度地震，其发震构造性质和规模与次级剪切断层不同；对活动逆断裂

–褶皱带等挤压构造而言，深部盲逆冲断坡是控制大地震的发震构造，而近地表的浅部前锋断坡和活动褶皱的震级会小于深部盲断坡。

定量活动构造学的建立和发展

上世纪70年代及其以前的活动构造学是一种定性研究，以鉴定活动构造是否存在为主要工作，即处在一种普查阶段。然而，科学研究的发展过程总是从定性研究走向定量研究的过程。早在上世纪70年代初期，我国地震地质学家就提出地震地质和活动构造研究要贯彻“由老到新，由浅入深，由静到动，由定性到定量”的原则。70年代后半期和80年代初，国际和国内的活动构造学都真正走上了定量发展的道路。当邓起东及其同事们开始进行海原活动断裂带研究时，就在思考应该如何开展活动构造定量研究，如何获得广泛的、可靠的反映构造最新活动的定量资料。他们决定把区域地质填图方法应用到活动构造研究中，建立活动构造定量研究所特有的技术。他们用了7年左右的时间完成了海原活动断裂带大比例尺地质填图，实测了基础地质地貌、活动断裂几何学、不同时期的位移分布和1920年海原地震的同震破裂、同震位移及其分布，研究了这一条活动断裂带的演化过程和转换平衡关系，得到了1万年以来这一条活动断裂带及其各次级断层段的滑动速率，发现了多次古地震事件，计算了其复发间隔，研究了这一条活动断裂带分段破裂过程等，根据这些定量数据，可以更好地评价这一条活动断裂带未来地震危险性。这是对活动断裂带第一次完成比例尺为五万分之一的地质图，取得了活动断裂的各种定量数据，促进了地震危险性评价工作，推动了我国活动构造定量研究工作。作为我国活动构造定量研究的开拓者，他以后还进一步领导了全国活动构造带大比例尺地质填图和定量研究工作，奠定了我国现代定量活动构造学的基础，其成果在地震预测和防震减灾中长期发挥着重要作用。

科学研究为社会服务，为工程建设服务

科技创新与国家建设相结合，为国民经济建设服务。邓起东从上世纪60—70年代起就在基础研究的同时注意将研究成果不断应用于经济建设，进行为国家大中型工程抗震服务的地震基本烈度评定工作。70年代我国现代活动构造研究刚刚起步时，他们发现中国大陆地震活动具有时空不均匀性特征，就开始将这一特点用于与经济建设直接相关的地震区划中，并提出发震构造的尺度和性质与地震震级、地震类型和发震地点等均密切相关，因而发震构造是确定地震危险区的重要标志。这正是现代地震区划理论的核心问题。上世纪90年代初期，国家重大工程石油和天然气长输管线需要对数千公里线路所跨过的活动断裂进行鉴定，并且评价未来一定时间内可能发生的位移量。面对这一个重大难题，邓起东充分发挥了他在活动构造前沿领域从事科学研究的优势，把活动断裂定量研究理论和方法应用于断裂活动未来位移量评价，提出了多种方法，求取了活动断裂未来的位错量，满足了工程设计的需要，同时也将活动构造定量研究推进到了一个新的高度。这种理论与实践相结合、基础与应用相结合的研究，为活动构造研究本身开拓了更广阔的发展空间。

结束语

一个科学家走过的路总是不平坦的。它既要求敏捷的思维，又要求脚踏实地努力。科学探索的道路是艰苦的，它要求一种忘我的精神，一种长期坚忍不拔的精神。邓起东的大半生是在一条不断探索的长期艰苦奋斗的道路上走过的，每一小步的进展都付出了艰苦的努力。他个人，他的科研团队，他的家庭都在这一艰苦的努力中付出了代价。由于工作的劳累，他47岁患脑血栓，尚未痊愈就继续工作，一边打点滴，一边完成专著《海原活动断裂带》；他58岁患冠心病，不得不做动脉支架手术，还因心脏动脉造影时发生造影剂过敏，以致得了肾病并引发癌变，在59岁时不得不切除了左肾，但他仍以残弱之躯，继续开展野外工作，进行科学研究。现在他已年届70，仍在努力学习和工作，要求自己不断进取，在新的领域里做出新的努力。近年来，他在城市活动断裂探测与地震危险性评价工作中贡献着力量，他大声疾呼，倡议并参与开展我国海域活动断裂探测。他说，他不敢有过高的要求，只希望这棵老树还能以5年为一期站立着，继续做一些力所能及的事情。我们期望他健康长寿，期望他能在更长的道路上引领后学，共同前进。

重要学术著作

邓起东，钟嘉猷，马宗晋．剪切破裂带特征及其形成条件．地质科学，1966.（3）：227-237.

邓起东，王克鲁，汪一鹏，等．山西隆起区断陷地震带地震地质条件及地震发展趋势概述．地质科学，1973.（1）：37-43.

邓起东，王挺梅，李建国，等．关于海城地震震源模式的讨论．地质科学，1976.（3）：195-204.

国家地震局（邓起东，张裕明，环文林，等）．中国活动性构造和强震震中分布图（1 ：300万）．北京：国家地震局出版，1976.

国家地震局（邓起东，张裕明，环文林，等）．中国地震烈度区划图和说明书．北京：地震出版社，1977. 1-17.

国家地震局地质研究所（邓起东，许桂林，范福田，等）．中华人民共和国地震构造图（1 ：400万）及说明书．北京：地图出版社，1979. 1-37.

邓起东，张裕明，许桂林，等．中国构造应力场特征及其与板块运动的关系．地震地质，1979. 1(1)：11-22. [Teng Chitung, Chang Yuming, Ksu Kweilin. et al.. Tectonic stress field in China and its relation to plate movement. Physics of the Earth and Planetary Interiors. 1979. (18): 257-273.]

邓起东，汪一鹏，廖玉华，等．断层崖崩积楔及贺兰山山前断裂全新世活动历史．科学通报，1984.（9）：557-560.

邓起东．断层性状、盆地类型及其形成机制．地震科学研究，1984, (1): 9-64, (2): 57-64; (3): 56-64; (4): 58-64; (5): 58-64; (6): 51-59.

Molnar, P., Deng Qidong. Faulting associated with large earthquakes and the average rate of deformation in central Asia. Journal of Geophysics Research, 1984. 89 (B7): 6203-6277.

Deng Qidong, Wu Daning, Zhang Peizhen, et al., Structure and deformation character of strike-slip fault zone. Pure and Applied Geophysics, 1986. 124 (1/2): 203-223.

国家地震局鄂尔多斯周缘活动断裂系课题组（汪一鹏，邓起东，范福田，等）. 鄂尔多斯周缘活动断裂系，北京：地震出版社，1988: 1-335.

国家地震局地质研究所，宁夏回族自治区地震局（邓起东，张维岐，汪一鹏，等）. 海原活动断裂带和海原活动断裂带地质图（1989，1 ∶ 50000）. 北京：地震出版社，1990：1-286.

邓起东，刘百篪，张培震，等. 活动断裂工程安全评价和位错量的定量评估、活动断裂研究，1992（2）: 236-246. [Deng Qidong, Feng Xianyue, Zhang Peizhen, et al. Paleoseismology in the northern piedmont of Tianshan Mountain, northwestern China. Journal of Geophysics Research, 1996: 101(B3): 5895-5920.]

邓起东，冯先岳，张培震，等. 天山活动构造. 北京：地震出版社，2000：1-399.

邓起东，张培震，冉勇康，等. 中国活动构造基本特征. 中国科学 D 辑，2002:32（12）: 1021-1030.

Deng Qidong, Zhang Peizhen, Ran Yongkang, et al. Basic characteristics of active tectonics of China. Science in China (Seriers D), 2002, 46(4): 356-372.

邓起东. 城市活动断裂探测和地震危险性评价问题. 地震地质，2002，24（4）: 601-605.

王志才，邓起东，晁洪太，等. 山东半岛北部近海海域北西向蓬莱－威海断裂带的声波探测. 地球物理学报，2006, 49（4）: 1092-1101. [Wang Zhicai, Deng Qidong, Chao Hongtai, et al.. Shallow depth sonic reflection profiling studies on the active Penglai-Weihai fault zone offshore of the northern Shandong Peninsula. Chinese Journal of Geophysics (ACTA Geophysica Sinica), 2006, 49 (4): 986-995.]

邓起东，冉勇康，杨晓平，等. 中国活动构造图（1 ∶ 400 万）. 北京：地震出版社，2007.

参考文献

中国科学院. 新院士主要科学成就. 中国科学院院刊，2004. 19（1）: 13.

张祥. 在地震地质科学中不断攀登高峰的人 —— 记荣获第二届李四光地质科学奖的地质学家邓起东. 长沙：中南工业大学出版社. 1992:19-27.

刘英楠. 预警地球灾害有了“地图”帮手. 科学时报，2002-01-13.

王继红. 面对地球的颤抖. 科学中国人，2003.（9）: 44-45.

邓起东. 求索 —— 我的科研工作前三十年. 三湘院士自述（出版中），2008.

《20 世纪中国知名科学家学术成就概览》（地学卷）. 科学出版社，2007.

邓起东院士面对面访谈录[1]

主持人：各位上午好！很高兴与大家一起向邓院士学习，向邓院士致敬。今年下半年组织开展中央国家机关青年与院士面对面访谈活动，请教学术问题，感受人格魅力，激励青年人奋发有为，为实现中国梦燃烧青春激情贡献智慧力量。10月份，团工委主动邀约德高望重的邓院士，请教一些有关活动构造、地震预测和减灾等近年来社会公众关注的热点问题，邓院士欣然答应并做认真准备，这些让我们非常感动和敬佩，让我们以热烈的掌声感谢邓院士对我们的关心和厚爱。今天代表中央国家机关22万青年，今天访谈成果将会以文字、图片的形式进行分享。首先请邓院士给我们讲两句。

邓院士：谢谢大家！昨天下午领导给我提出了要求，列举了诸位想要了解的事情，我临时列了一个提纲。因为我不善于言谈，所以，要是说得不好的话请大家原谅，大家有什么问题可以尽情地提出来，这倒没关系，但是，如果你要发表的话请事先给我看看。

提问1（冷崴）：我是看着您的书、读着您的文章这么一步步学习成长起来的，现在从事工作在国家局，主要做活动断层探测管理这一块工作，和邓老师方向比较吻合。您觉得我国活动断层科学研究的总体水平如何？目前，咱们国家科研队伍整体实力以及技术积累情况怎么样？对于现在开展如火如荼城市活动断层探测的工作是我们地震系统服务社会、服务公众一项重要内容，您怎么看？对于目前探测精度您觉得怎么样？

邓院士：我从66年开始在科学院转到研究活动构造，那个时候中国的活动构造研究，虽然从一九二几年以来已开始有了一定的研究，但总体来说还处在一个很初步的阶段。当时，发生了邢台地震，周总理专门有指示，要做好地震预测工作，李部长也专门组织队伍来做这个事情，真正大的发展就是从那个时候开始的。从上世纪60年代到现在已经几十年过去了，活动构造研究已有了大的发展。所以，可以说，我们活动构造研究就是在这个时期建立起来的。经过几十年的努力，活动构造研究已经由初期定性研究发展到现在的定量研究阶段。而且，对国家减灾、防灾、地震预测和工程安全评价等方面都起到了很大的作用。

首先，请让我简单说几句什么是活动构造。所谓活动构造就是距今10万—12万年以来一直在活

1. 中央国家机关青年“院士面对面”访谈录，2013-11-12，访谈地点：中国地震局地质研究所。

动的各类构造，在地球形成的几十亿年时间里面，我们研究的是最近 10 万 — 12 万年以来一直在活动的那些构造，它们现在也在活动，未来也可能活动。这样一些构造包括断层、盆地、火山、褶皱，等等。研究这么短时间内的最新构造活动，怎么去研究是很有特色的，这与经典地质学的研究有很不一样的特点。

现阶段的活动构造研究已处于定量研究阶段，它的内容大体包括要开展以下工作：断层或者是构造分段，要找出一段一段独立破裂的断层段，这就是断层分段；研究不同断层段或构造段的滑动速率或变形速率，不同段的运动速率要分别加以确定；同震位移，也就是发生地震时形成的位移也是我们要确定的；古地震及大地震复发间隔也是我们要确定的；最后，要确定这一条断层或构造上发生的最后一次大地震事件到现在已经过了多长时间。

定量活动构造学研究为什么要进行这些方面的工作？主要是要在此基础上做以下几方面事情：一方面是地震危险性评价，就是说要评价未来的一定时间内一条活动断层或一个活动构造的地震危险性怎么样；这是一方面。第二个方面是要研究一条活动断层或一个活动构造在未来一定时期内活动量的大小，这在工程建设中是十分重要的。第三，因为我们研究的是现代的构造活动，它们对说明现代地球运动的状况和动力学条件是十分重要的，全球也好，中国也好，一个区域也好，它的运动学和动力学特点是我们必须研究的。从理论上来讲，我们需要了解它，这样我们才能更好地掌握整个地球和各个不同地区运动的状况以及了解每个区域里面地震的活动情况和特点，更好地评估地震或各类灾害的危险性。

早在上个世纪 70 年代，还在 1971 年的时候，我们就曾经提出了活动构造研究的基本原则，这一直是我们信奉的基本原则，它就是“由老到新，由浅入深，由静到动，由定性到定量”，这是定量活动构造学研究一开始就提出的原则，是直到现在我们仍在执行的。但是，到现在我们的研究还要继续发展，这不会停止，为什么？因为即使到现在也还存在各种各样的问题，例如，我们在观测技术上还要不断改进；在年龄测试方面还要努力；多种定量参数都还存在不确定性；断裂之间的相互作用和影响必须考虑；断裂的扩展和破裂过程都很复杂，必须要考虑多重破裂或级联破裂问题；地震原地复发模型很复杂，因而要发展能考虑复杂地震行为的活动断裂危险性评价方法，等等。我记得在 2008 年我们开新构造活动研讨会时，大家叫我写一个材料，我曾经写了一篇很长的文章，就是活动构造的历史、发展、现状和未来，你们有兴趣可以在《地震地质》2008 年第 30 卷第一期上去找，那是很长的一篇文章（30 页，其中参考文献 180 余篇），我在那篇文章中就提到了这些问题。

上世纪 70 — 80 年代，我们在全国多条活动构造带上开展研究工作，当时的条件比现在要困难得多。1981 年，我们开始进行海原活动断裂带地质填图，这在活动构造研究里面是很有意义的工作，因为在活动断裂研究中这是全世界第一个。当时搞地震的四大国家，美国、日本、俄罗斯、中国，当时是中国第一个做这个事情。经过几年的努力，我们完成了海原活动断裂带的填图，而且得出来的结果是很好的。这个工作的完成直到现在也是我们国家活动构造的一个最基本的东西，国内外评价也很好。不但获得了国家二等奖，也得到各方人士的好评。美国麻省理工学院 P.Molnar 教授 1988 年在 Nature 的综述中评价“海原断裂位移量的确定是中国大陆重要走滑断裂中唯一可靠的数据”。台湾毕庆昌老先生（1911 — 2001）对海原活动断裂带工作也给出了极高的评价。我们是 1990 年出的这本书，与我素不相识的、当时已 80 高龄的毕庆昌先生 1991 年给我写了一封信，他说“捧读大作，快慰异常”，“您这本巨著在今后数十年内一定会被公认为范本，并被奉为经典”。

当时我们为什么要做这个事情？就是为了贯彻上面提到的这个原则，为了推进活动构造定量研究工作。90 年代初期，国家地震局把海原活动断裂带的经验推广到全国，在全国开展了一个计划，那时正好是“八五”计划期间，当时应该说是轰轰烈烈，许多人大家在一起开展工作，我们团结组织了全国地震系统多个单位来做这个事情，应该说取得了很大的成绩。但是，在做完这一阶段全国性工作后，我们的计划就被终止了。这很可惜，虽然当时的条件很困难，但我始终认为终止这项工作是很大的一个损失，假如那个时候我们一直做到现在，活动构造的现状以及研究程度将会更完整，将会进展更快。2008 年，我就提出一定要有一个国家计划才行，要有一个长远的国家计划，有一个可以延续的计划来做这个事情，因为这个工作既是地震预测的基础，也是保证社会、城市、工程安全的基础性工作。好在后来在这个世纪初 2004 年开始了全国大城市探测和地震危险性评价，从 2004 年开始，到 2007 年基本上完成了第一批大城市的探测和评价工作。这个工作现在还在做，已经推广到全国各个地方去了。

关于城市活断层的探测，这是为了保证国家大城市安全而开展的很重要的一个应用，做了几十年活动构造学，我们终于在这个问题上给出了一些方法，这有很多方法，既有地质地貌方法，也有地球物理探测方法，等等。说到它的准确性我再说两句。我们目前已经完成全国 24 个城市的工作，实际上已经完成的不只 20 多个，但是，作为国家计划第一阶段所做的大概是 24 个。怎么评价这个工作的结果？虽然各个城市的工作参差不齐，但我自己觉得总的来说做得很好。一方面解决了方法的问题，解决了应该怎么做的问题；另一方面确实取得了好的结果，我们鉴定了城市及周边一定范围之内，通俗点来说，就是城市屁股下面有没有断层、有没有活动断层？是现代仍在活动的，还是老的？它的规模怎么样，它的位置在哪儿？它的活动状况怎么样，它在未来有多大的危险性？目前，这个事情已推进到中等城市，对于各个省来讲已推进到了地区一级的城市，现在这个工作分散在全国各个地方的省地震局他们在做，我们作为研究所来讲，是考虑进一步组织更深一些的工作，进一步发现这里面还有什么问题，等等，抓住一些原则性的总的东西。

这里面我们应该注意的事情是什么？就是我们从一开始就强调，这是一个科学工程，不是个一般性的工程。但是，我们经常会发生这方面的问题，特别在现在条件下，有时候人们会从经济要求和经济观点，争取投资等等这样的观点去看待这一工作，其实这是不正确的。正确的方向是为了保证城市的安全，一定要做到高要求，达到高质量。做到什么程度？我们初期设计的规划里面涉及的面比较广，比如在探测方法上有测氡测汞、地震反射、地震折射、高密度电法，等等。我们都设计进去了，做了几年工作以后，我们明白了一定要抓住最核心的东西。所以，后来我们主要抓的是地震反射探测。我们城市探测里面要求定位很精确，不能超过 10 m 这个范围，不能说搞个几百米的绿化带。最近有个城市提出来在某个地方规划一个开发区，叫我去谈谈。我一听，这是一个完全错误的规划、错误的选择，因为不知道有多少条正在活动的断层通过那里，你想想，它那个规划区未来怎么去做、去建设？你做绿化带都不知道要做多少条，那你这个规划最后怎么实现？怎么能保证你这个规划区的安全？这真是一个不合适的规划。

我们现在做这个工作比那个时候好得多，现在的状况是什么？比如，地震探测确定了断层在什么地方？断层最新活动到什么时候？它的上断点有多浅？等等。在地震反射确定断层位置的基础上，我们就通过联合钻探来做进一步工作。但是，第四纪地层的变化是很大的，在联合钻探剖面上钻孔间距相隔 50 m 或者相隔 100 m、200 m，其探测结果是对不起来的。即使结果对起来了，人们也不会相信它，因为地层本身的变化就太大。所以，我们一般都是使用几米间距来打钻，最密的情况说出来大家可能都不相信，我们最密的钻孔间距只有一两米、两三米。致于断层活动到什么时候，我们就通过深部探测资料把断层往上引，通过浅层地震反射确认断层的上断点，看看断层向上到了哪个层位，由于断层离地表仍有较大距离，就可以通过钻孔探测继续把断层引向浅部，当到了距地表较近的浅部时，比如地下断层到了地表以下几米、十几米这样深度时，那我们就可使用探槽方法，通过探槽来查明断层是否通到地表。我们开挖的探槽规模比较大、深度也比较大，这样就可以更好地分析断层活动的详细情况，包括古地震活动情况。当地下水面较浅、探槽又较深时，我们还不得不把地下水引走。

我们曾经通过这种办法在银川把地下深处的断层一直往上引，最后发现这条断层一直通到地面，而且还发现这条断层经历过多次地震事件，所以，我们判断这条断层未来是危险的，并对这条断层的各类参数、地震危险性、地面破裂和位移的危险性进行了分析。结论做出来以后被银川市政府、宁夏自治区政府所采纳。所以，你现在到银川去，在地面上能隔一段地方就有一块牌子，说明这是某某某断层通过点。我们在兰州也通过类似办法否定了原来所说的刘家堡断层，它被证明是松散覆盖堆积下面一套陡立地层不同岩性段的过渡带，这样就解放了兰州市这一大片土地。这块土地已经几经倒手，都是因为存在断层不好开发。当时，我开玩笑地告诉最后拿到那块地的开发商，应该给省地震局发个大奖才行，因为他们要发大财了。所以，城市活动断层探测工作很重要，对城市开发、城市经济发展、稳定等等都很重要。

我们现在做的这个事情已经有了一些经验，有了进展，今后还会做得更好，但是，自然界是很复杂的，工作中永远都会存在新的问题。现在，城市活断层的探测已经延伸到地区级的城市，我们要继续保持高要求、高质量，各工作单位一定要搞好这一科学工程，在技术上要严要求，多学习活动构造各方面的经验，以进一步提高工作质量。作为领导和总的掌握、控制质量的中国地震局和中国地震局所属的活动构造牵头单位一定要把握质量。另外，还有一个很好的事情，经过这样一些工作以后，现在不光是地震局，现在有好多兄弟单位也在做活动构造、活动断层研究的事情，我经常去参加他们的会议和成果的审查，其实这是很好的一个新局面。我们可以更好地交流经验，相互学习，科研工作就是要这样才能发展得更好。

提问2：前不久也有媒体报道湖北十堰进行大规模的平山造城运动，对当地的地质环境进行了比较大的改变，类似这种情况全国其他地方也有很多，很多人认为这种不遵循客观规律的问题与近些年我国地震地质灾害频发是有关系的，比如三峡水库的建设和汶川地震之间的关系，想问问您是怎么看待这些现象的?

邓院士：我先说说三峡水库和汶川地震，我认为其实人们不应该担心这个问题。三峡是在华南构造区，汶川地震是在青藏高原的龙门山构造带，二者相差大概有七百八百公里，构造环境完全不一样。汶川地震所在的龙门山构造带是青藏高原东部边界的一条活动构造带，所谓龙门山活动构造，它是属于青藏高原东端的一条北东向构造。三峡根本与那个构造带没关系，它是在华南构造区中部的黄陵背斜区，它们之间隔着四川盆地等，构造环境是不一样的，距离又很远。反过来看，长江三峡水库是很大的一个水库，但是，全世界水库地震的研究结果说明了一个什么问题?库容的大小会有影响，地下水沿着断层的渗透也会有影响，但是诱发地震影响的范围很小，全世界的研究，加上我们中国诱发地震的研究，都说明诱发地震的影响范围大概就在水库周围10公里左右这么一个范围之内，这个范围以外不会有大的影响。一个相距几百公里远的地方，又完全属于不同性质、没有直接联系的构造带谈什么直接影响，乃至三峡水库诱发了汶川地震呢?我想，这一点，我们在这里可以说得清楚一点。有些人有不同的看法，是由于不了解这些情况，真是隔行如隔山啊。

人类活动会对环境造成改变，甚至于破坏，这个是必须要认真对待的，不能胡来，不能随意改造，那是不妥当的。但是社会要发展，经济要发展，老百姓生活要提高，所以有些工程要实行，要开展。但我们一定要减少破坏环境和一定要减少它的影响，要经过慎重和严格的评价之后再去做。所以，不能说某个地区一定不能建水库，一定不能开展某个工程，重要的是要有慎重、翔实的论证和评价，要有正确的评价，经过必要的工作，把影响降低到最低限度，并要采取必要的措施，以保证安全。我曾经提出在建设工作中一定要坚持进行地质环境评价，就是要从构造、地质，地貌等等条件出发，寻找宜居区，减轻人类工程活动的影响。这几句话是:“避让活断层，走出峡谷区；防治崩滑坡，监防泥石流；躲开液化带，避开溶洞区；远离高切坡，阻断灾害链。”我想，如果我们做到这八个方面，我们就会有好的地质环境，并得以减轻地震和地质灾害。

你们所说的平山造城活动我还真不知道，但总的原则是人类活动要慎重，要以不破坏环境、尽量减少对环境影响为原则，上面讲的八句话应该是有用的。这次汶川地震它的破坏为什么这么大?它一个是地震大，震级高，一个是断层出露地表，同震位移达到6米多。那么大的位移，谁也挡不住。而且，它的地形条件太差，坡度很陡。我去过龙门山多次，那里坡度太陡了，人类居住的沟谷其实是很窄、很窄的狭谷，在一个陡立的山沟里面，地形坡度又很大的地方，人们就在那下面住着，村庄甚至乡、县都在这样的环境下。所以，在这样的地区，滑坡是很不得了的事情。现在，我们重新做评价的时候，确实要考虑这些不安全的条件。

汶川地震的发生给北川县城造成极大的破坏。北川分两部分，新北川和老北川，旧北川县城那个地方是北川的王府井，县城的核心，结果就在汶川地震中被王家岩大滑坡深埋了，再加上滑坡体前锋带冲击波的巨大破坏，几乎把旧县城摧毁了，这里造成了许多人伤亡。北川县城还有一个新北川中学，就在那个断层带上，巨大高耸的岩石耸立在学校后面，地震时候哗啦全下来了，据说新北川中学只有一个班在外面操场上体育课，而逃掉了一部分学生。这样的条件是不适宜居住的，所以，必须要加以处理。当然，在这样的地方恢复重建也很困难，这么大范围大家都往外搬，搬哪去呀？这是很简单的道理。但是，我们在建设的过程中必须要考虑这个宜居环境问题。你刚才说的要考虑有没有躲过高陡斜坡也很重要，在建设过程中经常会发生这种问题，至于人为制造高切坡，等于人为制造崩塌、滑坡条件，那不更麻烦么？所以，要有正确、正规的评价才行。

提问3：我所学的专业是信息管理，离地震和地质远一些，作为一名刚加入地震系统的晚辈，我了解地震局一直在三个方面全面发展我们的事业。但是现在社会上仍有很多不了解地震局工作的人，他们认为我们地震局存在的标准是在于我们是否能做出准确的地震预报，但是据我所知预报在国际上都是学术界难以攻克的课题，您认为我国在监测预报尤其是短期预报方面可以在哪些方面取得突破？我国和世界的差距在哪里？

邓院士：我在自己几十年工作过程里面真真切切感觉到地震预测的重要性，我也真正地感觉到地震预测这个问题的困难。1975年海城地震那个时候，我们做了一次准确的预报。2月4号早晨发布了临震预报，并要求采取各种防震措施，不能在电影院里看电影，要露天看电影，各个村、各个镇要把老年人从屋里背出来。太冷了，2月4号正是寒冬腊月。就在2月4日晚地震就来了，很准很准，这大量减少了伤亡。弄得美国人也来了，美国人派了一个代表团来了解海城地震预测预报的情况，后来中国也派了地震代表团去美国。当时，中美之间的交流第一个去美国的中国代表团是老科学家代表团，第二个团就是中国地震代表团，那时候中美还没建交呢。所以，那时，我们真真切切地感觉到地震预测预报真是需要，但也真真切切感觉到地震预测的困难。

现在国际上有人喊地震预报是不可能的。应该说，他们看到了这个领域的困难，感觉到了地震预测预报的困难。但是，在困难面前简单地退缩肯定不是办法。我们这几十年的地震预测的情况大家也知道，我们是有进展、在发展的，我们不是停顿，不是无能到什么都做不了的程度。我们已经建立了全国数字化地震台网，除了西藏一些无人区地方控制稍差一点外，我们对全国地震监测已经不错了。1976年唐山地震的时候我们虽然知道这个地震发生了，而且也知道地震发生在什么位置，但真正确认唐山被毁灭是由唐山市来人及时到国务院报告才知道是这样的严重。来的人开着一部车，可以说是在衣冠不整的条件下就来了，当时中央政府部门接待这些从灾难里面出来的人的场景是很感动人的。现在情况已经变了，现在可以很快就做到地震的良好定位，确定震源参数；可以预测地震烈度分布，帮助开展救灾工作；可以在很短时间内就能够反演出震源破裂的过程，知道它向哪个方向发展，破裂速度多大，位移有多大；我们也已建立了全国地震前兆台网，台站的同志长期坚持监测各种异常；地震预测的同志可以说时刻不敢松懈；正如前面所说，在活动构造研究方面，通过定量活动构造研究，我们也努力在为地震预测、地震区划、城市和工程安全及防震减灾服务。就地震短临预报来说，我们也曾不同程度预测预报过二十几个地震，最大是7级多的地震，但是，我们从来没有预报过8级地震。在这一点上我们并不弱于世界上其他的国家。可以说，在中央政府领导下，地震系统的工作人员是在踏踏实实地工作的。虽然预测预报经常失败，但科学上要成功，在成功之前失败总是难免的，这就是失败是成功之母的道理。作为年轻人，不要怕失败，也不要怕别人说什么，一定要看准方向走自己的路，我们从事的是很困难的事业，失败是难免的，应该继续走你的路、继续做你的科学研究，不要去听这些。

那么，主要的困难是什么？为什么？我看大体上有两方面的原因：一方面，地震发生在地下深处，至少几公里、十几公里、二十公里，这是我们现在还直接看不到、去不了的地方，我们不能直接地观察，我们都是间接地观察，探测深部构造怎么样、深部断层怎么样、震源怎么样，间接地探测。全世界最深的钻孔在科拉半岛上，打了十一二公里，但是那也只是一孔之见。中国许志琴院士等在江苏东海打了5000多米的超深钻，但是也是一个钻孔，所以，确实是困难。上天现在可以有卫星，下海可以有蛟龙，但是地震只有间接探测，这是一个困难。第二个困难，现在我们在地震预测中所做的事情还是经验和统计预测的方法，每一阶段都有自己的特点，每一个阶段都要根据它本身的表现、本身的活动特征来估计它的地震危险性，在短期和临震阶段，我们要估计未来短时间内有没有可能发生，但是，这些现象及与地震的相关性都是经验的总结。在我的脑袋里面有一种认识，从中长期变化到短期变化，然后到临震变化，这是一个过程，在短期变化阶段虽然有异常，但它还不是临震突跳，如果多种参数出现突跳，不断有剧烈的变化，那就是地震来临的前夕。但这只是一种经验总结。自然界十分复杂，变化这么大，事情并不这么简单。

这里面有什么困难？这些异常，这些异常或前兆与地震的对应关系往往很复杂，有时震前有异常，甚至短期前兆和临震突跳与地震对应很好，而且被观测到了，地震预测和预报就可能获得成功，就像海城地震那样，但有时候有异常没有地震，有时候有地震却没有发现异常，所以就难免有虚报、漏报、错报的时候。可以说这在目前是不可避免的。为什么海城地震那么准，而唐山地震一下子打了我们一记耳光，仅一年的工夫。这在目前确实还没办法，这就是经验预测的局限性。有人说物理预报比较准，但是做到物理预报谈何容易？你对地壳深处或震源深处的情况要有准确的掌握吧，如果没有的话怎么物理预报，你还要知道它的受力状况、运动状况怎么样吧，等等。这些情况都要知道才行。虽然这些问题都可能有论文论述过，但是，说得不好听一点，目前更多的还是“推测多于实际的东西”。如果这也不确定，那也不确定，那么你的物理模型能准确么？我们要向这个方向走，但是我们现在还有困难。未来很可能二者结合起来，就是既要做物理预报、物理模型的预报，又要有宏观的、各种各样地震前兆反映，当然并不只是鸡飞狗跳那些，这未来二者要结合起来。

地震预测预报对我来讲，我不会被这个那个所动摇。美国人等可能在技术设备方面强于我们，思路也比较开阔，但是预测水平都差不多。要讲预测预报大地震，我们测得、报得比他们还要多，乍一看我们失败的次数多，损失大，这主要是中国人口数量大、抗震水平太差的缘故。从这一点看，我们要把地震预测预报和抗震结合起来。智利 1960 年发生全球最大的一个地震，9.6 级地震，是全球地震有仪器记录以来最大的地震，但是智利自从那次吃了苦头以后大力加强抗震，现状是什么？2010 年智利又一次发生 8.8 级大地震，其房屋破坏大大减轻，高层建筑倒塌尤其少，人口死伤也少。美国人说，现在智利抗震工程师比美国还多，智利的房子采取了各种各样的抗震措施，这起了很大的作用。在芦山地震中，汶川地震发生以后建设的芦山人民医院，由于采取了减震措施，加了橡胶垫圈，就起到了很好的作用。在后来的芦山地震中，人民医院不仅没有垮，还在救灾工作中发挥了极大的作用。所以，我们要把地震预测预报和抗震结合起来。我觉得这是我们要特别加以注意的，也是中国地震局在农村抓民居工程的原因。

提问 4（殷志强）：我主要做地震地质灾害应急响应这方面工作。您关于地震活动构造这些文章学术水平很高，成果也很多。前面几位提的都是专业性的问题，我想提一个关于做学问、做学术方面的问题。现在学术界关于做学术有很多不端行为屡屡发生，比如学术造假这种。真正的一流科学家目前在国内体制下压力很大。也有一些院的专家选择离开科学界，而且大家拿项目比较容易，我们年轻人拿项目比较困难，现在科研项目经费“攻关”现象很严重。所以对于目前这种现象您怎么看？

科学家从来的压力就很大。既有科研本身的，也有科研体制中的。要争取到项目本来就是不容易的，更何况还有许多额外的因素。面对多种因素我们要大度一些。我们当时做海原带工作那些年，一年只有 5 万块钱。5 万元要带好几个人，带好几个研究生，我们中午经常吃方便面。现在别看我是院士，地震局每年给每个院士 5 万块钱作为工作经费，实际上都拿来作车马费了，因为开会很多，一会儿这，一会儿那，所以，有人请我去外地开会我要很小心，这来回要花好多钱。现在一个题目几十万，甚至更多。当然，现在物价也贵了，但总的来说，现在条件是更好了。

现在国家也好，各单位也好，给青年科技工作者多安排有经费，比如青年基金、所长基金，这都是大好的机会。年轻就有课题，有几十万的钱掌握，你要利用这个条件好好地做出成绩。你的领导、你的所长都在看着你呢，邓某人也在看着你呢。别看他们不声不响，这是他们寄托了很大的希望。所以，要争取这种机会多做工作。要申请项目，我觉得首先还是要靠自己，靠自己的努力，靠提高自己的洞察力和组织力，多吸取经验，看准方向，勤勤恳恳做好每一件工作。项目不论大小，工作不论难易，力所能及地踏踏实实地做好每一件事。日久见人心，钢刀总会出鞘的，钢刀出鞘了，离成功就不远了。

至于学术不端行为，乃至学术造假，这是人品问题，是科学家之大忌。诚实和真实是科研之根基，其实也是做人的根本，这是一条红线，我愿与青年同志共勉之。

提问 5（董绍鹏）：我自己成长过程中现在考虑的问题是能不能接过邓老师衣钵，站在邓老师巨人肩膀上继续往前走。对于我们科学工作者来说未来道路特别是地质研究，您是建议我们长期扎根一个地方研究还是广泛研究？在处理这个问题上需要注意哪些问题、哪些要点？对于我现在研究的河套地区，邓老师有没有具体的建议？

从我来讲，我比较喜欢做一个问题做透。我1967年做山西工作做到1970年，做了4年。因为“文化大革命”期间，要让我去五七干校进行劳动锻炼，把我给打发下去了。当时的业务处长说“你能写一页就写一页，能写几页就写几页”，但是我一页没写就走了，这是1970年。年底又打电话叫我赶快回来写山西，我又回来写山西、写华北，写了两篇文章。我做山西做了4年，做地震区划做了五六年，我后来做海原断裂做了8年，做鄂尔多斯又做了4年，做天山从1989年做到1995、1996年。其实我这一辈子大一点的工作就是与大家一起做了这么几个。但是，你要知道，我这都是有想法做的，山西是正断层环境与大震的关系，海原带是走滑断层与走滑型地震，天山是挤压构造。这几个地方是做各种不同条件下大地震如何发生的，做各种性质的活动构造，所以我说要设计人生。

为什么这样做，因为我是觉得要做就要把一个地区做透，因为只有这样做才能出新东西。我曾经和我一起工作的学生和同事们强调一个问题：你做这个事情，到什么程度就可以说我该去干别的事了？要觉得没有新的思想，再来做的人超不过我们的结果，要达到这个程度。海原断裂，如果对走滑断裂没有新的思想，想超过这本书里面的东西不是很容易的，要做到这个程度。我们做天山也是这样，做出来最后是全国第一本挤压环境下活动构造著作。我觉得你在一个地方做透了，才会全面掌握你所开展的那一方面的地质学。山西做张性构造，做海原做走滑构造，天山的挤压构造我们又做了那么多年。有了这些基础，虽然没有全面做青藏高原，但是我们来理解青藏高原就容易多了，我做了海原和富蕴活动断裂，对活动断层特点比较容易理解。但是也不要把自己局限在一个点上，在一个点上做透了，同时要结合其他地方的东西，在山西、海原、鄂尔多斯、天山是你精读的部分，其他的点是通读的部分，把二者结合起来。我们在不同时代会有不同的同事的结合，但是几年之内大家相对稳定，大家做起来心里也比较一致。

作为地质构造学一定要到野外去。光靠室内的这一套东西是不行的。要多跟有经验的同志出去考查，当然也需要你自己的努力。不同的人有不同的观测水平，有的人跨过那个坡就看到地震的某个特点，有的人可能看不到。所以，你要分析和认识这些老师的经验，去继承他们。特别是要观察他们怎么样认识问题和分析问题，从什么角度去分析问题，这个是很重要的。第二个，你还得多多看文献。但是现在看文献有一个问题，可能看了十篇八篇但没有去分析，你们只是跟着它走，不认识这里面有什么发现、有什么问题、有什么缺点，你光给我叙述文章讲了什么东西是不行的。看文献也不能飘浮于表面，要深入下去才行。现在做题目也好，看文献也好，都比较毛糙，这样进展慢。所以，我提两个建议，去野外，多认识一些有经验的人是如何思考、分析问题的，多在自然界条件下接触自然界，这对成长会有好处；多看文献、分析文献、明确问题、提出问题来，这个也很重要。这两点做好了就能够快速积累工作经验。

提问6（孟令媛）：有没有哪些经历对您后来学术生涯有影响？您对于做人、做事、做学问三者之间的关系有哪些感悟？可否提一些建议给我们。

邓院士：我大学毕业后就开始了做科研工作，50多年了，酸甜苦辣都吃过了，我真真切切地理解到，做科研不容易，要想科学上有所建树就更不容易。如果想达到更高的水平，确确实实要做很大的努力才行。回想自己的经历，我愿意向大家提出以下几点建议：

首先是要立志。我曾经向研究生和大学生说过两句话，一句是“有志者事竟成”，首先是要“立志”，没有坚定的志向是做不成事的；第二句话就是“设计人生”，人生不要盲目，研究需要方向，需要设计。怎么走人生这条路是要设计的。懵懵懂懂地过、懵懵懂懂地走是不会成功的，不会有很好结果的。最近上海出了一本《相望共星河》的书，就是两院院士的书画艺术一书，我也给他们写了这么一句话，“有志者事竟成”。要有志向，有了志向还要具体化，要设计人生，不要去怨天尤人，那个是解决不了问题的。当然，我觉得也不要什么东西都设计得很高，将来一定要成为伟大的科学家什么的，还是要踏踏实实向前走。成功隐于努力之中。

除了要有志向，要立志以外，第二，还要善于发现机会，抓住机会。这个机会不是想来就来，但这个机会可能有的时候突然就会来，在做某一件事情的过程中会出现。譬如我是 1961 年读完大学到了科学院地质所，1966 年转到了地震方面。然后，1967 年机会来了，就是要做山西很多电厂的安全评价工作，我就全心全意投入到山西的工作。开始是跟着一位老同志，后来要由我领着干，我们认认真真干了 4 年，我们并不只是为了完成电厂安全评价的任务，而是踏踏实实研究山西的地震地质、活动构造。虽然因为要我去五七干校，不得不终止工作，否则我们还会继续做。那项工作为华北地区，特别是山西地区地震地质、活动构造打下了基础。说得更重一点是奠定那个地区地震地质、活动构造研究的基础。1974 年中国地震代表团去美国访问时，美国地质学会主席 C.R Allen 说，他们把我们在 1973 年杂志复刊后第一期刊登的关于山西的论文全文翻译成英文，因为他们认为那篇文章是当时中国地震地质方面最好的论文。我 23 岁到北京，1967 年还不到 30 岁。1970 年底又突然把我从五七干校召回来，要把山西和华北的工作写成论文，参加 1971 年的会议，会后又去了五七干校。1972 年，国家又要我作为全国编图组组长负责我国地震烈度区划图编制。当时全国各省地震部门都参加，地震工作大规模开展还不久，又是“文化大革命”期间，困难可想而知。而且，我国第一代地震烈度区划图还是李善邦先生在苏联专家协同下做的，并未被批准直接作为国家抗震标准使用。由于全国各单位同志共同努力，我们终于在 1977 年完成任务，经过国家批准后，成为全国抗震设防的标准。

所以，通过这两件事情我来说说机会。第一个机会是创造条件让你做工作的机会，第二个机会是做区划图。这个时候的一个办法是“我做”，一个办法是“对不起，太困难了，我还年轻，做不了”。不管你说还是不说，肯定只有这两种办法，但是对我来讲，我从年轻的时候起就是干什么事情有困难我也会努力去做，最后，这两件事情我们都完成得不错。相反，你要只是朦朦胧胧跟着走，自己不去努力，就可能结果不好。对 1920 年海原地震的研究也是不容易的，可以说，几十年中很多搞地震的同志都不知道走过来走过去多少遍了。当时我走到震中区时，其实也不知道这里面会有什么东西。但是，当我从山上爬过来，突然一下子到了初始破裂点那个地段，大地震破裂就是从那个地方开始的，当时我也不知道大地震初始破裂点在哪，我只知道震中区在哪。突然，我看到有五条冲沟出现了明显的变位，突然看到这个现象，我马上就请大家一起停下来，确认了海原地震发生初始破裂段在哪、它的最大位移有多少，然后，在这个基础上请年轻的同志去做测量，得出结果。假如你就懵懵懂懂的跟着走，这个机会就丧失了。我想，前一个机会是给你创造条件去做工作的机会，这个机会是给了你发现新东西的机会，这都需要仔细和善于去认识，灵感也需要人的主动性才能抓住。

我觉得大家要注意在各种不同机会条件下去做事情，要注意用心地去做。要记住这句话：老同志在看着你，你的伙伴、你的前辈都在看着你。条件是困难的，但是成功需要自己去创造，机会也需要自己去创造，机会也是需要发挥自己的主动精神才能抓住的，只要你认认真真地投入工作，人们都在盯着你，你有这样的努力他们会欣赏你，他们也会给你机会。你别看我们平常在屋子里面今天写点东西、明天开会，但是我们会注意旁边年轻的伙伴们在干什么，我们会看到谁在哪一方面有特点，在哪一方面会有所发展，所以，你也要创造条件让大家辅助你，抓住各种各样的机会。

第三，就是你要多思，要思考问题，要抓住一个瞬间出现的东西，那个东西往往只出现在一瞬间，它是不会再来的。我给你们带来了一篇文章，是一个伟大的、孤独的数学家的故事。他过去被认为是毫无作为的人，他做某一个“猜想”已经几十年了，始终就是解决不了。他开始在国内，后来到美国去，到美国搞了多少年还没解决，弄得都没有饭吃，都要去打工，都要去洗盘子。但是他还是要干，不断地在思考。所以，科学家的另一重要品质就是要坚持，这个人是很坚持的，他一直坚持做这个事情，最后火花在一瞬间出现：他到他的朋友在后花园抽烟，抽烟过程中的 20 分钟突然爆发一个火花，想出了这个“猜想”应该怎么解决，算出来了，最后成功了。所以，科学家需要多思，需要坚持，需要抓住随时产生的火花和灵感。也要善于去抓住一瞬间出现的那种火花、那种灵感。对一个科研人来讲，特别是对一个搞地球科学的人来讲、对一个搞构造地质的人来讲机会太重要了，如果不善于认识和抓住一瞬间出现的机会和火花，很多宝贵的机会就会被你丢掉了。海原初始破裂点和最大位移段就是这么发现的。

第四，要坚持。上面已经说到了，科学研究需要坚持。这位同志真的是耐得住寂寞，在美国洗盘子，他的同事、同学们都已是教授，他还是讲师。这个讲师还是他的一个朋友在那个学校当教授，然后把他招进来的，因为没有东西，所以他只能当个讲师。几十年为了一个目标，这个问题就不多说了，确实就是要坚持。

所以，科学家做科研需要有一些条件，需要有自己的努力，就是我刚才说的四条，要有志；要善于抓住机会；要多思，要抓住一瞬间出现的火花和灵感；要坚持，要有一点不回头的精神。我再举一个例子，“文化大革命”期间组织一个工作简直太困难了，我们 1966 年下半年组织一个北京地区的地震地质调查，今天组织起来，第二天准备要召开会布置了，但“造反派”说“你们以生产压革命”，一句话就把整个计划推翻了。当时全国都处在这种境况，要组织全国几十个单位，各地地震部门一起来做地震区划这个事情，当时又都处在初步工作阶段，要想把这些资料全部集中起来对全国区划做一个评价谈何容易？我当时又年轻，我没有经过助理研究员这个阶段，1961 年大学毕业，一年转正，实习研究员，一直当到1979年，然后当了副研究员。“文化大革命”批判反动学术权威，我当然不够格。但还是被批为“白专”道路。要做这个事情谈何容易。但是，我们终于把它做成了，而且给国家可以用了，所以要坚持，在困难条件下也要坚持。

在我当选中科院院士以后，我的家乡湖南省科协主席叫我写了一个《我工作的前三十年》。回想当年，我也曾想考北大，但没敢报北大，最后考取现在的母校，中南矿冶学院。1960年，我们学校挑出一批学生当助教，是一些学习成绩和各方面条件比较好的人，我们专业里挑了三个人，我是其中之一，到系里当助教。但是后来高教部说不行，我们又回到班里重新补课、学习、重新分配。这时就来了一个机会，中科院地质所到我们学校要5个毕业生，其中就有我，到了构造室。后来我想考研究生，领导不同意，说你就在张文佑先生领导的研究室，还考什么研究生。1965年，张文佑先生给我在法国找了个导师，说你去法国读博士吧。刚开始学了几个月法语，“文化大革命”来了，说不能去了。所以很不顺。我这个人在心里还有点志气，有深造的思想，但是搞不成也没办法。

我这一辈子还是一个努力的、认真干工作的人，但身体一直不顺、不争气。70年代做山西地震地质，做全国地震区划，80年代做海原活动断裂和海原地震、鄂尔多斯活动构造，后来又当副所长，所谓双肩挑。紧张的工作，但没有强壮的身体，终于在47岁得脑血栓，偏瘫了14天；56岁得了心脏病，又躺了18天，做造影、放支架，造影剂过敏把肾又搞坏了，肾积水，逐渐萎缩，到1996年年底终于被确认已发生占位性病变；1997年1月左肾被切除，为肾癌，以后又4次房颤。所以，我的身体太不顺，而且都是大病，要命的病。但是我有一个优点，是一个比较乐观的人，总算坚持到了现在，不仅在同事们的合作下完成了多项野外工作、综合研究，而且还完成了多本著作，其中《海原活动断裂带》一书还是在医院病床上统改的。

说实在的，人是需要有一点毅力才行，精神、理想和毅力会支持你。在得脑血栓的時候，海原活动断裂带正在总结，鄂尔多斯断裂系工作从1983开始组织，1984年已经开始实行，但1985年年中就患上脑血栓，回想这时的情况还真是要有点精神和毅力才行。我的这种经历也告诉我，这种状况实在不应该重复了。所以，我极力地劝张培震、徐锡伟他们要注意身体，现在就要注意，年轻时候是拼身体，但是现在一定要注意，50多岁、60岁是转折时期。确实要需要注意调整，这是我很大的一个教训。

主持人：刚才我们从学术成就来看邓院士是一名非常优秀的院士，他昨天晚上认真手写了材料，从网上还下载了案例，从这些事情能看出邓院士是一位非常关爱青年成长的长辈。邓院士从几十年前就身患脑血栓，然后又心梗，又割掉一个左肾，能看出邓院士是一直抱病坚持工作的专家。从他在病床上写完海原地震经典著作来看，邓院士是中国的钢铁侠，非常了不起，让我们非常感动。今天的访谈非常痛快，也非常愉快，会让没有到场的其他中央机关20多万青年充满遗憾。为了弥补这个遗憾请邓老师对22万名中央国家青年寄语一下，激励我们赶快成长成才。

邓院士：领导要求我写几个字，我就写了我建议的第一条，就是“有志者事竟成”。我曾经当过中央国家机关1991—1992年、1993—1994年的优秀共产党员，对中央国家机关有很深的感情，在落款时来还写上了“亲密的朋友”，后来我想想太啰唆了，就把它去掉了。刚才我说的数学家叫张义唐，他的事绩我也给你们复印了一份，你们也可以到网上下载。我佩服他的坚持，我也佩服他终于抓住了机会。他现在还要做另外一个“猜想”，我希望他成功，也希望你们成功！

主持人：邓院士的寄语让我们感觉到邓院士对我们的深深希望。

慈永辉：我也谈几点感受。第一点感受，院士在这么忙的情况下这么深入浅出地讲解，让我这个门外汉对这方面的理解都加深了，对断层活动研究是关系到经济社会发展、与我们生活息息相关的科学有了一个很深的认识，这是我今天的第一点感受。第二点，邓院士严谨治学的精神深深地感染了我，特别是对事业的奉献，对做人做事深刻的认识和理解，特别是对青年人的关心和关爱，一言一行都能够感受得到，这是我今天很受鼓舞的。最后，希望院士今后继续关心我们，按照活动的设计我代表在座青年，代表中央国家机关的青年，向院士赠送一个小的锦旗，更多的是表达我们的景仰之情，希望院士今后多多关心我们。

科学应对　防患于未然

——专访中国科学院院士、地震地质学家邓起东

郑广华

【人物档案】

邓起东，男，1938年出生，湖南双峰人。1961年毕业于中南矿冶学院地质系，同年进入中国科学院地质研究所工作。

1978—1998年，进入国家地震局地质研究所工作，曾任国家地震局地质所副所长；中国地震局地质研究所学位委员会主任，名誉主任，研究员，博士研究生导师，地震地质学家。

2003年，邓起东当选中国科学院院士。目前，在中国地震局地质研究所担任研究员，并任中国地震局科学技术委员会副主任，中国地震局活动构造与火山重点实验室学术委员会主任，教育部有色金属成矿预测重点实验室学术委员会主任。

【人物名片】

邓起东长期从事活动构造、地震地质和工程地震研究，对我国活动构造和地震构造有深入的研究；对走滑、挤压和拉张等不同类型构造的几何学、运动学和形成机制有创造性发展；建立和发展了活动构造大比例尺填图技术，发展了古地震学，领导了全国活动构造地质填图和研究工作，推进了定量活动构造学研究；系统编制了我国活动构造图，总结了我国活动构造和应力场特征，提出了新的运动学和动力学模式；主编完成了我国第一份经国家批准使用的地震烈度区划图，成为全国抗震设防标准；完成了大量城市和大中型工程活动构造及地震安全性评价工作，为国家经济建设发展做出了重要贡献。

先后出版专著15部，发表论文250余篇，被SCI统计引用1649次（2008），先后获国家科技进步二等奖2项，国家地震局科技进步一等奖3项、二等奖5项、三等奖5项。1991年，获得第二届“李四光”地质科学奖。

【访谈背景】

3月27日0时20分，我市秭归县发生4.3级地震，震源深度7公里；3月30日0时24分，秭归县又发生4.7级地震，震源深度5公里。

两次地震相隔时间较短，震中均在秭归县郭家坝镇，位置距离不足 1 公里，震中与三峡大坝相距约 23 公里。此事不仅引起了广大民众的关心，也引起了宜昌市委、市政府的高度重视。

4 月 9 日，宜昌市政府举办地震形势研讨会，邀请中国地震局、北京交通大学、长江三峡勘测研究院等部门的权威专家，共同研判我市地震活动形势，解读地震构造背景，问计防范措施。

76 岁的中国科学院院士、中国地震局科技委员会副主任、中国地震局地质研究所研究员邓起东应邀出席会议。会议期间，他与相关专家一道深入秭归县郭家坝镇，现场考察了地震灾害情况。

10 日下午，在城区桃花岭饭店，本报记者独家专访了邓起东院士。

【高端问道】

记　者：地震是怎么发生的？地震发生前有哪些征兆？

邓起东：简单地说，地震产生的原因主要是岩石受力发生变形，当应力超过岩石强度，岩石就会产生破裂和突发位移的结果，这种地震是由于构造活动引起的，因此就叫构造地震。此外，也还有火山活动引起的地震以及岩溶塌陷及采矿、注水等引起的地震，不过它们都比较小。水库主要由库水渗透作用，也可能诱发地震，也是一种不大的地震。构造地震是最主要的地震，在现代构造活动区容易发生大中型地震，造成最重的破坏；在构造活动微弱和稳定的地区，地震活动强度低，三峡水库就位于这样的构造稳定区。

地震发生前可能会产生多种异常变化，它们可以是物理的、化学的甚至天文、气象等多种异常。这可以通过仪器观测来分析和发现。这些异常被称为微观异常；震前还有一些异常可能直接被人类感觉到，如环境变化，水文条件的变化，甚至动物习性改变等这些常被称为宏观异常。我们目前正是通过这两类异常去监测地震的发生。所以，我们提倡要把宏、微观观测结合起来，监测地震。这也是以往我们在海城等大地震预测中取得成功的经验。当然，地震前兆是很复杂的，我们也常常遇到失败，但我们一定要做好各方面的工作。

记　者：宜昌，是三峡工程所在地。从地震的角度来说，此地属于什么构造环境？

邓起东：总体而言，宜昌和三峡位于我国现代构造活动和地震活动水平较低的华南断块区，我国地震活动比较分散，有些地区地震活动较强，但华南地区地震活动水平较低，地震分布也较局限。为了建三峡水库，我国政府半个多世纪来组织多方面的专家、学者长期在三峡开展各方面的研究。他们既有我的老师，上一代科学家，也有我这一代的专家，现在更年轻的专家也仍在继承我们的工作。通过一代又一代科学家长期努力，已经了解到三峡地区也是一个构造活动稳定、地震活动强度低的地区，不但坝址地区的黄陵背斜是一个稳定区，既无大的活动断层，地震活动水平也很低，地震基本烈度仅为 6 度。在专家们的眼中，黄陵背斜正是一个设坝址、建水库的宝地。

从岩石性质来说，黄陵背斜核部的岩石是很古老的花岗闪长岩，它的周围被老变质岩所环绕，背斜核部岩石形成时间早，是固结强度很高的结晶岩地块。从构造和岩性上看，这个地区是一个很好的稳定区。

当然，通过几十年的工作，在库区，我们也发现了一些规模不大、活动性不强的断层，如仙女山断层，九畹溪断层及新华、天阳坪等断层。这些断层通过多年的工作，对它们的活动水平已有了适当的评价。多年来，不仅坝址区，安安静静，即使在这些断层带上发生的也只是很少数的小地震及微震。在我看来，把这个地区纳入全国监视防御区之一也正是为了更好地保证三峡工程的安全。

记　者：请问如何评价三峡水库近年来所发生的水库地震？

邓起东：三峡水库蓄水后确实发生了一些小地震，它们可能属于水库诱发地震。但对三峡地区长期地震监测数据说明，三峡水库蓄水期间水库地震活动仅以微震和极微震为主，个别小震大者，以初期 2008 年 11 月的 M4.1（M_L4.6）为最大。这小于初步设计论证报告中给出的“按 M5.5 级考虑”，从 2003 年蓄水到现在，三峡库区总共发生了 4 次 4.0 级以上地震，即 2008 年 4.1 级，2013 年 5.1 级，今年的 4.3 级和 4.7 级，它们也都没有达到 5.5 级。而且，它们距大坝均有一定距离，大坝经历的实际考验说明它是安全的。

记　者：近年来，我国西部一些地区曾发生了大地震，有人将其归咎于三峡工程。请问这种观点正确与否？

邓起东：2008 年在我国的青藏高原上发生了汶川 8 级地震，以后又发生了芦山地震、玉树地震等 7 级地震，最近还发生了于田 7.3 级地震。这是因为青藏高原地震活动水平是我国地震活动水平最高的地区之一。这些地震中，离三峡最近的汶川地震、芦山地震离三峡的直线距离也在 700 公里以上，而且，它们属于完全不同的构造环境。青藏高原是一个现代构造活动十分活跃的高原，而汶川和芦山地震的发震断层是北东向的，它们并不指向三峡。而三峡是属于华南断块区，位于扬子地台的上扬子台褶皱带，黄陵背斜是一个穹状背斜构造，构造方向也不指向龙门山构造带，它们之间还隔着四川盆地。两者所处的区域构造条件截然不同，区域构造上完全没有直接联系，地质学家们是不会把这些没有直接关系的构造联系起来的。

再说，一个水库，即使是大水库，其影响范围也是有限的，也只是几公里范围之内，一般认为不会超过 10 公里。所以，它们是不应该被联系起来的。

记　者：三峡库首区的地震活动在空间上有什么特点？

邓起东：三峡蓄水前地震分布零散，主要集中在巫山县的三溪至两坪、巫山县城至曲尺库段和巴东县的野三关地区，在秭归、巴东库段几乎没有地震活动。其成因多为天然构造地震，也有一些矿震。

蓄水以来诱发地震在空间分布上主要集中在三个大的区域，即秭归盆地西侧的巴东地震区、秭归盆地东侧与黄陵地块接壤条带区、秭归盆地内部的白水河断裂带区。

在 172 米试验蓄水和三期蓄水期间，没有出现新震情，也没有新增地震分布区域。

3.0 级以上的地震的多数发生在断裂带上和不同地质构造单元接壤部位。所以，人们认为，较大水库诱发地震与断裂构造的关系比较密切。有的专家对库首区的小震活动特点进行分析，认为它们可能与蓄水后岩溶塌陷和矿山采空区顶板塌陷有关。总之，这些问题还可以继续进行研究。

记　者：为什么秭归 3 天之内连续发生两次 4 级以上地震？

邓起东：三峡地区已发生的几次地震都在预测范围之内，希望市民群众能够以平常之心来对待这件事情，不必恐慌。

目前，三峡水位处于下降趋势，有可能跟这10年来的蓄水，如水位增高降低、反复加载卸载的过程有关，但不应该是直接原因。至于水体对断裂的作用有多大，还需要进一步论证。

从2003年蓄水到现在，三峡库区总共发生了4次4.0级以上地震：2008年4.1级，2013年5.1级，今年的4.3和4.7级，这几次都是从最高水位向低水位运行的过程中发生的。

从地质构造来说，库区存在断裂构造，这就有产生小的构造型水库诱发地震的可能，如仙女山－九畹溪断层展布地区和秭归盆地西缘高桥断层展布区。此外，库区还存在碳酸盐岩溶区，也有矿山开采区。所以，在这些因素叠加的条件下，发生4～5级地震是正常的。这次3天内连续发生两次4级地震只能说这是一个震群型的地震序列，它会逐渐衰减和平静下来的。当然，我们还要进一步慎重判断。

记　者：秭归连续发生地震，会不会威胁到三峡大坝的安全？宜昌近期有无再次发生地震的可能？

邓起东：三峡大坝的选址很好，三斗坪的地质情况稳定，上述可能发生小地震的地点离开大坝尚有一定距离，坝址无小震，所以大坝是安全的。宜昌城市离三斗坪很近，所以，宜昌也还是相对比较安全的？

从目前研究的程度来看，这两次地震后续是否还可能发生强有感地震和破坏性地震的可能性很小。

三峡工程地震监测工作早在1959年就已开始，至今已进行了55年，这在世界水电工程建设上是罕见的。目前，24个遥测台站和14个人工台站对三峡地区的地震活动进行着全天候监测，并建立了完善的地震防控应急预案。

鉴于秭归震群的发生可能与仙女山断裂有关，根据对该地区多年的研究，认为此次地震强度已接近当地历史地震最高水平，专家判断结果认为今后可能发生5级左右地震。

记　者：今后，我们在防震减灾中应该如何应对，才能将灾害损失降到最低限度？

邓起东：纵观人类发展史，自然灾害仍是最大的威胁和敌人。而地震作为一种突发性的自然灾害，具有发生时间短、波及面广、目前很难准确做到预测等特点，因而会给人类带来巨大的痛楚。

如何预防地震，这确是一个世界性难题。需要引起所有人的高度重视，要做到防患于未然。

在这种无奈下，发达国家将更多的精力投入到地震的防范上。建议政府和相关部门要加强领导，强化地震监测，加大防震减灾的宣传力度，不断完善地震应急预案。建设房屋时要慎选场地，保证建设质量。

要根据国务院关于抗震设防的规定和要求，对学校、医院的房屋建筑进行抗震加固。同时，对道路、桥梁等生命线工程进行重新评估，并按照重点工程抗震设防的标准进行加固。

在震中区及附近地区，开展房屋结构的排查工作，指导群众按抗震要求，对房屋进行加固和改造。当前，要大力推进农村民居地震安全示范工程建设，从而增强民居的抗震能力。

此外，还要注意防范地震引发的山体滑坡等次生地质灾害。

谢谢！